Trabajador de línea eléctrica

Nivel tres: Transmisión

Guía para aprendices
Segunda edición

Pearson

NCCER
National Center for
Construction Education
and Research

NCCER
Presidente y director ejecutivo: Boyd Worsham
Vicepresidenta de innovación y progreso: Jennifer Wilkerson
Directora de educación: Lisa Strite
Gerente de proyectos de traducción Trabajador de línea eléctrica: Yesenia Tejas
Director principal de proyectos: Chris Wilson
Gerente principal de producción: Graham Hack
Redactor técnico principal: Gary Ferguson
Gerente de autoedición: Eric Caraballoso
Coordinadora de autoedición: Daphney Milian
Especialistas en autoedición: Julie Watkins
Desarrollador de XML: James Singer III
Gerente de contenido digital: Kelly Beck
Coordinadoras de contenidos digitales: Yesenia Tejas, Briana Rosa
Gerente de edición: Hannah Murray
Editore: Melina Redondo
Asistentes de producción: Edward Fortman

Redacción: NCCER
Traducción de texto: Translation Source
Tecnologías de contenidos: Gnostyx
Impresor/encuadernador: Lakeside Book Company
Impresor de portada: Lakeside Book Company
Fuentes del texto: Palatino LT Pro y Helvetica Neue

10 9 8 7 6 5 4 3 2 1

Código de impresión automatizado de Scout

Edición rústica
ISBN-13: 978-0-13-541891-8

Pearson

NCCER National Center for Construction Education and Research

1 2025

Prólogo

Para el aprendiz

Bienvenido al último año de capacitación para trabajadores de líneas de transmisión. Al entrar en el mercado laboral, descubrirá que existen muchas oportunidades disponibles para los trabajadores de líneas con una buena capacitación. Se puede encontrar empleo en los campos de distribución de gas natural, generación de energía y administración pública. Se prevé una gran demanda de trabajadores de líneas eléctricas, ya que más del 20% de la mano de obra actual se jubilará en la próxima década. Y la demanda no hará sino intensificarse a medida que el país se esfuerce por modernizar una infraestructura de energía cada vez más antigua.

Trabajador de líneas eléctricas nivel tres: transmisión de NCCER abarca las habilidades y los conocimientos necesarios para formar a excelentes trabajadores de líneas de transmisión. Entre los temas tratados se incluyen la construcción y el mantenimiento sin guantes en líneas energizadas, el cambio de conductores en líneas de transmisión, la reparación y el mantenimiento con pértigas dieléctricas y la planificación de una elevación. Al final de esta capacitación, habrá aprendido a mantener y reparar líneas de transmisión de forma adecuada y segura, y a elevar grandes estructuras hasta sus posiciones finales.

Le deseamos mucho éxito en este programa de capacitación. Si tiene algún comentario sobre cómo NCCER podría mejorar este libro de texto, rellene el formulario de Actualización de usuario que se encuentra en la parte posterior de cada módulo y envíenoslo. Siempre tendremos en cuenta y responderemos a las opiniones de nuestros clientes.

Lo invitamos a visitar el sitio web de NCCER, **www.nccer.org**, para obtener información sobre los últimos lanzamientos de productos y capacitación, y el catálogo de productos de NCCER de Pearson.

Agradecemos sus comentarios. Puede enviar sus comentarios por correo electrónico a **curriculum@nccer.org** o enviar los comentarios generales y las consultas a **info@nccer.org**.

Planes de estudios estandarizados de NCCER

NCCER es una fundación de educación sin fines de lucro 501(c)(3) creada en 1996 por las empresas de construcción más importantes y vanguardistas del mundo y las asociaciones nacionales de la construcción. Se fundó para hacer frente a la grave escasez de mano de obra que afecta al sector y desarrollar un proceso de capacitación y planes de estudios estandarizados. En la actualidad, NCCER cuenta con el apoyo de cientos de empresas líderes en construcción y mantenimiento, fabricantes y asociaciones nacionales. Los planes de estudios estandarizados de NCCER han sido elaborados por NCCER en asociación con Pearson, la principal editorial de educación del mundo.

Algunas características de los planes de estudios estandarizados de NCCER son las siguientes:

- Un historial de éxito comprobado en el sector
- Planes de estudios desarrollados por el sector, para el sector
- Estandarización nacional que permite transferir las habilidades laborales y los créditos de estudios adquiridos
- Cumplimiento de los requisitos de la Oficina de Aprendizaje para la correspondiente capacitación en el aula *(CFR 29:29)*
- Información práctica, actualizada y explicada con buenos ejemplos

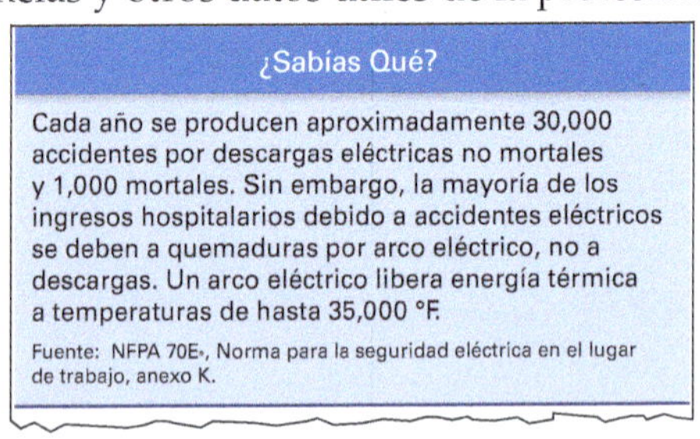

Fuente: NFPA 70E®, Norma para la seguridad eléctrica en el lugar de trabajo, anexo K.

Características especiales

En un esfuerzo por proporcionar un recurso de capacitación completo y fácil de usar, hemos incorporado muchas características diferentes para su uso. Ya sea que usted aprenda de forma visual o práctica, este libro le proporcionará las herramientas adecuadas para iniciarse en el sector de los trabajadores de líneas eléctricas.

Introducción

Esta página se encuentra al comienzo de cada módulo y enumera los objetivos, tareas prácticas, términos del oficio y materiales para los aprendices requeridos para ese módulo. Los objetivos enumeran las habilidades y los conocimientos que necesitará para completar el módulo con éxito. Las tareas prácticas le brindan la oportunidad de aplicar sus conocimientos en labores reales que realizan los trabajadores de líneas eléctricas. La lista de términos del oficio identifica los términos importantes que deberá saber al final del módulo. Los materiales para los aprendices requeridos y suministros necesarios para el módulo.

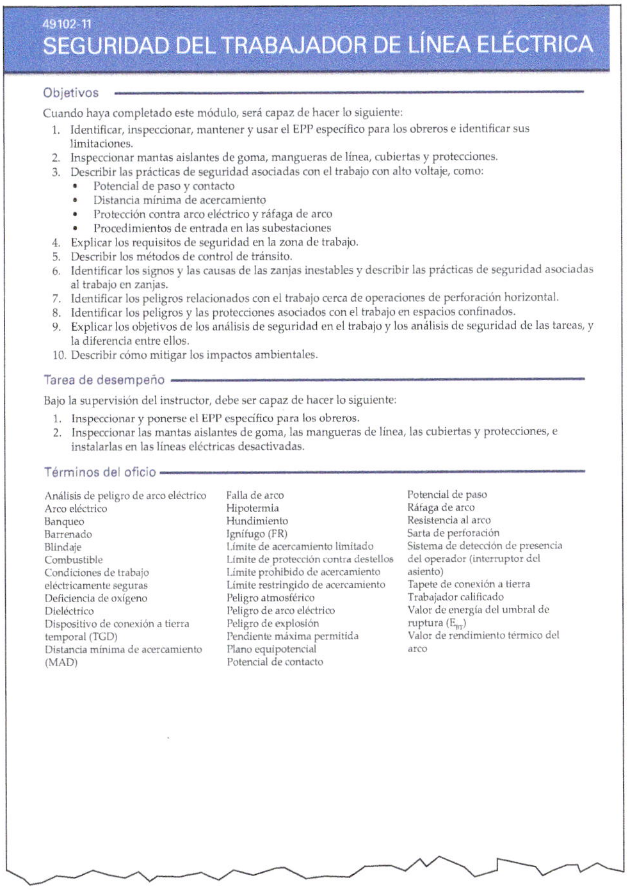

49102-11

SEGURIDAD DEL TRABAJADOR DE LÍNEA ELÉCTRICA

Objetivos

Cuando haya completado este módulo, será capaz de hacer lo siguiente:

1. Identificar, inspeccionar, mantener y usar el EPP específico para los obreros e identificar sus limitaciones.
2. Inspeccionar mantas aislantes de goma, mangueras de línea, cubiertas y protecciones.
3. Describir las prácticas de seguridad asociadas con el trabajo con alto voltaje, como:
   - Potencial de paso y contacto
   - Distancia mínima de acercamiento
   - Protección contra arco eléctrico y ráfaga de arco
   - Procedimientos de entrada en las subestaciones
4. Explicar los requisitos de seguridad en la zona de trabajo.
5. Describir los métodos de control de tránsito.
6. Identificar los signos y las causas de las zanjas inestables y describir las prácticas de seguridad asociadas al trabajo en zanjas.
7. Identificar los peligros relacionados con el trabajo cerca de operaciones de perforación horizontal.
8. Identificar los peligros y las protecciones asociados con el trabajo en espacios confinados.
9. Explicar los objetivos de los análisis de seguridad en el trabajo y los análisis de seguridad de las tareas, y la diferencia entre ellos.
10. Describir cómo mitigar los impactos ambientales.

Tarea de desempeño

Bajo la supervisión del instructor, debe ser capaz de hacer lo siguiente:

1. Inspeccionar y ponerse el EPP específico para los obreros.
2. Inspeccionar las mantas aislantes de goma, las mangueras de línea, las cubiertas y protecciones, e instalarlas en las líneas eléctricas desactivadas.

Términos del oficio

Análisis de peligro de arco eléctrico	Falla de arco	Potencial de paso
Arco eléctrico	Hipotermia	Ráfaga de arco
Banqueo	Hundimiento	Resistencia al arco
Barrenado	Ignífugo (FR)	Sarta de perforación
Blindaje	Límite de acercamiento limitado	Sistema de detección de presencia del operador (interruptor del asiento)
Combustible	Límite de protección contra destellos	Tapete de conexión a tierra
Condiciones de trabajo eléctricamente seguras	Límite prohibido de acercamiento	Trabajador calificado
Deficiencia de oxígeno	Límite restringido de acercamiento	Valor de energía del umbral de ruptura (E_{BT})
Dieléctrico	Peligro atmosférico	Valor de rendimiento térmico del arco
Dispositivo de conexión a tierra temporal (TGD)	Peligro de arco eléctrico	
Distancia mínima de acercamiento (MAD)	Peligro de explosión	
	Pendiente máxima permitida	
	Plano equipotencial	
	Potencial de contacto	

Ilustraciones y fotografías en color

A lo largo de cada módulo se utilizan ilustraciones y fotografías a todo color para proporcionar detalles vívidos. Estas figuras resaltan conceptos importantes del texto y aclaran instrucciones complejas. La referencia a cada figura se indica en el texto en *cursiva* para que se les pueda localizar con facilidad.

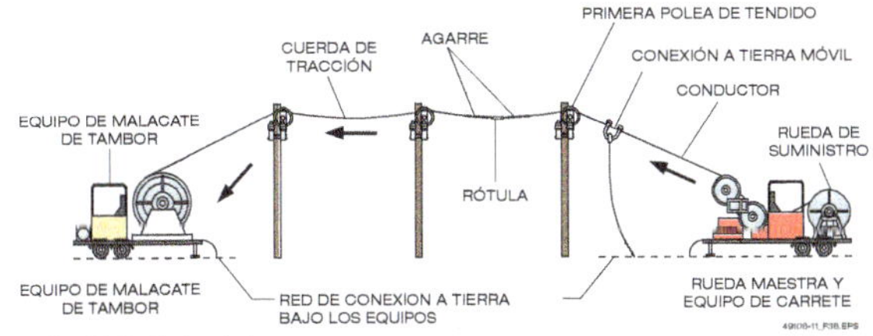

Figura 38 Tracción de conductores.

Notas, precauciones y advertencias

Las características de seguridad se separan del texto principal en recuadros resaltados y organizados en tres categorías según el peligro potencial del tema tratado. Las notas simplemente ofrecen más información acerca del área temática. Las precauciones alertan de un peligro que no presenta lesiones potenciales pero podría generar daños en los equipos. Las advertencias destacan una situación potencialmente peligrosa que podría generar lesiones personales tanto a usted como a sus compañeros de trabajo.

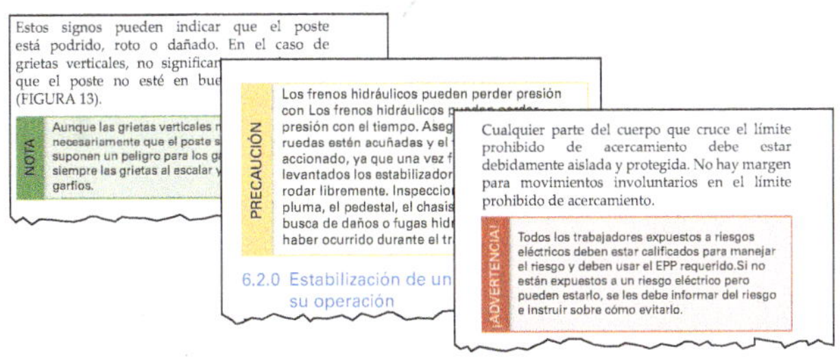

¿Sabías qué?

Las secciones "¿Sabías qué?" ofrecen consejos, sugerencias y otros datos útiles de la profesión.

> **¿Sabías Qué?**
>
> Cada año se producen aproximadamente 30,000 accidentes por descargas eléctricas no mortales y 1,000 mortales. Sin embargo, la mayoría de los ingresos hospitalarios debido a accidentes eléctricos se deben a quemaduras por arco eléctrico, no a descargas. Un arco eléctrico libera energía térmica a temperaturas de hasta 35,000 °F.
>
> Fuente: NFPA 70E›, Norma para la seguridad eléctrica en el lugar de trabajo, anexo K.

Prólogo

Para el aprendiz

Bienvenido al último año de capacitación para trabajadores de líneas de transmisión. Al entrar en el mercado laboral, descubrirá que existen muchas oportunidades disponibles para los trabajadores de líneas con una buena capacitación. Se puede encontrar empleo en los campos de distribución de gas natural, generación de energía y administración pública. Se prevé una gran demanda de trabajadores de líneas eléctricas, ya que más del 20% de la mano de obra actual se jubilará en la próxima década. Y la demanda no hará sino intensificarse a medida que el país se esfuerce por modernizar una infraestructura de energía cada vez más antigua.

Trabajador de líneas eléctricas nivel tres: transmisión de NCCER abarca las habilidades y los conocimientos necesarios para formar a excelentes trabajadores de líneas de transmisión. Entre los temas tratados se incluyen la construcción y el mantenimiento sin guantes en líneas energizadas, el cambio de conductores en líneas de transmisión, la reparación y el mantenimiento con pértigas dieléctricas y la planificación de una elevación. Al final de esta capacitación, habrá aprendido a mantener y reparar líneas de transmisión de forma adecuada y segura, y a elevar grandes estructuras hasta sus posiciones finales.

Le deseamos mucho éxito en este programa de capacitación. Si tiene algún comentario sobre cómo NCCER podría mejorar este libro de texto, rellene el formulario de Actualización de usuario que se encuentra en la parte posterior de cada módulo y envíenoslo. Siempre tendremos en cuenta y responderemos a las opiniones de nuestros clientes.

Lo invitamos a visitar el sitio web de NCCER, **www.nccer.org**, para obtener información sobre los últimos lanzamientos de productos y capacitación, y el catálogo de productos de NCCER de Pearson.

Agradecemos sus comentarios. Puede enviar sus comentarios por correo electrónico a **curriculum@nccer.org** o enviar los comentarios generales y las consultas a **info@nccer.org**.

Planes de estudios estandarizados de NCCER

NCCER es una fundación de educación sin fines de lucro 501(c)(3) creada en 1996 por las empresas de construcción más importantes y vanguardistas del mundo y las asociaciones nacionales de la construcción. Se fundó para hacer frente a la grave escasez de mano de obra que afecta al sector y desarrollar un proceso de capacitación y planes de estudios estandarizados. En la actualidad, NCCER cuenta con el apoyo de cientos de empresas líderes en construcción y mantenimiento, fabricantes y asociaciones nacionales. Los planes de estudios estandarizados de NCCER han sido elaborados por NCCER en asociación con Pearson, la principal editorial de educación del mundo.

Algunas características de los planes de estudios estandarizados de NCCER son las siguientes:

- Un historial de éxito comprobado en el sector
- Planes de estudios desarrollados por el sector, para el sector
- Estandarización nacional que permite transferir las habilidades laborales y los créditos de estudios adquiridos
- Cumplimiento de los requisitos de la Oficina de Aprendizaje para la correspondiente capacitación en el aula *(CFR 29:29)*
- Información práctica, actualizada y explicada con buenos ejemplos

En el sitio

Las secciones "En el sitio" proporcionan un buen punto de partida a quienes se inician en los campos de la transmisión y distribución de electricidad mediante la presentación de consejos técnicos y prácticas profesionales de trabajadores de líneas eléctricas sobre una variedad de temas. A menudo incluyen situaciones reales similares a las que se pueden encontrar en el lugar de trabajo.

En el sitio

Transformadores

Los grandes transformadores de distribución de las subestaciones reducen la potencia al nivel necesario para la distribución local. Los transformadores de poste, como el que se muestra aquí, reducen aún más la potencia hasta los voltajes necesarios para hogares y empresas.

49103-11_SA02.EPS

Piense en ello

Las secciones "Piense en ello" utilizan preguntas del tipo "¿Qué sucede si...?" para ayudarle a aplicar la teoría a experiencias del mundo real y poner en práctica sus ideas.

Piense en ello

La magia de la electricidad

El efecto del flujo de electrones se produce a una velocidad cercana a la de la luz, unas 186,000 millas por segundo. ¿Cuánto tarda la luz del extremo de una linterna en llegar al suelo? Si conectara un circuito de luz desde Maine hasta California y accionara el interruptor, ¿cuánto tardaría en encenderse la luz?

Instrucciones paso a paso

Las instrucciones paso a paso lo guiarán en los procedimientos técnicos y las tareas de principio a fin. Estos pasos le muestran no sólo cómo realizar una tarea, sino también cómo hacerlo con seguridad y eficacia.

condiciones de trabajo eléctricamente seguras. La mayoría de las empresas cuentan con procedimientos detallados por escrito para realizar esta tarea.

Paso 1 Determine si hay alguna cuadrilla trabajando en el circuito. Se considera que todas las líneas de distribución están energizadas, a menos que su equipo haya realizado un procedimiento de desenergización. Si hay dos o más cuadrillas trabajando en las mismas líneas o equipos, cada cuadrilla debe realizar de manera independiente un procedimiento de desenergización y colocar sus propios dispositivos de bloqueo y etiquetado en los controles de energía.

Paso 2 Designe a un miembro calificado de la cuadrilla como el empleado encargado de la autorización eléctrica.

Paso 3 Det...

Términos del oficio

Cada módulo presenta una lista de términos del oficio que se tratan en el texto y se definen en el Glosario al final del módulo. Estos términos se indican en el texto con **negrita de color azul** la primera vez que aparecen. Con el fin de facilitar la búsqueda de información clave, al final del libro se incluye un glosario completo de términos del oficio de todos los módulos.

Durante la capacitación oirá el término circuito. Un circuito eléctrico contiene, como mínimo, una fuente de **voltaje**, una carga y **conductores** (cables) para transportar la **corriente** eléctrica (figura 1). El circuito también debe tener un medio para detener y arrancar la corriente, como un interruptor.

La electricidad tiene que ver con la causa y el efecto. La presencia de voltaje (voltios) en un circuito cerrado hace que fluya corriente (amperios). Cuanto mayor sea el voltaje aplicado, mayor será el flujo de corriente. Sin embargo, la cantidad de flujo de corriente también está determinada por la **resistencia** en **ohmios (Ω)**, que la carga ofrece al flujo de corriente. Para convertir la energía...

Preguntas de revisión

Se incluyen preguntas de repaso para reforzar los conocimientos adquiridos. Son una herramienta útil para evaluar lo que ha aprendido.

Preguntas de repaso

1. La OSHA considera que todos los siguientes elementos son sistemas de prevención de caídas aceptables para trabajar en alturas superiores a 6 pies, excepto _____.
   a. un sistema de barandillas
   b. protección personal contra caídas
   c. el sistema de parejas de dos escaladores
   d. un sistema de redes de seguridad
2. Los sistemas de detención de caídas _____.
   a. detienen o controlan una caída en curso
   b. evitan las caídas
   c. garantizan que el escalador no se balancee de lado a lado durante una caída
   d. garantizan que todas las caídas se notifiquen a las autoridades competentes
3. La OSHA exige que un PFAS limite la fuerza máxima impartida al cuerpo durante la detención de una caída a _____.
   a. 500 libras
   b. 1,200 libras
   c. 1,800 libras
   d. 2,500 libras

7. Cuando no se disponga de un punto de anclaje de 5,000 libras, el escalador debe asegurarse de que la posición de anclaje elegida pueda soportar al menos la carga máxima que podría recibir durante una detención de caída, multiplicada por un factor de _____.
   a. 1.5
   b. 2
   c. 3
   d. 5
8. Los puntos de anclaje que se utilizan como anclajes de contención de caídas, y no como anclajes de detención de caídas, deben tener capacidad de carga para soportar _____.
   a. 2,500 libras
   b. 3,000 libras
   c. 5,000 libras
   d. 7,500 libras
9. El arnés de detención de caídas personal del escalador debe conectarse al punto de anclaje utilizando _____.
   a. al menos dos elementos de amarre

NCCERconnect

Este curso interactivo en línea es un complemento único en la web que brinda una serie de elementos visuales, auditivos e interactivos para potenciar la capacitación. También se incluye un texto electrónico completo.

Visite **www.nccerconnect.com** para obtener más información.

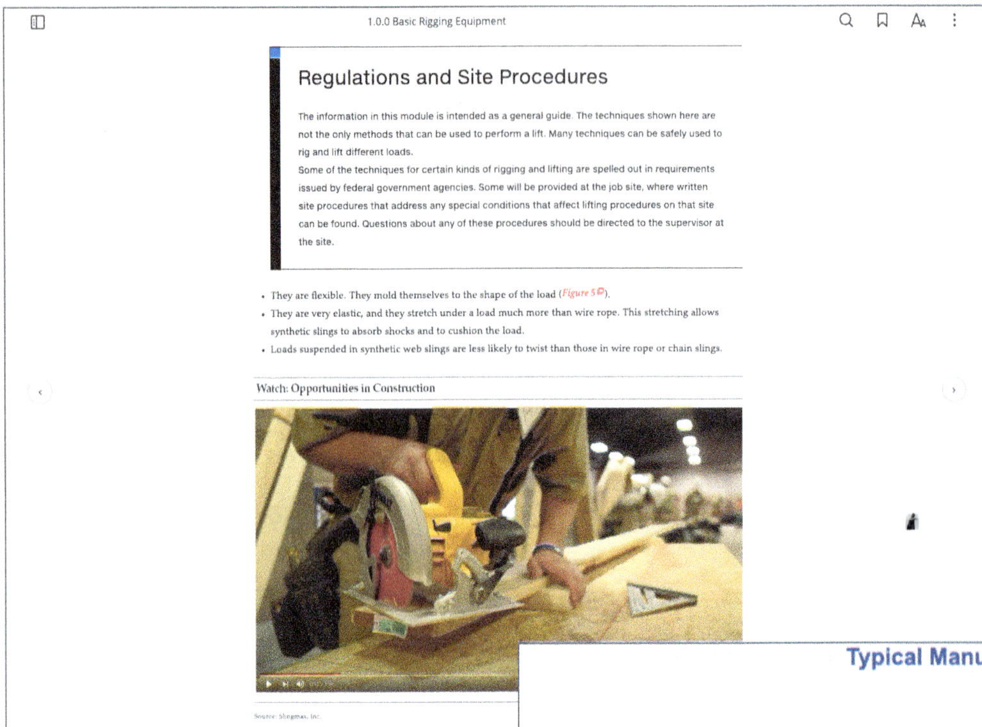

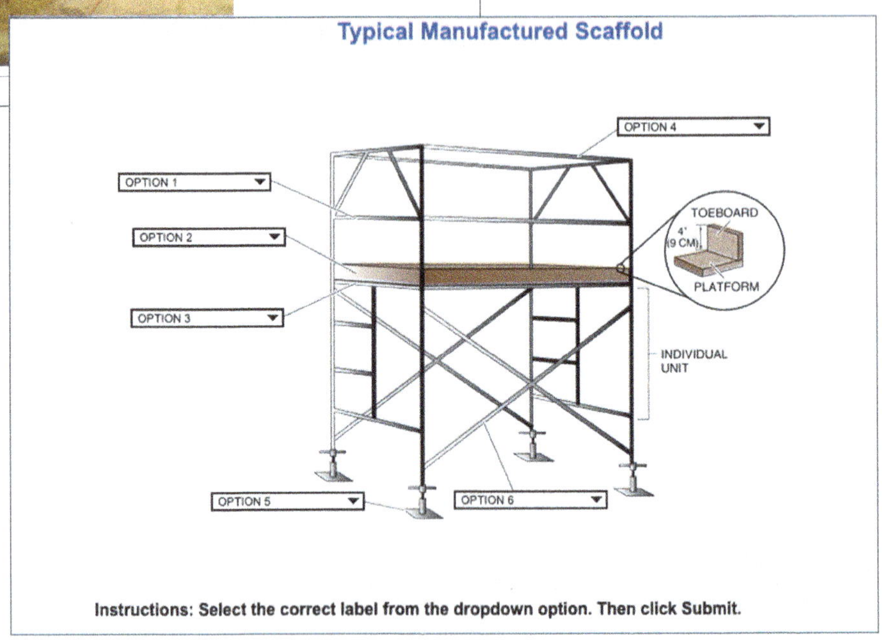

Reconocimientos

Este plan de estudios fue revisado gracias a la visión de futuro y el liderazgo de los siguientes patrocinadores:

Cianbro Corporation
MasTec, Inc.
Pike Electric, LLC

Este plan de estudios no existiría sin la dedicación y la energía desinteresada de los voluntarios que han formado parte del equipo de redacción. Expresamos nuestro más sincero agradecimiento a las siguientes personas:

Don Daniel
Terry Malloy
David McPeak

Socios de NCCER

Las organizaciones colaboradoras de NCCER son asociaciones y organizaciones nacionales que comparten un interés común en los objetivos de NCCER. Para obtener más información sobre los socios comerciales de NCCER, visite **www.nccer.org/about-us/partners**.

ESCANÉAME

También puede escanear este código usando la cámara de su teléfono o dispositivo móvil para ver estas organizaciones asociadas.

Se requiere una variedad de experiencias, trasfondos y perspectivas para realizar el trabajo que hacemos. TIC® se enorgullece de asociarse con NCCER y ayudar con la traducción al español del programa de Formación Para Trabajadores de Líneas Eléctricas. Este es un ejemplo de nuestro compromiso a construir y apoyar una fuerza laboral diversa e inclusiva. Para obtener más información sobre TIC® o para explorar oportunidades laborales en trabajos de líneas eléctricas u otros oficios, visítenos en **www.ticcraftjobs.com**.

Contenido

81301-12

Construcción, mantenimiento y reparación: trabajo sin guantes en líneas energizadas

En este módulo se describen los métodos utilizados para trabajar en líneas de transmisión energizadas mediante la conexión a la línea. Abarca las prácticas de seguridad y los EPP, e incluye la cobertura de las canastas conectadas, los trajes no conductores, las escaleras aisladas, los puentes de unión y los procedimientos de rescate. (ID del módulo 81301-12; 40 horas)

81302-12

Cambio de conductores en las líneas de transmisión

Describe la sustitución de conductores de transmisión existentes en comparación con la instalación de nuevos conductores. Incluye la instalación del equipo de tendido, las estructuras de protección y los requisitos para la obtención de permisos. Incluye el reemplazo de líneas energizadas, así como el uso de los conductores existentes para tender los conductores de reemplazo. (ID del módulo 81302-12; 40 horas)

81303-12

Construcción, mantenimiento y reparación: pértiga dieléctrica

En este módulo se tratan herramientas como las pértigas dieléctricas, las pértigas tipo escopeta y las pértigas para cables, junto con los EPP y las prácticas de trabajo seguras que son elementos críticos del trabajo en líneas energizadas y sin guantes. El módulo incluye la cobertura de diversas tareas en líneas energizadas, como el reemplazo de aisladores, crucetas y espaciadores. (ID del módulo 81303-12; 80 horas)

38302-11

Planificación de una elevación

Explica cómo el peso de la carga y el centro de gravedad influyen en una elevación. Trata la selección de eslingas y el uso de barras separadoras, así como el uso de apuntalamiento y planos inclinados. Incluye estudios de casos de tres elevaciones complejas. (ID del módulo 38302-11; 40 horas)

Glosario

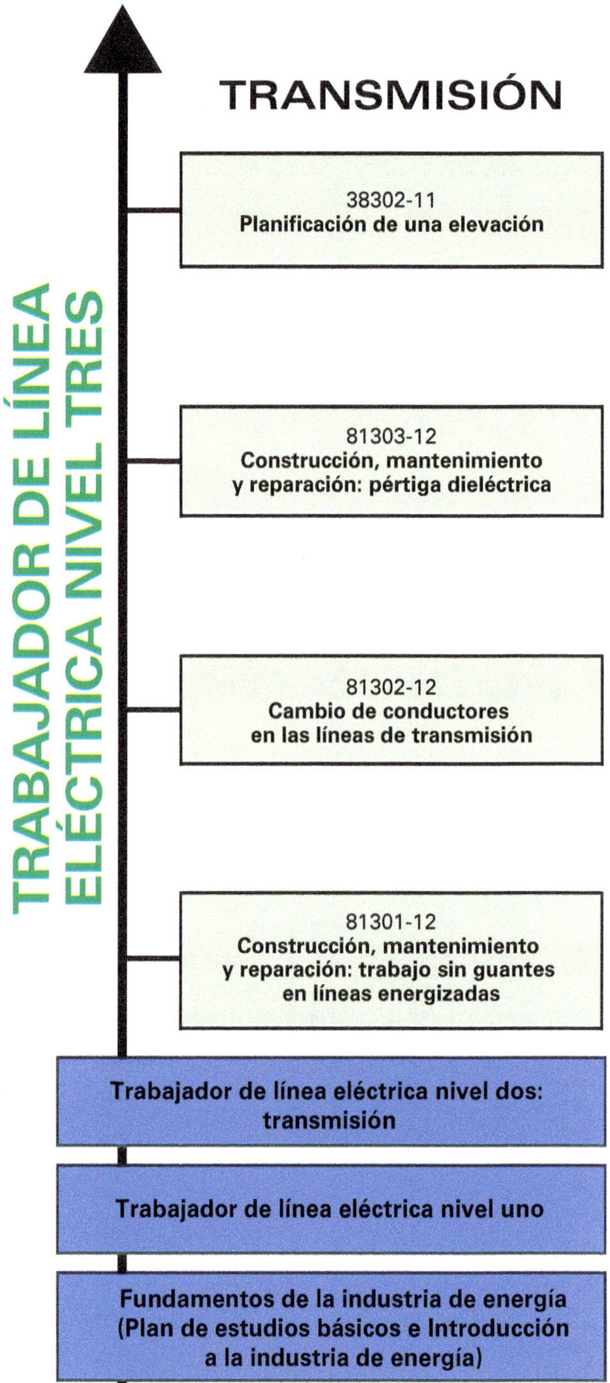

Este mapa del curso muestra todos los módulos de Trabajador de línea eléctrica nivel tres: transmisión. El orden de capacitación sugerido comienza desde abajo hacia arriba. Los niveles de habilidad aumentan a medida que se avanza en el mapa del curso. El patrocinador local del programa de capacitación puede ajustar el

Nota: *NFPA 70*®, *National Electrical Code*® y *NEC*® son marcas registradas de National Fire Protection Association, Inc., Quincy, MA 02269. Todas las referencias a *National Electrical Code*® y a *NEC*® de este módulo corresponden a la edición de 2011 de *National Electrical Code*®.

NCCER

Construcción, mantenimiento y reparación: trabajo sin guantes en líneas energizadas

81301-12

Para obtener más información, ingrese a **www.nccer.org** o llámenos al **1.888.622.3720**. Nuestro sitio web contiene información sobre los últimos lanzamientos de productos y capacitación.

Agradecemos sus comentarios. Puede enviar sus comentarios por correo electrónico a **curriculum@nccer.org**, enviar comentarios generales y consultas a **info@nccer.org**, o llenar el formulario de actualización de usuarios al final de este módulo.

Pearson

NCCER National Center for Construction Education and Research

V.2 9/12

81301-12
Construcción, mantenimiento y reparación: Trabajo sin guantes en líneas energizadas

Objetivos

Cuando haya completado este módulo, será capaz de hacer lo siguiente:

1. Identificar las prácticas de seguridad asociadas con el trabajo sin guantes en líneas energizadas.
2. Identificar el equipo de protección personal (*personal protective equipment - PPE*) que se utiliza específicamente en el trabajo sin guantes en líneas energizadas.
3. Describir los procedimientos básicos para iniciar tareas sin guantes en líneas energizadas, como:
   a. Conexión con una línea energizada
   b. Cuidado y preparación de la pluma de un camión canasta
   c. Colocación del PPE necesario

Tareas prácticas

Bajo la supervisión de su instructor, debe ser capaz de hacer lo siguiente:

1. Ponerse y probar eléctricamente un traje conductor, incluidos guantes y calzado.
2. Demostrar cómo un trabajador conecta un traje conductor y una canasta a una línea energizada.
3. Demostrar cómo realizar una prueba de fuga de corriente de la pluma de una canasta.

Términos del oficio

Componente ergonómico
Postergación

Credenciales reconocidas en el sector

Si se está capacitando a través de un patrocinador acreditado por el NCCER, puede ser elegible para obtener credenciales del NCCER. El número de identificación de este módulo es 81301-12. Tenga en cuenta que este módulo puede haber sido utilizado en otros planes de estudios del NCCER y se puede aplicara la realización de otros niveles. Comuníquese con el NCCER al **1.888.622.3720** o visite **www.nccer.org** para obtener más información.

También puede mostrar en línea sus credenciales reconocidas por el sector con las insignias digitales de NCCER. Transforme sus conocimientos, habilidades, y logros en insignias que puede compartir en tus redes sociales, enviar a su red y agregar a su currículum. Para obtener más información, visite **www.nccer.org**.

Contenido

Temas que se presentarán en este módulo:

Figuras y tablas

1.0.0 Introducción

Las líneas de transmisión conducen la energía eléctrica desde el punto de generación hasta las numerosas líneas de subtransmisión y subestaciones repartidas por todo el país. Desde estos puntos, la energía se distribuye a consumidores de todos los tamaños. Como las líneas de transmisión forman la estructura central de la red nacional, una falla de cualquier tipo representa un problema para muchas personas e instalaciones. Este hecho ha impulsado el desarrollo de técnicas para reparar y mantener las líneas de transmisión mientras permanecen energizadas.

Los sistemas de distribución de energía funcionan a voltajes significativamente más bajos que los sistemas de transmisión. El método predominante para trabajar en sistemas de distribución energizados es el denominado trabajo con guantes de goma. También se utilizan pértigas dieléctricas, que permiten a los trabajadores mantenerse a una distancia segura de los componentes y conductores energizados. Se han desarrollado muchos productos, entre ellos los guantes de goma, que protegen totalmente a los trabajadores contra los voltajes de los sistemas de distribución. Con guantes de goma diseñados para el voltaje presente, los trabajadores pueden manipular componentes energizados de forma segura. Sin embargo, el equipo de seguridad utilizado en los guantes de goma no puede proteger contra los voltajes extremos presentes en muchos sistemas de transmisión. Tocar un conductor de 765 kV con el guante de goma de máxima resistencia, mientras se está en contacto con un objeto puesto a tierra, puede provocar un desastre. Aunque las pértigas dieléctricas se utilizan de forma segura para el trabajo en líneas de transmisión, hay una serie de tareas que simplemente no se pueden llevar a cabo con una pértiga larga.

Dado que los PPE conocidos y disponibles no pueden brindar protección suficiente frente a los altos voltajes, se necesita otro método. En lugar de evitar el contacto con una línea de transmisión energizada, los trabajadores sin guantes utilizan la táctica opuesta. En el trabajo sin guantes, los trabajadores tocan y tocan libremente la superficie energizada (*figura 1*), al tiempo que se aseguran de no entrar en contacto con un objeto puesto a tierra o con otra fase de alimentación. La atención se centra entonces en aislar al trabajador de estas superficies en lugar de las superficies energizadas. El trabajador sin guantes se convierte en parte del circuito eléctrico.

En este módulo se presentan los procedimientos básicos de seguridad necesarios para realizar el mantenimiento de sistemas de transmisión energizados. Se cubre el PPE requerido, así como los pasos básicos para acceder al lugar de trabajo y completar la conexión eléctrica inicial. Sin embargo, los aprendices deben tener en cuenta que los componentes del sistema de transmisión y los procedimientos de trabajo difieren entre empleadores y empresas de servicios públicos. Siga siempre los procedimientos específicos proporcionados por su empleador para el área de trabajo y el tipo de servicio que se está realizando.

2.0.0 Seguridad en líneas energizadas

No cabe duda de que el trabajo en líneas energizadas en sistemas de transmisión puede ser peligroso. Pocos lo ponen en duda. Sin embargo, cada año los trabajadores de líneas energizadas trabajan muchas horas sin que se produzca ningún incidente grave. Como en muchos otros oficios, una buena capacitación, hábitos de trabajo seguros y la atención a los detalles son factores importantes para el éxito del trabajo sin guantes.

81301-12_F01.EPS

Figura 1 Inspección de aisladores sin guantes.

En el sitio

Historia de los procedimientos sin guantes

Harold Rorden, un ingeniero que trabajaba para American Electric Power, sometió a prueba y desarrolló los procedimientos originales sin guantes en 1960. Ayudado por otro ingeniero que trabajaba para Ohio Brass, Whitey White, Rorden empezó a realizar pruebas a 4 kV y llegó a alcanzar los 380 kV. "Parece una locura insensata", comentó el propio Rorden a *Popular Mechanics* en 1961. "Pero no es esencialmente diferente de estar a potencial de tierra y aislado de todos los demás conductores energizados". Las pruebas de campo incluyeron el reemplazo de un aislador y varillas de protección en la línea de distribución de 34 kV que alimentaba la casa de White. Con esta inyección de confianza en sus técnicas, el dúo reparó dos conductores de transmisión de 138 kV dañados por balas de fusil. (Incluso en 1961, entre las amenazas importantes para la integridad de las líneas de transmisión se encontraban los cazadores aburridos y los vándalos provistos de armas de fuego).

En este tipo de trabajo se repite a menudo una regla: Si no está conectado eléctricamente, no lo toque. Debe establecerse una conexión con cualquier objeto conductor antes de manipularlo. Deben utilizarse cuerdas no conductoras y pértigas dieléctricas para mover herramientas o piezas entre los trabajadores conectados al conductor y los que están a potencial de tierra. Debe producirse un proceso de conexión entre el trabajador energizado y la herramienta o pieza. Los trabajadores de línea deben analizar cuidadosamente antes de intentar alcanzar algo y considerar su potencial de tierra. El tema de la conexión se trata más adelante en este módulo con mayor profundidad.

Si bien otras partes de la *norma 1910.269 de la OSHA* se aplican al trabajo sin guantes en líneas energizadas, la *norma 1910.269(q)(3)* se refiere específicamente a este tipo de trabajo. Esta parte describe la capacitación requerida y proporciona directivas para la ejecución segura del trabajo sin guantes.

Una de las disposiciones es que el trabajo sin guantes no se puede realizar cuando hay condiciones meteorológicas adversas. Algunos ejemplos de condiciones meteorológicas adversas son las tormentas eléctricas, los vientos fuertes, las tormentas de nieve y las tormentas de hielo. El viento es una preocupación específica, ya que provoca el movimiento de los conductores. Cuando un conductor se mueve con el viento, puede entrar intermitentemente en la MAD de un trabajador de línea que de otro modo estaría a una distancia segura. El supervisor de la obra es la persona que por lo general debe determinar si las condiciones meteorológicas son lo suficientemente adversas como para detener o postergar el trabajo.

2.1.0 Análisis de seguridad en el trabajo

Debido a la diversidad de tareas y a las diferentes configuraciones de las estructuras y los componentes, siempre se recomienda realizar un análisis de seguridad en el trabajo (*Job Safety Analysis - JSA*). La mayoría de las empresas y empleadores exigen esta revisión de los procedimientos, también conocida como análisis de riesgos laborales. Una vez iniciado el trabajo, pueden surgir problemas que requieran cambios en los procedimientos. Normalmente pueden abordarse y subsanarse mediante un debate entre los trabajadores experimentados y el supervisor de la obra. Durante ese tiempo, generalmente es necesario detener el trabajo para asegurarse de que todas las partes comprenden el cambio. Los cambios que reflejen un proceso más seguro o eficaz pueden pasar a formar parte del JSA y de futuras guías de procedimientos.

El JSA suele realizarse antes del trabajo. A continuación, se revisa y analiza junto con los procedimientos que se seguirán ese día como parte de la reunión informativa previa al trabajo. Algunos se refieren a esta reunión previa al trabajo como reunión de seguridad informal, ya que a menudo se celebra cerca de los vehículos de trabajo.

2.2.0 Distancias mínimas de aproximación

En la *tabla 1* se muestran las distancias mínimas de aproximación (Minimum Approach Distance – MAD) para las superficies energizadas de fase a fase y de fase a tierra. La MAD fase a tierra es significativamente menor, ya que el potencial de voltaje es menor de una fase a tierra que entre dos fases de alimentación. En los sistemas en estrella, el voltaje de fase a tierra puede determinarse dividiendo el voltaje de fase a fase por 1.732. Aunque las MAD asignadas se ven afectadas por otros factores, las distancias son aproximadamente proporcionales a la diferencia de voltaje.

La MAD se refiere a la distancia que el personal cualificado debe mantener de una superficie energizada sin el PPE correspondiente. No obstante, el concepto para el trabajo sin guantes es algo diferente. Para tareas que no sean sin guantes, el desafío es mantener la MAD de todas las superficies energizadas; el contacto con cualquier cosa a potencial de tierra es esperado y necesario. Sin embargo, en el trabajo sin guantes, el trabajador se convierte en una superficie energizada. En este caso, el desafío consiste en mantener la MAD alejada de tierra o de otra fase de alimentación. La regla esencial para trabajar sin guantes sigue siendo la misma: evitar dos puntos de contacto en los que la corriente pueda entrar y salir del cuerpo. Por supuesto, a los voltajes de transmisión típicos, el contacto real no es necesario para que se produzca un desastre. El paso a través de la barrera invisible de la MAD debe considerarse esencialmente como contacto por parte de un trabajador de la línea. La MAD debe mantenerse en todo momento y en cualquier circunstancia.

Tabla 1 Distancias mínimas de aproximación

Kilovoltios (AC)	Fase a tierra	Fase a fase
0.05 a 1.0	Evitar contacto	Evitar contacto
1.1 a 15.0	2'-1" (0.64 m)	2'-2" (0.66 m)
15.1 a 36.0	2'-4" (0.72 m)	2'-7" (0.77 m)
36.1 a 46.0	2'-7" (0.77 m)	2'-10" (0.85 m)
46.1 a 72.5	3'-0" (0.90 m)	3'-6" (1.05 m)
72.6 a 121	3'-2" (0.95 m)	4'-3" (1.29 m)
138 a 145	3'-7" (1.09 m)	4'-11" (1.50 m)
161 a 169	4'-0" (1.22 m)	5'-8" (1.71 m)
230 a 242	5'-3" (1.59 m)	7'-6" (2.27 m)
345 a 362	8'-6" (2.59 m)	12'-6" (3.80 m)
500 a 550	11'-3" (3.42 m)	18'-1" (5.50 m)
765 a 800	14'-11" (4.53 m)	26'-0" (7.91 m)

De la *norma de la OSHA 1910.269(j) del título 29 del CFR, Generación, transmisión y distribución de energía eléctrica*

2.2.1 Trabajo en fases exteriores

Cuando un trabajador realiza tareas de mantenimiento en líneas energizadas cerca de un poste o una torre, lo más habitual es acercarse con un camión canasta. En la *figura 2*, se pueden ver las distintas superficies que deben permanecer fuera de la MAD.

Cuando se trabaja cerca de varios puntos de peligro, como dos superficies puestas a tierra, el área del trabajador debe considerarse una esfera de 8 pies (2.4 m). El centro de la esfera está cerca de la cintura del trabajador. La MAD a cada superficie se mide hasta el perímetro de la esfera imaginaria. Dado que la parte inferior de la pluma del camión canasta normalmente no está aislada, la MAD de fase a tierra debe mantenerse desde la esfera del trabajador hasta la parte inferior de la pluma. Además, la esfera del trabajador debe mantenerse fuera de la MAD de fase a tierra desde cualquier parte de la estructura. Cuando se trabaja en fases exteriores, el mantenimiento de la MAD de fase a fase generalmente no es difícil.

2.2.2 Trabajo en fases interiores

Cuando se trabaja en fases interiores, mantener la MAD adecuada se hace más complejo. Consulte la *figura 3*. La esfera del trabajador se mantiene a 8 pies (2.4 m) de diámetro. La MAD de fase a tierra debe mantenerse entre la esfera y la pluma inferior no aislada. La MAD de fase a tierra también debe mantenerse entre la esfera del trabajador y cualquier parte de la estructura de soporte.

Cuando el trabajador está posicionado en algún lugar entre una superficie energizada y una superficie puesta a tierra, entonces la distancia total en cada dirección debe ser igual o mayor que la MAD de fase a tierra. De nuevo, la MAD a cada superficie se mide hasta el perímetro de la esfera imaginaria. Estas medidas se muestran en la *figura 3* como MAD_{D1} y MAD_{D2}. Por ejemplo, si la MAD de fase a tierra es de 8.5 pies (2.6 m), entonces la suma de MAD_{D1} y MAD_{D2} debe ser igual o mayor que 8.5 pies. Si la MAD_{D1} es de 3 pies (91 cm), la MAD_{D2} debe ser igual a 5.5 pies (1.7 m) o más. Estos mismos conceptos pueden aplicarse a la MAD de fase a fase.

2.2.3 Corrección de altitud

Las MAD deben ajustarse a medida que aumenta la altitud por encima de los 3,000 pies (914 m) según la *norma 1910.269 de la OSHA, tabla R-10*. Consulte la *tabla 2* para conocer los multiplicadores que deben aplicarse a altitudes superiores.

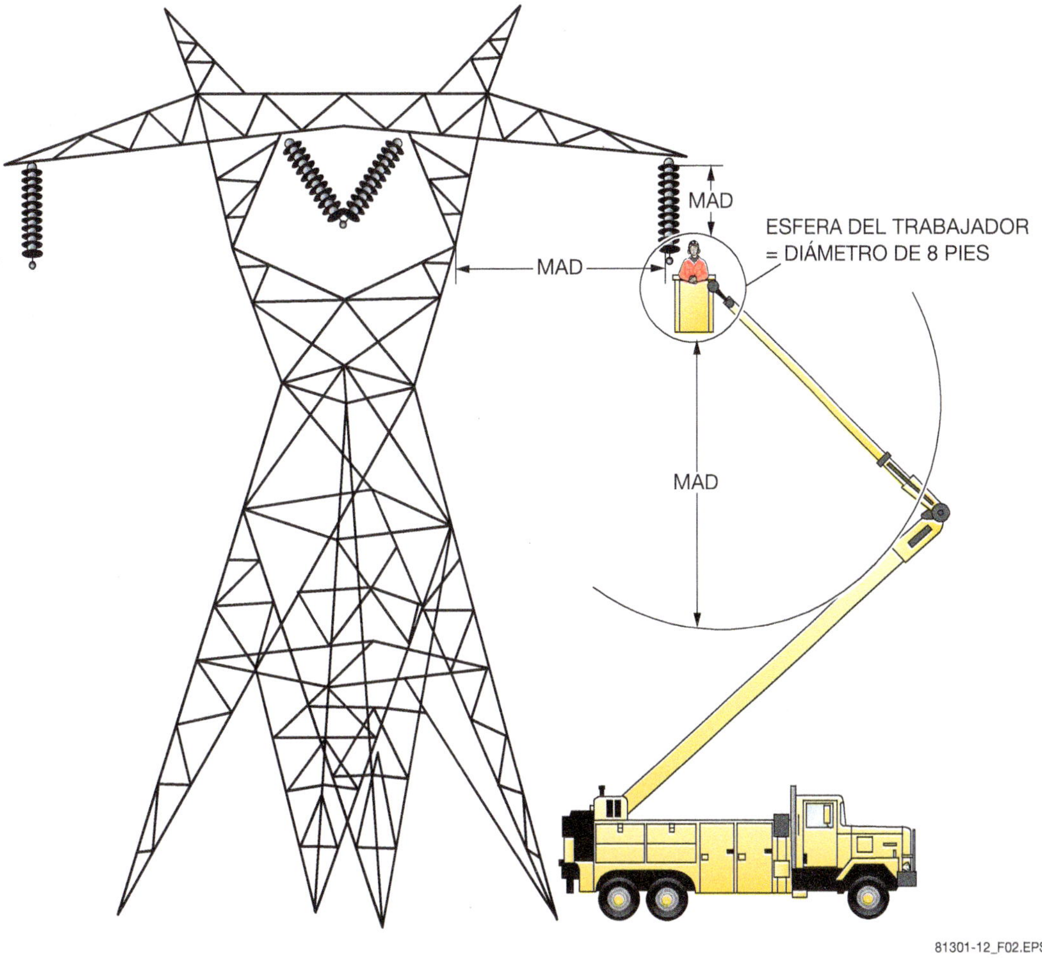

Figura 2 Situación hipotética de MAD: trabajo en una fase exterior.

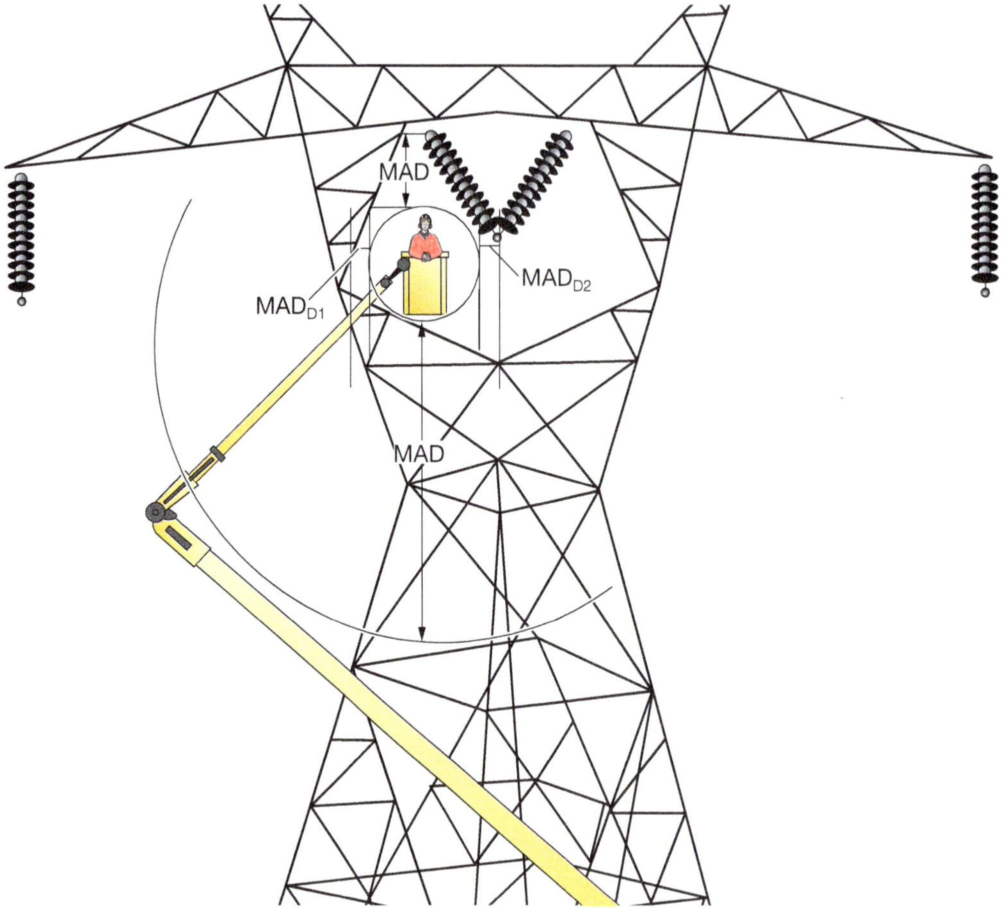

Figura 3 Situación hipotética de MAD: trabajo en una fase interior.

Tabla 2 Multiplicadores de corrección de altitud de MAD

Altitud	Factor de corrección
3,000' (900 m)	1.00
4,000' (1,200 m)	1.02
5,000' (1,500 m)	1.05
6,000' (1,800 m)	1.08
7,000' (2,100 m)	1.11
8,000' (2,400 m)	1.14
9,000' (2,700 m)	1.17
10,000' (3,000 m)	1.20
12,000' (3,600 m)	1.25
14,000' (4,200 m)	1.30
16,000' (4,800 m)	1.35
18,000' (5,400 m)	1.39
20,000' (6,000 m)	1.44

De la *norma 1910.269(l)(10) de la OSHA, tabla R-10*

Un factor en el cálculo de las MAD es un valor que permite el movimiento involuntario o no intencional. La OSHA se refiere a esta distancia añadida como el **componente ergonómico (*ergonomic component*)** de la MAD. Se trata de un valor que se agrega al componente eléctrico de cada MAD en la *norma 1910.269(l)(10) de la OSHA, tabla R-6*. El componente ergonómico se agrega para compensar el movimiento involuntario hacia una superficie energizada y el tiempo que puede tardar una persona en detener su movimiento en la dirección equivocada. Para todos los voltajes superiores a 72.5 kV, la distancia añadida al componente eléctrico es de 1 pie (30 cm). A 72.5 kV e inferiores, la distancia añadida es de 2 pies (61 cm). Un hecho poco conocido es que el componente ergonómico de la MAD para voltajes inferiores a 72.5 kV es mayor que el componente eléctrico. Estos componentes ergonómicos añadidos ya se reflejan en la tabla de MAD de la OSHA.

Los multiplicadores de corrección de altitud no deben aplicarse directamente a los valores de la tabla de MAD. En primer lugar, debe eliminarse el componente ergonómico y, a continuación, aplicar el multiplicador al componente eléctrico. Después de multiplicar el componente eléctrico, se vuelve a añadir el componente ergonómico para obtener la MAD total.

A continuación se presenta un ejemplo de cómo se aplica la corrección de altitud. Supongamos que el trabajo en líneas energizadas debe realizarse en torres a través de un paso montañoso a una altitud de 6,000 pies (1,829 m), y que el voltaje de fase a fase es de 345 kV. La MAD para este voltaje es de 8.5 pies (2.6 m) de fase a tierra y 12.5 pies (3.8 m) de fase a fase.

En primer lugar, elimine el componente ergonómico de 1 pie (30 cm) de los dos valores:

8.5 pies - 1 pie = MAD de 7.5 pies para componente eléctrico de 345 kV, de fase a tierra

12.5 pies - 1 pie = MAD de 11.5 pies para componente eléctrico de 345 kV, de fase a fase

A continuación, localice el factor de corrección de altitud en la *tabla 2* para 6,000 pies (1,829 m). El multiplicador de la tabla es 1.08. Aplique el multiplicador a los componentes eléctricos calculados:

7.5 pies x 1.08 = 8.1 pies

11.5 pies x 1.08 = 12.42 pies

Por último, para determinar la MAD real para 345 kV a 6,000 pies (1,829 m), añada el componente ergonómico de 1 pie (30 cm) a los componentes eléctricos ajustados:

8.1 pies + 1 pie = MAD de 9.1 pies de fase a tierra para 345 kV a 6,000 pies

12.42 pies + 1 pie = MAD de 13.42 pies de fase a fase para 345 kV a 6,000 pies

2.3.0 PPE para líneas energizadas

El PPE asociado al trabajo sin guantes en las líneas energizadas es muy diferente del requerido para otros métodos. Sin embargo, la ropa que contenga acetato, nailon, poliéster o rayón está prohibida debido a su potencial para quemarse, fundirse o arder. La ropa fabricada con estos materiales nunca es una buena elección para los trabajos eléctricos.

2.3.1 Trajes conductores

El trabajo sin guantes en líneas energizadas puede realizarse con cualquier voltaje. A pesar de ello, rara vez se utiliza con voltajes de sistemas de distribución. En su lugar, se suelen utilizar guantes de goma. Entre 69 kV y 115 kV, el uso de un traje conductor es opcional. A partir de 115 kV, el flujo de corriente a través del cuerpo humano empieza a ser perceptible y algo debilitante. Por ello, los trajes conductores normalmente se utilizan a 115 kV o más.

Los trajes conductores (*figura 4*) suelen estar fabricados con Nomex™ o fibras similares de aramida resistentes al fuego, entretejidas con diminutas fibras de acero inoxidable. Por lo general, los trajes conductores incluyen números de serie para rastrear su historial.

El traje proporciona un conducto para la energía eléctrica, mientras que el trabajador permanece a salvo en su interior del campo eléctrico. Aunque la cantidad de corriente que fluye a través del cuerpo no suele ser suficiente para causar lesiones sin el traje, sí puede interferir con el movimiento y causar una sensación de incomodidad al trabajador.

Los trajes conductores se basan en el principio de la jaula de Faraday. De acuerdo con el trabajo realizado por Michael Faraday a principios del siglo XIX, la energía eléctrica aplicada a una jaula conductora anula cualquier efecto sobre el contenido de la jaula. Las aeronaves producen el mismo efecto cuando son alcanzadas por un rayo en vuelo. El principio de Faraday también queda demostrado en este caso, ya que los ocupantes de la aeronave están totalmente protegidos de la energía eléctrica.

Los trajes conductores pueden ser de una sola pieza o de dos piezas. Cuando se utilizan dos piezas, se proporcionan correas conductoras en el interior de los pantalones y la chaqueta para que permanezcan unidos

81301-12_F04.EPS

Figura 4 Traje conductor.

eléctricamente. Deben estar bien atados en todo momento. También se fijan ataduras de unión a la prenda para que pueda conectarse a la canasta o a la superficie energizada. El traje también debe incluir una capucha, de gran tamaño para que quepa un casco.

Las ataduras que no se utilicen deben enrollarse, encintarse y guardarse en los bolsillos de protección. Cuando dos o más trabajadores están juntos, deben conectar sus trajes entre sí, o conectarse con la superficie energizada en el mismo lugar si es posible. Esto garantiza que ambos se encuentren al mismo potencial eléctrico.

Cabe señalar que el cuerpo del trabajador y el traje se energizan antes de entrar en contacto con la superficie energizada, debido a la inducción. Una vez que el instalador de líneas está cerca, la diferencia de potencial puede ser solamente de 10 kV a 50 kV justo antes de que se produzca el contacto. Esta diferencia de potencial es suficiente para que se forme un arco cuando se inicia el contacto. Si no fuera por el proceso de inducción que acerca al trabajador al voltaje de transmisión, el arco sería mucho más marcado.

La resistencia del traje debe permanecer muy baja para garantizar que la corriente fluya a través de él con facilidad, dejando al trabajador en su interior con una mayor resistencia al flujo de corriente. El traje, así como los guantes y calcetines conductores, pueden probarse con un ohmímetro. El concepto básico para las pruebas es comprobar varios puntos de las prendas que están más alejados entre sí. Después de ponerse el traje, los guantes y el calzado, generalmente se realiza una prueba de continuidad entre los siguientes puntos:

- El extremo de la atadura de unión de la chaqueta y la suela del zapato
- Un puño de la manga y el otro puño
- El dobladillo de una pierna del pantalón y el otro
- El dobladillo de una pierna del pantalón y el puño de la manga opuesta
- La capucha y la suela del zapato
- Un guante y el otro

El ohmímetro nunca debe indicar una resistencia superior a 100,000 ohms. Es probable que la empresa de servicios públicos u otro empleador establezca un umbral de aprobado/no aprobado más bajo. Si la lectura es superior, el trabajador debe comprobar primero que las prendas están correctamente unidas entre sí. Si esto no soluciona el problema, empiece a comprobar las prendas o secciones individuales para determinar qué pieza o sección puede estar defectuosa.

Las prendas y los equipos conductores deben guardarse en un entorno seco. Siga las instrucciones de lavado del fabricante. Algunos trajes y equipos pueden requerir limpieza en seco en lugar de lavado. Para la mayoría de los productos, se recomienda lavarlos en una lavadora normal, con agua tibia o fría. Deben lavarse en un ciclo suave o delicado para evitar dañar partes del traje. Por lo general, se puede utilizar cualquier detergente suave. Aunque es posible secar las prendas conductoras en una secadora de ropa, se recomienda que solo se dejen en ella unos 10 minutos. Luego se deben sacar y colocar en una rejilla de secado o en una percha resistente a la corrosión para completar el proceso de secado.

Las prendas dañadas o sus componentes deben sustituirse antes de su uso. Las descargas o arcos intermitentes percibidos por el trabajador son un indicador probable de que el traje u otra prenda presentan defectos.

2.3.2 Guantes

Los guantes conductores son una parte importante del PPE. Al menos un instalador de líneas ha experimentado los efectos de colocar una mano completamente desnuda sobre un conductor de 230 kV. Aunque no se lesionó, el trabajador describió el efecto como un entumecimiento perceptible que se prolongó durante unos diez minutos. Los guantes conductores permiten que se produzca el equilibrio inicial de potenciales alrededor de la mano del trabajador.

Para proteger aún más al trabajador de las molestias inducidas por el arco, se suele utilizar una varilla para establecer el contacto inicial con una superficie energizada.

Los guantes deben lavarse a mano con agua tibia o fría. Una vez enjuagados y exprimida toda el agua, se dejan secar al aire.

2.3.3 Calzado

El trabajo sin guantes también requiere el uso de calzado conductor (*figura 5*). También deben llevarse calcetines conductores para eliminar cualquier barrera eléctrica entre el cuerpo y el zapato. Ni siquiera deben

81301-12_F05.EPS

Figura 5 Zapato de trabajo conductor.

utilizarse polvos para los pies con calzado conductor, ya que podría añadirse cierta resistencia eléctrica. La mayoría del calzado conductor incluye una correa adherida al zapato que envuelve la pierna para garantizar una buena conductividad. Generalmente, se identifican con algún tipo de etiqueta exterior visible, que indica que el calzado es conductor. Cuando se utilizan calcetines conductores, por lo general no se requiere la correa del zapato.

Todo el calzado diseñado para evitar lesiones en el lugar de trabajo, incluido el calzado conductor, debe cumplir la *norma internacional F2413-11 de la ASTM, Especificación estándar de los requisitos de rendimiento del calzado con tapa de puntera (de seguridad) de protección.* El calzado conductor que cumple esta norma lleva la marca CD. Al igual que los guantes, los calcetines conductores deben lavarse a mano y dejarse secar al aire.

2.3.4 Cascos

En el trabajo sin guantes, los cascos no tienen que ser tan conductores como el traje. Aunque los cascos de clase E se suelen utilizar para aislar de la electricidad, los trabajadores sin guantes no necesitan esta protección. En consecuencia, los cascos de clase C pueden utilizarse mientras se trabaja sin guantes. Los cascos de clase C no se someten a pruebas eléctricas para determinar su conductividad, pero se clasifican como conductores a pesar de ello. La capucha del traje conductor debe cubrir el casco y el ala del casco debe evitar que caiga en los ojos del trabajador.

2.4.0 Reconectadores

Un sistema de transmisión o subtransmisión puede estar equipado con uno o más reconectadores (*figura 6*). Los reconectadores funcionan de forma automática cuando se detecta una falla y reconectan el circuito después de un período predeterminado. Esto puede ocurrir varias veces si no se ha eliminado la condición que causó la falla inicial. Los reconectadores ayudan a minimizar los cortes habituales provocadas por fallas menores y de corta duración, como la caída de una rama de un árbol.

Durante el trabajo en las líneas energizadas, se debe desactivar la función automática de todos los reconectadores. Si se produce una falla durante el trabajo, especialmente una que afecte a un trabajador de línea, no cabe duda de que no es aconsejable reenergizar el circuito reiteradamente. La solicitud y posterior confirmación de la desactivación de los reconectadores normalmente se denomina **postergación (*hold off*)**. Otras empresas de servicios públicos y empleadores pueden referirse a ella como solicitud de un solo disparo. Los relés de protección que controlan los reconectadores a veces pueden programarse a distancia para la operación de un disparo, mientras que otras deben hacerse manualmente en la ubicación de instalación.

Figura 6 Interruptor automático/reconectador de 800 kV.

3.0.0 Equipo para líneas energizadas

Hay pocas herramientas especiales que sean específicas para el trabajo sin guantes. El equipo utilizado es prácticamente idéntico al utilizado para el trabajo con pértigas dieléctricas. Esto incluye los distintos tipos de pértigas dieléctricas, las escaleras y las pértigas y portadores de tensión. El camión canasta también es común tanto para el trabajo con pértigas dieléctricas como para el trabajo sin guantes. Aparte de estos elementos, la mayoría de las herramientas utilizadas por los trabajadores sin guantes son herramientas manuales comunes.

Tenga en cuenta que el trabajo sin guantes no significa necesariamente que todos los trabajadores trabajen sin guantes. Por ejemplo, un trabajador puede trabajar sin guantes en el extremo caliente de un gran aislador de suspensión, mientras que un equipo trabaja desde arriba con pértigas dieléctricas. Los trabajadores permanecen aislados entre sí por la longitud del aislador y el uso de pértigas y bastones de plástico reforzado con fibra de vidrio (FRP).

3.1.0 Escaleras y plataformas de trabajo

Las escaleras aisladas son un componente importante del trabajo en líneas energizadas. Se pueden utilizar de muchas maneras diferentes más allá de la posición vertical para acceder al lugar de trabajo.

Todas las escaleras que se utilicen en posición vertical deben disponer de cuerdas de seguridad a ambos lados de la escalera. Deben extenderse desde la parte superior hasta al menos el tercer peldaño desde la parte inferior. Las cuerdas de seguridad proporcionan un punto de conexión para el elemento de amarre de detención de caídas del trabajador.

Las escaleras de ganchos (*figura 7*) se utilizan de diversas maneras. La escalera puede colgarse de un conductor, un poste o un elemento estructural de la torre. Para asegurar la escalera, se utilizan cadenas. Se pueden utilizar argollas cerca del extremo opuesto para asegurar la parte inferior y reducir el movimiento y el

Figura 7 Escalera de ganchos.

Figura 9 Escalera empalmada.

balanceo. Los modelos de tres travesaños (*figura 8*) son más resistentes y rígidos para su uso en un plano horizontal. Si se necesita una escalera más larga cuya longitud normalmente sería muy grande para transportarla y manejarla, se puede utilizar una escalera empalmada (*figura 9*). Los travesaños se empalman mediante acoplamientos de acero para ensamblar dos o más tramos.

Con el apoyo y la planificación adecuados, las escaleras aisladas pueden utilizarse de muchas maneras diferentes. En la *figura 10* se muestra a un trabajador utilizando una escalera para acceder a las pértigas para cables que sujetan la parte inferior de un conjunto portador de tensión alejado de la torre. Se está utilizando otra escalera horizontalmente.

Las escaleras aisladas deben probarse diariamente para detectar fugas de corriente, y cada vez que se trasladen para su uso a un voltaje más alto. Deben probarse durante un minuto en contacto con una superficie energizada. La corriente medida debe ser inferior a 0.33 microamperios (μA) por kV de voltaje de fase a tierra. Los resultados de la prueba deben registrarse y conservarse junto con la escalera. Las escaleras deben sacarse de servicio cada dos años para someterlas a pruebas e inspecciones más exhaustivas.

Figura 8 Escalera de tres travesaños.

Figura 10 Escaleras aisladas en uso.

Los peldaños de las escaleras aisladas tienen arena mezclada en el acabado para mejorar el agarre. Si la superficie del peldaño se desgasta hasta el punto de perder agarre, la escalera debe sacarse de servicio.

Las plataformas de trabajo (*figura 11*) proporcionan un lugar seguro para que los trabajadores de línea reduzcan el esfuerzo de escalada y trabajen de forma más cómoda y segura. Pueden fijarse a postes comunes o a torres de acero con los herrajes adecuados.

3.2.0 Herramientas para extracción de conductores

Los sujetadores de tendido (*figura 12*) se utilizan para sujetar los conductores sin que se deslicen, de modo que puedan tensarse correctamente. Los sujetadores de tendido también se utilizan cuando los conductores deben cortarse y empalmarse, o cortarse para fijarlos a un extremo sin corriente.

A menudo se utiliza un polipasto de cadena de trinquete (*figura 13*) para aplicar la tensión deseada sobre el conductor mientras se realizan las reparaciones. Un extremo se sujeta al sujetador de tendido y el otro a un punto adecuado de la estructura. Para aislar el conductor energizado del polipasto y añadir longitud, se puede conectar una pértiga eslabón de tensión (*figura 14*) al sujetador de tendido. Están disponibles en varias longitudes. Las pértigas eslabón de tensión proporcionan la distancia y la protección eléctrica necesarias para una serie de tareas de tendido de conductores. También están disponibles con un dispositivo de sujeción integrado o con rodillos para que el conductor tenga cierta libertad de movimiento.

3.3.0 Cuerda para líneas energizadas

La cuerda es necesaria para diversas tareas de aparejo y control de conductores. Las cuerdas utilizadas en trabajos con líneas energizadas (*figura 15*) deben tener una elevada rigidez dieléctrica y resistencia a la absorción de agua. Por esta razón, no se admiten las cuerdas

81301-12_F11.EPS

Figura 11 Plataforma de trabajo.

81301-12_F12.EPS

Figura 12 Sujetador de tendido.

de fibra natural. Aunque la cuerda es generalmente un mal conductor, la absorción de agua puede convertirla en un grave peligro.

Asegúrese de que todas las cuerdas utilizadas durante los trabajos en líneas energizadas estén diseñadas para este fin y se mantengan limpias y secas en todo momento. Las cuerdas para líneas energizadas deben identificarse como tales y someterse a pruebas periódicas. La cuerda debe probarse antes de su uso diario. Para ello, se suele utilizar una pértiga dieléctrica para poner la cuerda en contacto con un conductor energizado. También se puede utilizar una unidad portátil capaz de probar las pértigas dieléctricas en el campo.

Guarde la cuerda en un recipiente adecuado con materiales desecantes para garantizar que permanezca seca. Todos los demás accesorios también deben mantenerse limpios y secos. Lo mejor es utilizar lonas u otro material en el área de trabajo para evitar que la cuerda quede tendida en el suelo, donde puede absorber la humedad.

3.4.0 El camión canasta

El camión canasta es una parte integral del trabajo en líneas energizadas. Esta pieza vital del equipo se debe probar y cuidar constantemente para garantizar que esté en condiciones de funcionamiento adecuadas.

81301-12_F13.EPS

Figura 13 Polipasto de cadena de trinquete.

3.4.1 Componentes clave y características

En la *figura 16* se muestran algunos componentes importantes del conjunto de la pluma. Es esencial tener en cuenta que el conjunto de la pluma no está aislado. Normalmente, la sección final o superior de la pluma está fabricada con fibra de vidrio y es la parte aislada principal. Algunos camiones también pueden estar equipados con un inserto de fibra de vidrio en la sección inferior. Esto protegería al personal de tierra en caso de falla en la sección superior. El blindaje del

81301-12_F15.EPS

Figura 15 Cuerda de polidacrón.

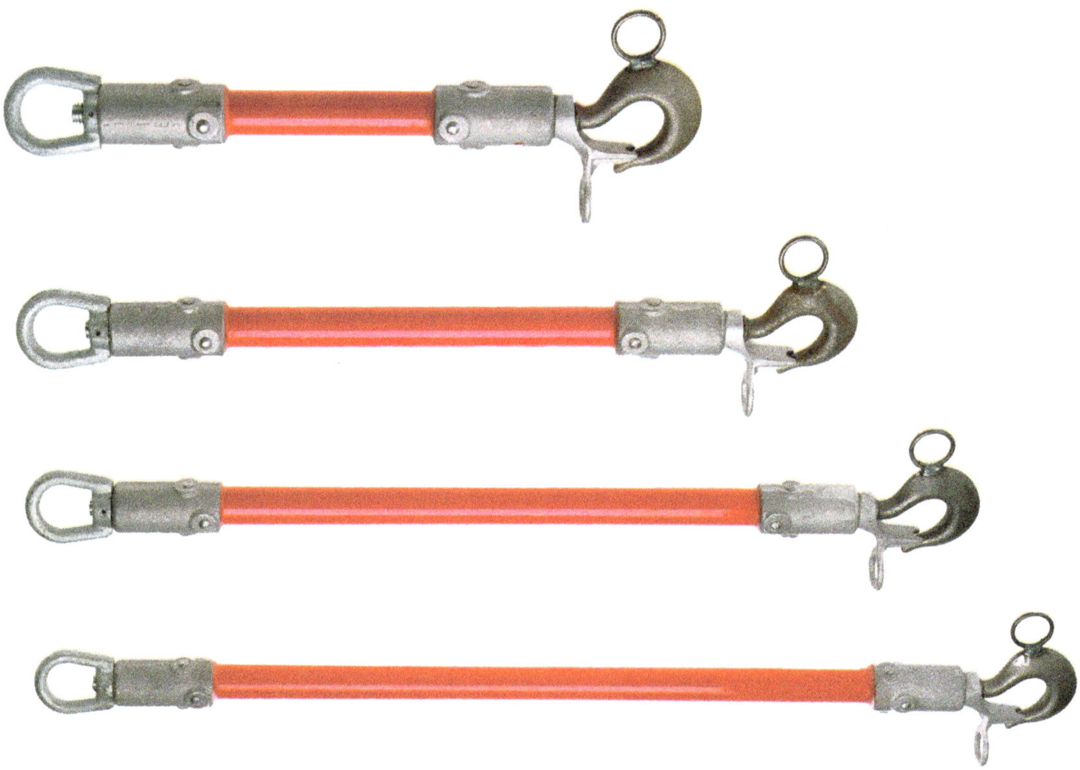
81301-12_F14.EPS

Figura 14 Pértigas eslabón de tensión.

Figura 16 Componentes del camión canasta.

colector (*figura 17*) es un elemento obligatorio en las plumas de los camiones que alimentan sistemas de 500 kV y superiores. El blindaje recoge la corriente de fuga y la desvía a tierra. Esto reduce considerablemente las fugas de corriente a través de la pluma a voltajes más altos. En todos los modelos se utiliza un

Figura 17 Blindaje del colector.

Figura 18 Blindaje anticorona.

blindaje de corona (*figura 18*) para evitar que el efecto corona cause daños significativos a la parte de fibra de vidrio de la pluma.

La canasta está generalmente hecho de fibra de vidrio y equipado con un revestimiento de aluminio (*figura 19*). Si hay dos canastas, los revestimientos de aluminio deben estar conectados eléctricamente entre sí. El revestimiento de aluminio está equipado con cables de conexión de conductores y una varilla de conexión. Los cables de conexión pueden parecer relativamente cortos. Su longitud se limita intencionadamente por motivos de seguridad, ya que un cable largo y colgante podría entrar en contacto con tierra u otra fase de alimentación. Los cables de conexión deben estar equipados con abrazaderas de resorte (*figura 20*) para su conexión al conductor. Esto evita que una conexión olvidada cause daños graves o lesiones si la canasta se mueve mientras la abrazadera permanece conectada. Se proporciona un punto de conexión (*figura 21*) para la eslinga de detención de caídas del trabajador.

El camión canasta está equipado con un monitor permanente de fugas de corriente (*figura 22*). El

Figura 19 Revestimiento de la canasta de aluminio.

81301-12_F20.EPS

Figura 20 Abrazadera de resorte de cable de conexión.

monitor proporciona las lecturas de corriente con fines de prueba, y supervisa constantemente la corriente de fuga mientras el camión está en uso. Antes del uso, se programa el punto de ajuste de alarma apropiado para el voltaje actual. La bocina de alarma se encuentra dentro del monitor.

Los sistemas hidráulicos de los camiones canasta están equipados con válvulas de retención en las líneas para evitar que se forme un vacío si se produce una fuga hidráulica. Este mismo sistema hidráulico puede utilizarse para accionar herramientas hidráulicas. Sin embargo, las herramientas hidráulicas utilizadas deben considerarse parte del camión en sí y no deben intercambiarse de un camión a otro. Las líneas hidráulicas de las herramientas eléctricas no pueden formar parte de la porción aislada de la pluma ni estar conectadas a ella. Muchos de los sistemas actuales de control de fugas de corriente pueden separar las lecturas de corriente de la parte superior aislada de la pluma de las líneas y el fluido hidráulicos.

3.4.2 Pruebas y preparación previa al uso

Se debe comprobar el camión canasta para asegurarse de que el autoadhesivo de prueba esté pegado e indique que la inspección anual y las pruebas siguen siendo válidas. Coloque el camión canasta en la posición deseada en la obra. Los estabilizadores se extienden y se accionan. La mayoría de los camiones canasta tienen un nivel (*figura 23*) para asegurar que los estabilizadores estén en una posición que permita que el camión esté nivelado.

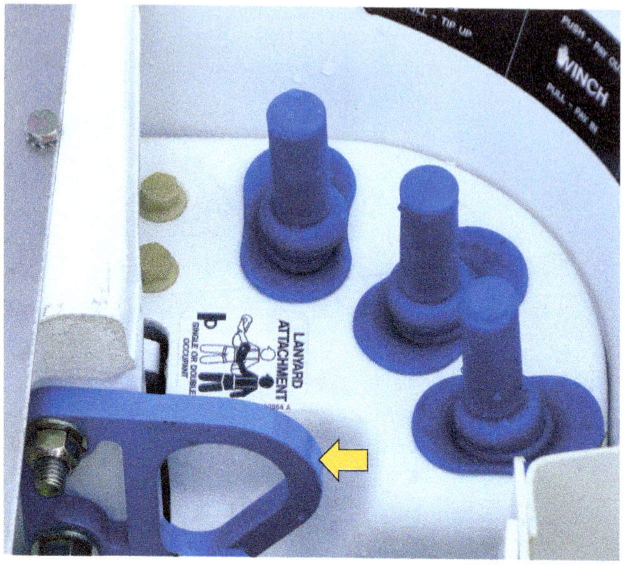

81301-12_F21.EPS

Figura 21 Punto de fijación del elemento de amarre de detención de caídas.

Aunque algunas organizaciones pueden preferir un orden diferente y tener variaciones en las tareas, lo siguiente representa un procedimiento típico de preparación del camión.

- El camión debe estar conectado a tierra. Se utilizan dos puestas a tierra temporales. Se introducen varillas de puesta a tierra en el suelo y se conectan cables de puesta a tierra temporales. Si el vehículo no está puesto a tierra, se debe colocar una barricada y tratarlo como si estuviera energizado en todo momento.
- Antes de elevar la pluma, debe inspeccionarse visualmente y limpiarse si es necesario. La canasta también debe estar limpia. Cualquier tipo de acumulación en la pluma o la canasta puede disminuir sus propiedades dieléctricas. Una superficie sucia tiende a dejar el agua en láminas, cubriendo una superficie mayor. No deben utilizarse desengrasantes

En el sitio

Accidente de trabajador de línea

En 1980, un aprendiz de trabajador de línea de Florida Power murió mientras trabajaba desde un camión canasta. Se produjo una fuga hidráulica en el sistema hidráulico de la pluma, que creó un vacío en una parte de los conductos hidráulicos de la pluma a medida que se filtraba el líquido. Como resultado, se produjo una descarga disruptiva entre el camión y el conductor. Una explosión destruyó la canasta y dos trabajadores cayeron aproximadamente 75 pies (22.8 m). El aprendiz murió y el segundo quedó paralítico.

La investigación del accidente no reveló ningún indicio de negligencia. El incidente se debió exclusivamente a un error de diseño que permitió que se formara el vacío. A raíz de este incidente, los sistemas hidráulicos de los camiones canasta deben estar equipados con válvulas de retención para evitar que esto se repita.

81301-12_F22.EPS

Figura 22 Monitor y alarma de fuga de corriente.

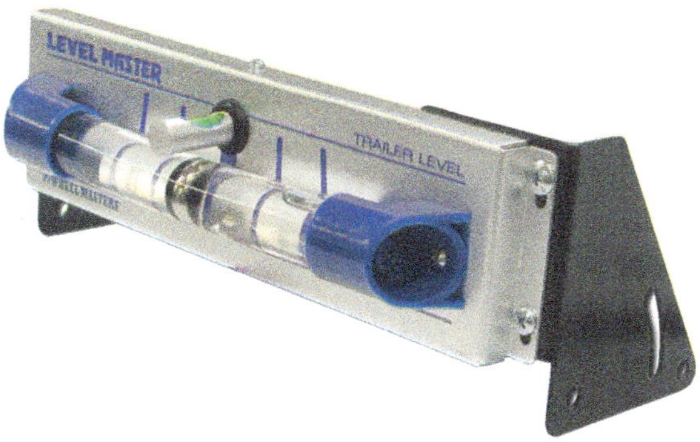

81301-12_F23.EPS

Figura 23 Nivel de vehículo.

ni disolventes en las superficies de fibra de vidrio. Deben utilizarse productos de limpieza especiales diseñados para superficies de fibra de vidrio para proteger la capa de gel (*figura 24*). Estos productos son fáciles de manejar en el camión, ya que están envasados individualmente. También es útil aplicar una buena capa de cera después de la limpieza. La cera ayuda a que el agua se separe en gotas y se escurra.

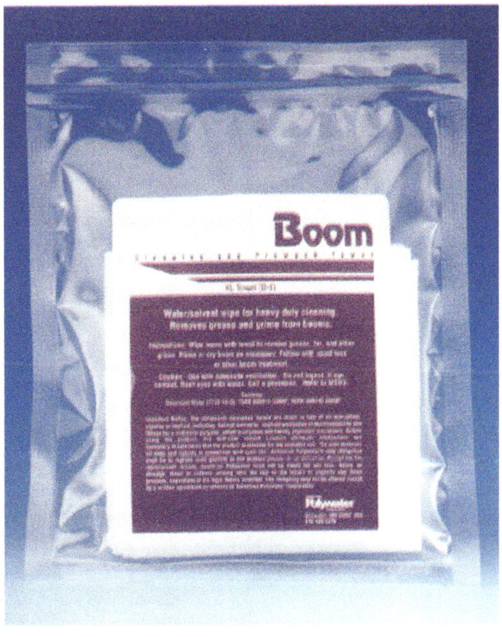

81301-12_F24.EPS

Figura 24 Toallitas de limpieza para plumas.

- Accione primero la pluma y la canasta en toda su amplitud de movimiento desde los controles inferiores. Eleve la canasta hasta su altura máxima y déjela en esta posición durante 5 minutos. Esto garantiza que el sistema hidráulico está en buen estado y puede mantener la canasta en posición. A continuación, accione la pluma y la canasta en toda la amplitud de movimiento mediante los controles de la canasta.
- Se debe revisar la pluma para asegurarse de que cualquier fuga de corriente medible está dentro de los límites de tolerancia. La OSHA exige que se revise la pluma al comienzo de cada jornada laboral y cada vez que se produzca un aumento de voltaje en las líneas que se están revisando. Se debe llevar un registro de cada prueba y anotar los resultados en el monitor de fugas de corriente. También es importante la información adicional relativa a la prueba, como las condiciones meteorológicas y la temperatura.
  - Consulte el manual de instrucciones del monitor de fugas de corriente. Normalmente, los monitores de fugas de corriente disponen de una función de autocomprobación que debe iniciarse en primer lugar. Esto garantizará el correcto funcionamiento del medidor. La mayoría de los medidores también permiten realizar una prueba de continuidad de los circuitos montados en el camión. Esto nos asegura que los circuitos están intactos. A continuación, ajuste el nivel de alarma deseado para la prueba. Ahora puede comenzar la prueba real.
  - La canasta se eleva sin un ocupante hasta una fuente energizada a un voltaje igual al que se encontrará. La canasta se coloca de forma tal que haga contacto con la fuente. Durante esta prueba, otros trabajadores que se encuentren en el suelo

INICIATIVA VERDE

Medio aislante para transformadores de origen vegetal

Siemens ha desarrollado un nuevo transformador de potencia que utiliza aceite vegetal como medio aislante. La unidad con una capacidad de 40 MVA se está probando en condiciones reales de servicio en la Selva Negra de Alemania.

81301-12_SA01.EPS

no deben tocar el camión. El operador de la pluma permanece en el propio camión. La canasta debe permanecer en contacto durante tres minutos mientras se observa el monitor de fugas de corriente. De acuerdo con la *norma 1910.269(q)(3)(xii) de la OSHA*, la fuga de corriente a tierra no puede superar 1 µA por kV de voltaje nominal de fase a tierra. Por ejemplo, 133 kV es el voltaje de fase a tierra típico de una línea de 230 kV. Por lo tanto, si el voltaje de fase a tierra es de 133 kV, entonces 133 µA sería el flujo de corriente máximo permitido. El trabajo debe suspenderse inmediatamente si se supera este valor. El ajuste de alarma del monitor debe fijarse en un valor significativamente inferior a la corriente máxima permitida. La mayoría de los empleadores exigen un ajuste de aproximadamente el 50% del valor máximo. En este ejemplo, lo normal sería una alarma de 70 µA. Esto garantiza que los trabajadores reciban una notificación mucho antes de que se alcance el valor máximo, suponiendo que la falla no sea repentina. Tenga en cuenta que el flujo de corriente nunca debe ser superior a 1 miliamperio (mA), independientemente del voltaje presente. Esto equivale a 1,000 µA. Si la corriente no muestra desviaciones significativas con respecto a otras pruebas registradas y el valor está dentro de 1 µA/por kV de fase a tierra permitido, se puede proceder al trabajo sin guantes.

Es importante tener en cuenta que un operador debe permanecer en el camión una vez comenzado el trabajo. Sin embargo, se prohíbe a los operadores utilizar los controles de la canasta mientras haya un trabajador en ella, excepto en casos de emergencia. El operador en el camión también es responsable de asegurarse de que otros trabajadores no se acerquen o entren en contacto con el camión. Los trabajadores en tierra también deben permanecer alejados de las varillas y cables de puesta a tierra del vehículo mientras el camión está en funcionamiento y cerca de líneas energizadas. Si el camión se energiza repentinamente, el potencial de paso alrededor del camión será muy alto.

Mientras se esté trabajando, el motor y las bombas hidráulicas del camión no deben apagarse. La supervisión de estas operaciones también es responsabilidad del operador del camión.

4.0.0 Trabajo sin guantes

El trabajo sin guantes puede realizarse desde un camión canasta o un elevador aéreo similar, un helicóptero o desde los propios conductores. En este último caso, los trabajadores de línea deben acceder primero a los conductores de forma segura. Esto también puede hacerse desde una canasta o un helicóptero. Asimismo, es posible acceder a los conductores desde un poste o una torre utilizando escaleras aisladas de una longitud adecuada.

Se recuerda a los aprendices que los trabajadores sin guantes deben mantener la MAD entre ellos y otras fases de alimentación o una superficie puesta a tierra. Los trabajadores sin guantes deben tener a su alcance una pértiga de medición aislada. El supervisor de la obra también es responsable de garantizar que exista suficiente espacio libre para mantener las MAD.

A lo largo de los procedimientos aquí descritos, se asume que el trabajador que realiza una conexión inicial a un conductor energizado lleva puesto un traje conductor. Para el trabajo sin guantes y sin traje conductor, los procedimientos siguen siendo prácticamente los mismos, con la excepción de la conexión del traje a una canasta o a un helicóptero.

¡ADVERTENCIA!

Colocar el cuerpo o partes del cuerpo entre superficies energizadas a diferentes potenciales, o entre superficies energizadas y cualquier superficie a potencial de tierra, provocará lesiones graves o la muerte.

4.1.0 Camión canasta

La OSHA exige que los camiones canasta tengan una tabla de MAD visible para los ocupantes de las canastas. Al trabajar desde una canasta, los trabajadores deben mantener ambas piernas dentro de ella en todo momento. Al menos un pie debe estar siempre en el suelo. El elemento de amarre de detención de caídas debe conectarse al punto correspondiente del conjunto de canasta. El elemento de amarre conductor del traje del trabajador también se ata a la canasta.

En algunos casos, puede ser necesario subir herramientas o materiales hasta el trabajador. La canasta no puede utilizarse como punto de anclaje para una cuerda de mano. Sin embargo, el conductor puede utilizarse para este fin.

Una vez que la canasta está en posición adyacente a un conductor energizado, tanto el trabajador como la canasta ya están afectados por la inducción. Como resultado, la diferencia potencial de voltaje entre el conductor y el trabajador ya ha disminuido en cierta medida. El trabajador extiende la punta de la varilla de conexión desde la canasta (*figura 25*). A medida que la varilla se acerca al conductor, se establece un arco. La longitud del arco depende de la diferencia de potencial.

Una vez que la varilla entra en contacto con el conductor, la canasta, el trabajador y el conductor alcanzan potenciales iguales. Mientras mantiene el contacto con la varilla, el trabajador extiende la mano y conecta la abrazadera de resorte del cable de conexión a la línea. Ahora la varilla puede guardarse en la canasta. El proceso de conexión ha finalizado.

La conexión se mantiene durante todo el proceso de trabajo. Cuando el trabajador está listo para bajar la canasta, la varilla se vuelve a poner en contacto con

81301-12_F25.EPS

Figura 25 Conexión desde una canasta.

la línea. Se retira la abrazadera de resorte y se coloca dentro de la canasta. Luego se arrastra la varilla a través del conductor hasta su punta, y esta se aleja. Al final, el arco se rompe cuando la separación entre ambos es suficiente.

4.2.0 Escalera aislada

Para acceder a un conductor energizado, los trabajadores de línea pueden utilizar una escalera aislada. La escalera puede colgarse del conductor para que el trabajador suba a ella desde un camión canasta (*figura 26*). Esto puede ser necesario cuando la línea de transmisión está demasiado alta para que la canasta pueda alcanzarla.

Los trabajadores también pueden utilizar una escalera para acceder a la línea desde una estructura (*figura 27*). En ambos casos, el procedimiento para conectarse a la línea es el mismo. Los trabajadores que permanecen en la estructura, o en el extremo frío, están bastante fuera de la MAD.

Cuando se utiliza una escalera, no hay que conectar ningún cable de conexión de la canasta. En este caso, el trabajador de la línea ata una correa de sujeción conductora del traje directamente a la superficie energizada. La correa de sujeción que no se utilice debe guardarse para evitar que se enrede.

81301-12_F26.EPS

Figura 26 Acceso a una línea desde una escalera vertical.

81301-12_F27.EPS

Figura 27 Acceso a una línea desde una estructura.

4.3.0 Helicóptero

Los trabajadores pueden acceder a las líneas de transmisión mediante un helicóptero. El trabajador se sienta en una plataforma montada en el helicóptero, a la que se fija una varilla de conexión. Con este método, el trabajador y el helicóptero deben llegar al mismo potencial. Por ello, el piloto del helicóptero también debe usar un traje conductor. De nuevo se utiliza una varilla para establecer el contacto inicial con un conductor (*figura 28*). Si el trabajador de línea sale del helicóptero y permanece en la línea para que lo recojan posteriormente, deberá restablecerse de nuevo el contacto cuando se acerque el helicóptero (*figura 29*).

Algunas tareas pueden realizarse mientras el trabajador permanece en la plataforma. La instalación de espaciadores y marcadores de advertencia para aeronaves son ejemplos de tareas que pueden realizarse de esta manera (*figura 30*). Algunas empresas informan que pueden instalar un espaciador en los conductores en menos de un minuto, incluido el tiempo para volar de una ubicación de espaciadores a la siguiente. Obviamente, este método solo es seguro con buenas condiciones meteorológicas y vientos moderados.

Otra tarea que requiere que el trabajador de línea permanezca en el helicóptero es el empalme de

81301-12_F28.EPS

Figura 28 Conexión de conductor desde un helicóptero.

81301-12_F29.EPS

Figura 29 Conexión con un helicóptero que regresa.

81301-12_F30.EPS

Figura 30 Instalación de marcadores de advertencia para aeronaves.

conductores. Es sin duda una tarea más difícil y larga que la instalación de espaciadores o marcadores. Requiere mucha paciencia y destreza por parte del trabajador de línea y del piloto. En la *figura 31* se muestra la secuencia de tareas necesarias para realizar un empalme en vuelo. Observe el traje conductor que lleva el piloto y la conexión del cable de unión desde la aeronave.

El helicóptero también puede dejar al trabajador sobre las líneas de transmisión o la estructura y luego alejarse. Para proporcionar a los trabajadores de línea una alternativa más segura para las tareas de mayor duración y las que requieren movimiento a lo largo del conductor, el helicóptero puede situar tanto al trabajador como un carro portacables en las líneas de transmisión.

4.4.0 Carros portacables

Los carros portacables pueden colocarse desde un helicóptero o mediante un camión canasta (*figura 32*). El carro proporciona un medio de desplazamiento entre postes o torres. De este modo se puede inspeccionar de cerca una línea de transmisión y realizar pequeñas reparaciones. No es posible realizar un empalme completo de este modo, debido al peligro potencial de caída de un conductor.

Los carros portacables normalmente tienen cuatro ruedas, todas las cuales soportan cierto peso y son conductoras. Además de las ruedas, también se necesitan cadenas de seguridad o un componente similar para evitar que el carro se caiga. Algunas son accionadas por motor, en tanto que otras son desplazadas manualmente por el trabajador de línea (*figura 33*). Cuando un trabajador de línea está en la línea para ayudar a posicionar el carro, se debe utilizar la varilla para unirse con el carro que se aproxima.

A. SE COLOCAN EL PRIMER SUJETADOR DE TENDIDO Y UN POLIPASTO DE CADENA.

B. SE CONECTA UN SEGUNDO SUJETADOR DE TENDIDO Y CABLES.

C. EL EMPALME DEFECTUOSO SE CORTA DEL CONDUCTOR.

D. SE UTILIZA UNA PRENSA HIDRÁULICA PARA ENGARZAR EL EMPALME.

E. EL TRABAJADOR DE LÍNEA SE PREPARA PARA LIBERAR LA TENSIÓN EN LOS SUJETADORES DE TENDIDO.

81301-12_F31.EPS

Figura 31 Empalme de un conductor en vuelo.

81301-12_F32.EPS

Figura 32 Colocación de un carro portacables.

81301-12_F33.EPS

Figura 33 Uso de un carro portacables.

Resumen

Trabajar en sistemas de transmisión de energía energizados es una necesidad, ya que los cortes representan una dificultad significativa tanto para el consumidor como para la empresa de servicios públicos. Incluso con una línea desenergizada, el trabajo sigue siendo difícil y no es más seguro desde el punto de vista estadístico. Sin embargo, estos trabajos pueden realizarse de forma segura y eficaz. De hecho, todos los días se realizan trabajos con líneas energizadas de forma segura.

El trabajo sin guantes lleva al trabajador al mismo potencial eléctrico que el conductor o componente que se está revisando. Es esencial que las MAD se mantengan alejadas de las superficies a potencial de tierra y de otras fases de alimentación. El traje conductor utilizado para el trabajo sin guantes elimina el flujo de corriente significativa a través del cuerpo del trabajador al actuar como un conducto para el flujo de corriente.

Los trabajadores de línea acceden a las superficies energizadas de diversas maneras. Independientemente del método utilizado, los trabajadores deben conectarse con la superficie energizada. Al acercarse a la superficie, la inducción comienza a elevar el potencial eléctrico del trabajador antes del contacto. Al producirse el contacto inicial, se establece un arco. No obstante, como el potencial eléctrico del trabajador ya se ha elevado, la energía del arco se reduce considerablemente.

Realizar trabajos sin guantes de forma segura y eficaz requiere capacitación, práctica y confianza en el equipo y en las habilidades del trabajador de línea. El trabajo sin guantes en líneas de transmisión es una faceta emocionante del ya de por sí apasionante campo de la instalación y el mantenimiento de líneas de transmisión eléctrica.

Preguntas de revisión

1. Cuando surja un problema imprevisto durante los procedimientos sin guantes, _____.
   a. es necesario detener el trabajo hasta que toda la cuadrilla comprenda los cambios en el procedimiento
   b. el supervisor de la obra analizará el problema con los trabajadores experimentados mientras los demás continúan
   c. los trabajadores experimentados continúan mientras el supervisor aprovecha el momento para enseñar a los aprendices
   d. la OSHA exige la cancelación del proyecto hasta que el responsable de seguridad de la empresa haya revisado y resuelto el problema

2. La MAD debe ajustarse para altitudes superiores cuando se trabaja a una altitud superior a _____.
   a. 1,500 pies
   b. 3,000 pies
   c. 5,000 pies
   d. 6,500 pies

3. ¿Cuál es el componente ergonómico que se añade al componente eléctrico de una MAD para todos los voltajes superiores a 72.5 kV?
   a. 1 pie
   b. 2 pies
   c. 3 pies
   d. 5 pies

4. El calzado conductor que cumple las normas de prueba de la ASTM está marcado con las letras _____.
   a. CF
   b. HV
   c. CD
   d. EHV

5. Los cascos de clase C se prueban de acuerdo con una norma de la ASTM para garantizar que son conductores.
   a. Verdadero
   b. Falso

6. La medida de flujo de corriente admisible a través de una escalera aislada durante una prueba de campo diaria es de _____.
   a. 0.33 µA por kV de fase a tierra
   b. 0.33 mA por kV de fase a tierra
   c. 0.33 A por kV de fase a tierra
   d. 33 µA por kV de fase a tierra

7. Se requiere un blindaje colector en los camiones canasta que alimentan a los sistemas en _____.
   a. 69 kV y más
   b. 115 kV y más
   c. 230 kV y más
   d. 500 kV y más

8. Durante una prueba de fuga de corriente previa al uso, la canasta se eleva para hacer contacto con una fuente de alimentación energizada al mismo voltaje que la que se va a reparar y se mantiene allí durante _____.
   a. 1 minuto
   b. 3 minutos
   c. 5 minutos
   d. 10 minutos

9. La mayoría de los empleadores exigen que el ajuste de alarma del monitor de fugas de corriente sea de aproximadamente un _____.
   a. 10% del valor máximo
   b. 25% del valor máximo
   c. 35% del valor máximo
   d. 50% del valor máximo

10. Cuando un trabajador de línea accede a un conductor energizado utilizando una escalera en lugar de un camión canasta, _____.
    a. no es necesario conectar una correa de sujeción conductora
    b. ambas correas de sujeción conductoras del traje deben atarse a la superficie energizada
    c. las dos correas de sujeción conductoras del traje deben atarse y guardarse
    d. una correa de sujeción conductora del traje se ata a la superficie energizada; la otra se guarda

Términos del oficio introducidos en este módulo

Componente ergonómico (*Ergonomic component*): un valor de distancia que se agrega al componente eléctrico de la distancia mínima de aproximación para lograr los valores de MAD indicados en la *norma 1910.269(l)(10) de la OSHA, tablas R-6 a R-9*. Para voltajes de hasta 72.5 kV, el componente ergonómico es de 2 pies (60.9 cm); para los superiores, es de 1 pie (30.5 cm).

Postergación (*Hold off*): término que describe la solicitud de los instaladores de líneas para que los reconectadores automáticos relacionados con la sección de la línea en la que están trabajando se desactiven o se pongan en una posición no automática; también se conoce como solicitud de un solo disparo.

Recursos adicionales

Este módulo presenta recursos muy completos para la capacitación en tareas. Se sugiere el siguiente material de referencia para profundizar en el tema.

OSHA Publication 3071, Job Hazard Analysis Guide.

Live Line Work Practices, segunda edición. Alexander Publications.

Créditos de las figuras

Cortesía de Juan Guevara, JRG Photography, introducción del módulo

KT Power, Inc., figuras 1, 10, 25–27, 32 y 33

Department of Labor (Departamento del Trabajo de EE. UU.), Occupational Safety and Health Administration (Administración de Seguridad y Salud Ocupacional), tabla 1

Hubbell Power Systems, figuras 4, 7–9, 12 (foto superior) y 13–15

Cortesía de Warson Brands, figura 5

Siemens Corporation, figura 6 y SA01

Hastings, figura 11

Imágenes proporcionadas por cortesía de Haverfield International Incorporated, figuras 12 (foto inferior) y 28-31

Topaz Publications, Inc., figuras 16–22

Cortesía de Wheel Masters, figura 23

Cortesía de American Polywater Corporation, figura 24

Actualización del usuario

Le deseamos éxito a medida que avanza en este programa de capacitación. Si tiene algún comentario sobre cómo el NCCER podría mejorar este libro de texto, complete el formulario de *Online Curriculum Feedback Form* visitando **www.nccer.org/olf/** o utilizando el código QR en esta página.

En el NCCER, nos interesa recibir y agradecemos los comentarios de nuestros clientes. Puede enviar los suyos por correo electrónico a la dirección **support@nccer.org**. Para indicar que el comentario se refiere a este título, escriba *#PowerLineWorkerL3* en el asunto cuando lo envíe.

ESCANÉAME

Puede escanear este código usando la cámara de su teléfono o dispositivo móvil.

NCCER

Cambio de conductores en las líneas de transmisión

81302-12

Para obtener más información, ingrese a **www.nccer.org** o llámenos al **1.888.622.3720**. Nuestro sitio web contiene información sobre los últimos lanzamientos de productos y capacitación.

Agradecemos sus comentarios. Puede enviar sus comentarios por correo electrónico a **curriculum@nccer.org**, enviar comentarios generales y consultas a **info@nccer.org**, o llenar el formulario de actualización de usuarios al final de este módulo.

Pearson

NCCER | National Center for Construction Education and Research

V.2 9/12

81302-12
CAMBIO DE CONDUCTORES EN LAS LÍNEAS DE TRANSMISIÓN

Objetivos

Cuando haya completado este módulo, será capaz de hacer lo siguiente:

1. Planificar un proyecto de cambio de conductores, que incluye:
   a. Obtener permisos
   b. Seleccionar equipos y materiales
   c. Establecer el punto de partida
2. Prepararse para un proyecto de cambio de conductores, que incluye:
   a. Realizar una sesión informativa previa al trabajo
   b. Preparar el equipo
   c. Establecer las estructuras de protección
3. Describir cómo tender conductores desconectando los conductores existentes.
4. Describir como tender conductores usando los conductores existentes.

Tareas prácticas

Bajo la supervisión de su instructor, debe ser capaz de hacer lo siguiente:

1. Desarrollar un plan de tendido.
2. Rellenar correctamente un informe previo al trabajo.
3. Ajustar y utilizar correctamente un tensor y un malacate.
4. Desconectar el cable e instalar una estructura de trazado o tender el cable utilizando el antiguo conductor.

Términos del oficio

Polea

Credenciales reconocidas en el sector

Si se está capacitando a través de un patrocinador acreditado por el NCCER, puede ser elegible para obtener credenciales del NCCER. El número de identificación de este módulo es 81302-12. Tenga en cuenta que este módulo puede haber sido utilizado en otros planes de estudios del NCCER y se puede aplicara la realización de otros niveles. Comuníquese con el NCCER al **1.888.622.3720** o visite **www.nccer.org** para obtener más información.

También puede mostrar en línea sus credenciales reconocidas por el sector con las insignias digitales de NCCER. Transforme sus conocimientos, habilidades, y logros en insignias que puede compartir en tus redes sociales, enviar a su red y agregar a su currículum. Para obtener más información, visite **www.nccer.org**.

Contenido

Temas que se presentarán en este módulo:

Figuras y tablas

1.0.0 Introducción

En un módulo anterior se trataron los aspectos básicos de la instalación de líneas de transmisión. Aunque este módulo se centra en la sustitución de los conductores existentes, también proporciona información más avanzada sobre los métodos y equipos para el cambio de conductores. El cambio de conductores puede realizarse para sustituir conductores dañados o desgastados o para aumentar la capacidad del sistema. Una planificación eficaz es la clave de una instalación eficiente. Antes de empezar cualquier trabajo, es necesario determinar la cantidad y los tipos de equipos y materiales que se requieren para el trabajo. Esto incluye calcular la cantidad de cable que se necesita. Si la instalación pasa por terrenos privados, federales, carreteras o vías fluviales, se deben obtener los permisos necesarios.

Una vez finalizada la planificación y encargados los materiales y equipos, es preciso trazar el lugar de trabajo de la instalación y construir estructuras de protección para proteger a las personas y los bienes contra la caída de las líneas. También puede ser necesario despejar las servidumbres. Asimismo, puede ser necesario reforzar las estructuras de transmisión existentes para soportar el mayor peso de los conductores y aisladores. Antes de tender un solo conductor, puede ser necesario cambiar los aisladores y colgar las guía de los aisladores (*figura 1*).

NOTA

El término *guía* se utiliza en este módulo. *Bloque de tensado* y *rodillo* son otros términos que se utilizan habitualmente en el sector.

La seguridad de las cuadrillas de trabajo y del público en general es de vital importancia. En zonas pobladas puede ser necesario contar con guardias de seguridad y vigilantes. Es necesario proteger a las cuadrillas de los voltajes inducidos de las líneas cercanas, especialmente cuando el cambio de conductores se realiza mientras las líneas originales permanecen energizadas.

81302-12_F01.EPS

Figura 1 Guías conectadas a aisladores.

1.1.0 Métodos de cambio de conductores

Por definición, el cambio de conductores implica la sustitución de los conductores existentes. En algunos casos, es posible reconfigurar la red eléctrica de modo que la subestación afectada pueda alimentarse temporalmente desde otra fuente. En ese caso, se puede desconectar la línea de transmisión afectada y utilizar los conductores existentes para tender los nuevos conductores. Si el servicio no puede desconectarse, los nuevos conductores deben instalarse mientras los conductores energizados existentes se desconectan de sus aisladores y se apartan. Esto aumenta el nivel de riesgo y requiere una atención especial a la seguridad.

Existen varias situaciones hipotéticas de cambio de conductores, que se resumen a continuación:

- En algunos casos, la estructura existente debe conservarse, pero, debido al peso de los nuevos conductores, debe reforzarse antes de tenderlos.
- A veces, se reemplaza toda la estructura. Esto puede suceder simplemente por la antigüedad de la estructura o por la necesidad de aumentar la capacidad de la línea. En tales casos, se construye la nueva estructura y, a continuación, se trasladan los conductores existentes o se instalan conductores nuevos. Es posible que en estos casos sea necesario sustituir los aisladores para adaptarlos a un voltaje más alto.
- En ocasiones, es necesario reemplazar los conductores existentes sin interrumpir el suministro eléctrico durante un período prolongado. En estos casos, los conductores existentes se desconectan de sus aisladores y se desenergizan mientras se instalan los nuevos conductores.
- Cuando es posible desenergizar la línea mientras se sustituyen los conductores, se pueden utilizar los conductores existentes en lugar de un cable del malacate para tender los nuevos conductores. El conductor existente se enrolla en un carrete de recogida a medida que se tiende el nuevo conductor.

El método de tensado se utiliza normalmente cuando se tienden nuevos conductores. Con este método, los conductores se mantienen bajo tensión mientras se tienden, de modo que no toquen el suelo. El contacto con el suelo puede dañar los conductores. Tensar los conductores también ayuda a controlarlos, por lo que es menos probable que entren en contacto con conductores energizados mientras se tienden. El tensado también mantiene los conductores elevados al cruzar carreteras o masas de agua.

Hay situaciones en las que el conductor se deposita en el suelo. Es lo que se conoce como método de destensado o de tendido. El carrete del conductor se coloca sobre un gato en la plataforma de un camión de forma que pueda girar libremente. El conductor se sujeta en un extremo. A medida que el camión avanza, el conductor se deposita en el suelo y, a continuación, se eleva hasta los aisladores de la estructura.

2.0.0 Planificación

El cambio de conductores de las líneas de transmisión es un gran trabajo. Se requiere una gran planificación para garantizar que el trabajo se lleve a cabo de forma segura y eficaz. En la mayoría de las empresas se exige la elaboración de un plan por escrito. Un elemento fundamental de ese plan es determinar el material, el equipo y el personal necesarios para el trabajo. El *Apéndice* contiene un ejemplo de un formulario que se utiliza en la planificación de un proyecto de tendido de cables. Un elemento clave de esta planificación es la identificación de los factores de riesgo y un plan para mitigarlos.

Una línea de transmisión recorre muchas millas. Es habitual dividir el cambio de conductores en tramos de una a cuatro millas (1.6 a 6.4 km). Esta decisión no es arbitraria. Parte de esta determinación implica la identificación de lugares en los que el terreno sea adecuado para establecer emplazamientos de tendido y tensado. En la selección de los puntos de tendido intervienen una serie de factores, entre los que se incluyen los siguientes:

- Seguridad del público
- Accesibilidad de los emplazamientos
- Longitud de los conductores
- Capacidad del equipo de tendido
- Ubicación de los extremos cerrados

El foreman o supervisor de la obra revisa los planos de la sección para determinar la cantidad y los tipos de estructuras de transmisión, la altura de cada estructura y la distancia entre estructuras. Con esta información, se puede determinar la cantidad de cable necesaria para una sección. Esta información también puede utilizarse para determinar la cantidad y los tipos de equipos de tendido y accesorios, como los siguientes:

- Bloque de tensado (guías)
- Aisladores (si es necesario)
- Conexiones a tierra
- Estribos (si es necesario)
- Extremos cerrados
- Varillas de protección
- Espaciadores
- Aisladores de vibración
- Cuerda de línea piloto
- Cable del malacate
- Líneas duras (cuerda de acero utilizada para tendidos largos y conductores agrupados)
- Cuerda auxiliar (línea P)
- Sujetacables Kellems, flejes, flejadora y cinta
- Tensor
- Malacate de línea piloto
- Malacate de rueda maestra
- Carretes de recogida
- Carretes conductores

Cuando se calcula la cantidad de cable necesaria para un trabajo, es habitual sumar las distancias entre estructuras para calcular la longitud total del tendido y, a continuación, agregar un 10% para prever los puentes y la flecha de la línea. A continuación, este total se multiplica por la cantidad de conductores que se van a tender.

Dependiendo del terreno, puede ser necesario utilizar helicópteros para parte de la preparación y el tendido. Esto también debe planificarse con antelación.

> **NOTA**
>
> Corresponde a los ingenieros competentes determinar los requisitos de flecha. Los planificadores deben proporcionar a los ingenieros los datos necesarios con suficiente antelación a las operaciones de tendido para que tengan tiempo de calcular la flecha.

2.1.0 Permisos

A menudo, las líneas de transmisión atraviesan carreteras y vías fluviales. Pueden atravesar servidumbres en propiedades privadas; terrenos o parques federales, estatales o municipales; y zonas protegidas por ser hábitat de fauna salvaje. No son pocas los reglamentos que regulan el acceso a estas zonas. En muchos casos, se necesitan permisos antes de poder empezar a trabajar. En algunos casos, es posible que la empresa tenga que presentar una declaración de impacto ambiental.

Aunque no dependa del supervisor de la cuadrilla obtener los permisos, es importante que se asegure de que se han solicitado y expedido todos los permisos necesarios. Los supervisores de las cuadrillas también deben conocer las normas y reglamentos que rigen el acceso a las zonas protegidas y su uso, así como los reglamentos que rigen la contaminación de la tierra, las vías fluviales y los sistemas de aguas pluviales. Este tema se trata con cierto detalle en el módulo *Mantenimiento de los sistemas de transmisión*.

Entre los organismos que pueden exigir permisos para trabajar en las líneas de transmisión se encuentran los siguientes:

- *US Department of Transportation (DOT – Departamento de Transporte de los Estados Unidos)*: la *Federal Highway Administration* (Administración Federal de Carreteras) emite permisos para proyectos de servicios públicos que cruzan carreteras que reciben ayuda federal. El DOT estatal puede exigir un permiso para proyectos que crucen autopistas mantenidas por el estado o que utilicen servidumbres a lo largo de dichas autopistas.

En el sitio

Planificación práctica

Las personas encargadas de planificar la operación de cambio de conductores deben recorrer el emplazamiento en busca de obstrucciones, determinar si es necesario despejar y explorar las ubicaciones para instalar el equipo de tendido y tensado. También deben comprobar el estado de las estructuras de transmisión existentes para ver si es necesario realizar algún tipo de mantenimiento previo al proyecto. En un mapa o plano, es probable que el lugar parezca despejado, seco y sin obstáculos. La realidad puede ser muy distinta. El deshielo y las lluvias primaverales, por ejemplo, pueden dificultar el acceso a un lugar. Un lugar que parece ideal para tender el cable puede incluso estar bajo el agua.

- *US Army Corps of Engineers (Cuerpo de Ingenieros del Ejército de los Estados Unidos)*: el Cuerpo de Ingenieros regula la construcción o las obras realizadas en vías navegables.
- *US Department of Agriculture (Departamento de Agricultura de los Estados Unidos)*: el *National Forest Service* (Servicio Forestal Nacional) autoriza el uso de terrenos forestales nacionales.
- *US Department of Interior (Departamento de Interior de los Estados Unidos)*: el *National Park Service* (Servicio de Parques Nacionales) expide permisos de uso especial para sistemas e instalaciones de servicios públicos en terrenos de parques nacionales.
- *US Environmental Protection Agency (EPA – Agencia de Protección Medioambiental de los Estados Unidos)*: en virtud de la Ley de Agua Limpia, la EPA, en coordinación con los estados, regula la descarga de contaminantes en las vías fluviales.
- *US Fish and Wildlife Service (FWS – Servicio de Pesca y Vida Silvestre de los Estados Unidos)*: el FWS regula las actividades que pueden afectar a las aves migratorias, así como a las especies amenazadas y en peligro de extinción de aves, animales y vida acuática. El FWS expide permisos y regula las obras en los refugios de vida silvestre y los santuarios de aves.

También puede ser necesario consultar a los gobiernos locales. Si alguna de las líneas cruza vías de ferrocarril, también será necesario que intervenga la empresa de ferrocarriles.

INICIATIVA VERDE

Reciclaje de conductores

Cuando se sustituyen las líneas de transmisión existentes, se pueden retirar millas de conductor. Este material puede reciclarse para recuperar el acero, el cobre y el aluminio.

3.0.0 Preparación

Antes de poder comenzar las labores de tendido, es necesario realizar numerosas tareas. La primera y más importante de las actividades de preparación es asegurarse de que se han tenido en cuenta todos los aspectos de seguridad. Otras tareas clave son la instalación de los lugares de tendido y tensado y la preparación de las estructuras de transmisión. La protección del público en las zonas pobladas es de suma importancia. Para ello puede ser necesario cercar las zonas de tendido y tensado y colocar guardias de seguridad en las zonas a las que tenga acceso el público. En las zonas urbanas o de alto potencial de inducción (corredores de inducción), deben utilizarse barricadas para proteger al público.

3.1.0 Peligros en la obra

Una de las principales preocupaciones de los trabajadores que tienden cables es el peligro de los voltajes inducidos. Las líneas de transmisión a menudo comparten una servidumbre (*figura 2*) o se cruzan entre sí. Incluso cuando la línea que se sustituye está desenergizada, las líneas de alto voltaje cercanas pueden inducir un voltaje mortal en esa línea. Por ejemplo, una línea de 500 kV puede inducir 30 kV en la línea desenergizada. Los instaladores deben permanecer en todo momento fuera de la distancia mínima de aproximación (*minimum approach distance - MAD*) para el voltaje que transportan las líneas cercanas. Este requisito se aplica a las fases de las líneas de transmisión en las que se cambian los conductores si el trabajo se realiza con energía aplicada a esas fases. Todos los equipos utilizados en el proceso, así como las estructuras y los conductores, deben estar conectados entre sí.

¡ADVERTENCIA!

Cuando ponga a tierra, conéctese siempre primero al lado de tierra y luego al equipo o a la estructura. Haga lo contrario cuando desconecte la toma de tierra.

La posibilidad de voltajes inducidos también hace necesario poner a tierra equipos como camiones y remolques utilizados para tensar, tender nuevos conductores y recuperar conductores viejos. En los casos en que los transeúntes puedan tener acceso a los equipos, puede ser necesario construir un recinto cercado y conectarlo a la red de tierra.

En la obra existen otros peligros eléctricos. Estos peligros incluyen los siguientes:

- Fallas causadas por contacto accidental con líneas energizadas
- Impactos de rayos
- Energización accidental de líneas desenergizadas
- Cargas estáticas causadas por condiciones ambientales

Para proteger a los trabajadores, es fundamental establecer zonas equipotenciales en las áreas de trabajo.

3.2.0 Estructuras de protección

En las zonas pobladas, donde las líneas de transmisión pueden caer sobre personas, edificios, carreteras o líneas de distribución, deben construirse estructuras de protección. Estas estructuras impiden que los conductores caigan sobre peatones o carreteras. Una estructura de soporte típica consiste en dos montantes de madera con un travesaño, aunque algunas pueden ser más elaboradas. En la *figura 3A* se muestran estructuras de protección montadas para proteger líneas de distribución eléctrica. En la *figura 3B*, se utilizan dos grúas para sostener una viga que sirve de estructura de protección para proteger otra línea de transmisión de alto voltaje. Las estructuras de protección suelen colocarse a ambos lados de las intersecciones, carreteras, pasarelas o líneas ferroviarias por las que pasan las líneas de transmisión. Estas estructuras se retiran cuando finaliza el cambio de conductores. Además de las estructuras de protección, en algunas zonas puede ser necesario instalar redes.

3.3.0 Trabajo con helicópteros

A menudo se utilizan helicópteros para instalar cables de tendido, sobre todo en zonas remotas de difícil acceso para el tráfico terrestre. En estos casos, deben tenerse en cuenta algunos aspectos especiales de seguridad. Las operaciones con helicópteros, aunque de rutina, son peligrosas. Cuando se vuela cerca de líneas eléctricas, factores como el viento, trabajadores fuera de la aeronave, cargas externas y el clima pueden confabular para crear peligros. Una planificación minuciosa del trabajo que describa claramente las tareas paso a paso y detalle las responsabilidades individuales, los procedimientos de emergencia y una sesión informativa sobre las condiciones meteorológicas, garantiza que el trabajo con helicópteros siga siendo seguro. Consulte con frecuencia la *parte 133 del Reglamento de la FAA* y la *Circular de asesoramiento AC 133-1A, Rotorcraft External-Load Operations (Operaciones de carga externa de helicópteros)* para consultar los reglamentos detallados sobre las operaciones con helicópteros.

3.3.1 PPE específico para helicópteros

Los trabajadores de línea utilizan PPE cuando trabajan con helicópteros, como en cualquier otra tarea de mantenimiento, pero el flujo de aire descendente del rotor aumenta los requisitos. Es necesario usar protección ocular para protegerse de los restos que puedan salir despedidos. Los cascos deben llevar correa para la barbilla. Muchos trabajadores en helicópteros llevan un casco de aviador con la correa para la barbilla abrochada, las gafas puestas y comunicación con el piloto. Los trabajadores alrededor de helicópteros deben usar ropa ajustada; la ropa suelta puede engancharse en la cuerda de izado o engancharse en las superficies

81302-12_F02.EPS

Figura 2 Líneas de transmisión en paralelo.

(A)

(B)

81302-12_F03.EPS

Figura 3 Estructuras de protección.

irregulares y dentadas de la estructura de transmisión. Debe utilizarse un sistema de detención de caídas cuando se esté de pie sobre el patín del helicóptero o se trabaje desde una plataforma fuera del helicóptero. Las herramientas deben ir sujetas con cuerdas de seguridad para evitar que caigan y lesionen a alguien en tierra. Si no se dispone de comunicación por voz entre los trabajadores y el piloto, se utilizan señales manuales para garantizar una comunicación eficaz.

Los trabajadores de línea suelen estar de pie o sentados en los patines de aterrizaje o en una plataforma de trabajo mientras realizan el mantenimiento. Al trabajar desde el lateral de un helicóptero, los trabajadores están expuestos al flujo de aire descendente de los rotores, al ruido y al frío. Es esencial abrigarse bien y utilizar una buena protección auditiva. Cuando hace frío, puede ser necesario que los trabajadores usen vestimenta especial para frío.

3.3.2 Helicópteros en tierra

Los trabajadores deben acercarse a los helicópteros por un lado o por delante, pero siempre dentro del campo de visión del piloto. Los rotores giratorios pueden bajar a baja velocidad, por lo que no siempre están a la misma altura por encima del suelo. Camine agachado cuando se encuentre bajo el rotor, incluso cuando parezca estar muy por encima de la cabeza. Manténgase alejado del rotor de cola. Si de repente se ve cegado por la suciedad, siéntese y espere a recibir ayuda. Nunca intente tantear o buscar a tientas el camino hacia o desde el helicóptero.

Si el lugar de despegue está en una colina, nunca se acerque al helicóptero ni salga de él por el lado de la ladera. Además, nunca entre en la zona de menor espacio libre del rotor. Para evitar el contacto con el álabe del rotor principal, lleve los equipos o herramientas largos a la altura de la cintura o por debajo de ella. Nunca lleve equipos o herramientas largos en posición vertical o por encima del hombro.

La zona de flujo de aire descendente puede ser de hasta 100 pies desde un helicóptero en tierra. No coloque ningún equipo suelto en la zona de flujo de aire descendente. Un objeto aparentemente inofensivo puede convertirse en un peligroso misil no guiado, especialmente por el fuerte flujo de aire descendente durante el despegue. Los motores de los helicópteros pueden sufrir daños por objetos extraños si un objeto pequeño es aspirado por la toma de aire del motor.

3.3.3 Operaciones de izado de helicópteros

Las operaciones de izado de helicópteros son intrínsecamente peligrosas. Todo el personal de tierra debe estar capacitado en los procedimientos adecuados. Deben conocer las señales manuales utilizadas durante una operación de carga externa. Debe haber un operador de señales de aterrizaje (*landing signal operator - LSO*) en una posición visible para el piloto y la persona encargada del sistema de conexión. El LSO se ubica frente a la aeronave y a la derecha de la trayectoria de vuelo y lo más cerca posible de la zona de operaciones, de espalda al viento.

¡ADVERTENCIA!

No enganche ni desenganche una carga a menos que haya recibido la capacitación adecuada. Pueden acumularse altos niveles de electricidad estática en las cargas suspendidas debajo de los helicópteros. Nunca toque una carga suspendida que no esté puesta a tierra. Ponga a tierra las cargas tocando el cable del polipasto con una herramienta aislada puesta a tierra con una pinza de extracción. Si es posible, el LSO le indicará al piloto que coloque la carga en el suelo para descargar la electricidad estática antes de que alguien la toque.

Después de enganchar la eslinga de carga, el personal de tierra debe alejarse de la aeronave. Esto evita que los cables de carga enreden a un miembro del personal de tierra y lo eleven por los aires. Mantenerse bien alejado también garantiza que una carga oscilante no golpee a un trabajador de tierra. Una vez que los trabajadores estén a salvo, el LSO puede indicar al piloto que despegue.

En algunos casos, los trabajadores están en una cesta suspendida muy por debajo del helicóptero. Todas las cestas y cables de izado deben inspeccionarse de acuerdo con la *parte 133 de la FAA*.

3.3.4 Operaciones de abastecimiento de combustible

Abastecer de combustible a un helicóptero sobre el terreno se ha convertido en una operación de rutina. Sin embargo, solo es de rutina porque los trabajadores conocen y siguen las precauciones de seguridad. Todos los componentes del proceso de reabastecimiento deben estar conectados a tierra al mismo potencial para evitar chispas de electricidad estática.

- Establezca una buena conexión a tierra clavando una varilla conductora en el suelo.
- Ponga a tierra el depósito de combustible y la bomba de combustible a la varilla de puesta a tierra.
- Conecte el helicóptero a la varilla de puesta a tierra.
- Toque la boquilla con el helicóptero antes de insertarla en la entrada de combustible. Las mangueras de combustible aprobadas tienen una conexión a tierra interna unida a la bomba de combustible.

¡ADVERTENCIA!

El reabastecimiento de combustible debe detenerse inmediatamente si hay relámpagos en la zona. Asimismo, no fume a menos de 100 pies de las operaciones de reabastecimiento de combustible.

3.4.0 Instalación de guías

Las guías están disponibles en una gran variedad de configuraciones, desde guías de una sola línea hasta guías de conductores agrupados diseñadas para tender hasta cuatro conductores al mismo tiempo. Estas guías se fabrican especialmente para este fin, con una polea para cada conductor y una **polea (*sheave*)** separada para el cable de tendido. En la *figura 4* se muestran ejemplos de guías de polea única y polea múltiple. Algunas guías están equipadas con una compuerta lateral que permite colocar las líneas de tendido o los conductores directamente sobre la polea (*figura 5*).

Se utilizan guías especiales cuando el tendido se realiza desde un helicóptero. Estas guías tienen brazos voladizos (*figura 6*) que dirigen la línea piloto hacia la guía. Una compuerta accionada por resorte asegura la línea. El brazo generalmente está pintado de un color brillante para que pueda reconocerse fácilmente desde el aire.

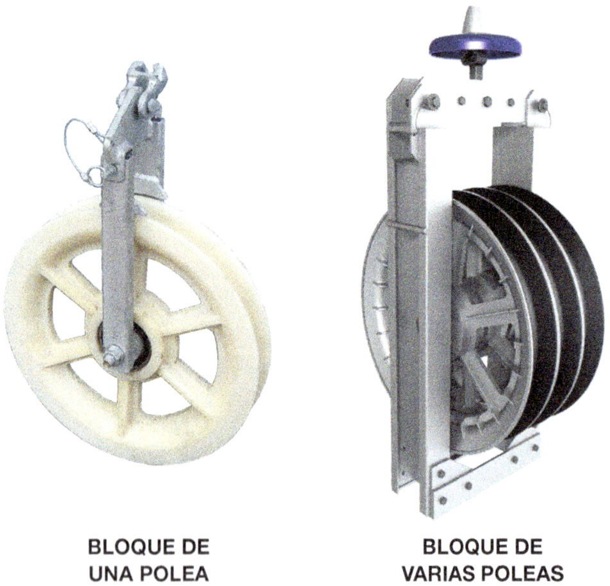

Figura 4 Ejemplos de guías.

Figura 5 Compuerta lateral abierta.

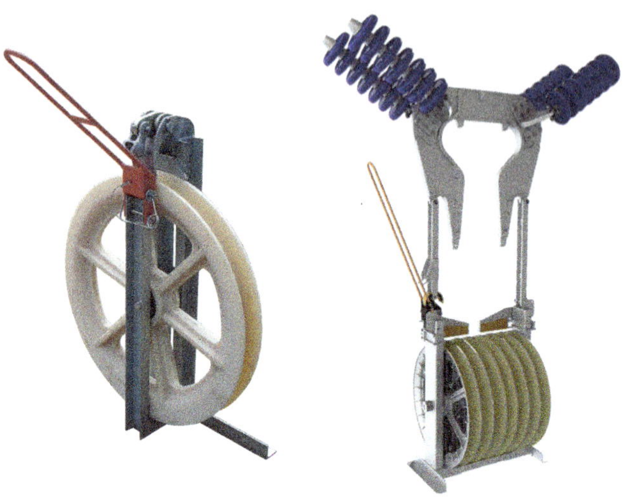

Figura 6 Guía con un brazo voladizo.

Las guías se fijan a los aisladores. El método de fijación depende de la configuración del aislador. Cuando se utilizan aisladores simples, las guías se cuelgan directamente de la zapata del conductor. Para los aisladores de tipo V, las guías se fijan a la placa del yugo. Dependiendo del nivel de riesgo, puede ser necesario poner a tierra la guía. La guía no proporciona una toma de tierra y puede resultar dañada por corrientes parásitas. Para ello, existen dispositivos de puesta a tierra que pueden conectarse a una toma de tierra (*figura 7*).

Figura 7 Guía con accesorio de puesta a tierra.

> **NOTA**
>
> Si se utilizan accesorios de puesta a tierra con las guías, los accesorios se colocan normalmente de modo que apunten hacia el extremo de tracción.

Si se sustituyen los aisladores, las guías normalmente se instalan antes de colocar los aisladores en su sitio. Al mismo tiempo, es habitual colocar una cuerda auxiliar (también conocida como línea P) sobre la guía y, a continuación, bajar la línea hasta el suelo y atarla (*figura 8*). Esta línea se utiliza entonces para tender la línea piloto de una estructura a la siguiente, donde se conecta a la cuerda auxiliar de esa estructura. La línea piloto se tiende por encima de la guía, hasta el suelo, y luego se camina hasta la siguiente estructura, donde se repite el proceso. Sin embargo, este no es el único método utilizado. La línea piloto también puede ser colocada por trabajadores en camiones canasta cuando cuelgan los aisladores (*figura 9*). También se utilizan helicópteros para tender líneas piloto.

3.5.0 El equipo de tendido

El equipo de tendido se instala cerca del extremo cerrado en cada extremo del tramo que se va a tender. Antes de instalar el equipo de tendido, debe instalarse una red de tierra temporal en cada extremo del tramo. Luego, las máquinas utilizadas para el tendido se colocan sobre la red de tierra. De este modo se protege a los trabajadores y a los equipos contra los voltajes inducidos y las corrientes de falla.

La cantidad y el tipo de equipos de tracción dependen del tipo de tendido que se realice. Por ejemplo, el equipo necesario para tender conductores en estructuras de transmisión recién instaladas es el mismo que el equipo necesario para tender conductores mientras las líneas existentes permanecen energizadas. Además de un malacate de rueda maestra y un tensor, se necesita un bobinador de línea piloto. Cuando las líneas de transmisión se pueden desenergizar, los conductores existentes se pueden usar para tender los nuevos conductores. Por lo tanto, la línea piloto, el cable del malacate y el equipo relacionado no son necesarios.

El bobinador de la línea piloto (*figura 10*) es un cabrestante motorizado que se utiliza para alimentar y recuperar la línea piloto. La línea piloto se conecta al cable de ladeo, que se enrolla en los carretes del malacate de rueda maestra (*figura 11*). El malacate de rueda maestra está equipado con un brazo de enrollado automático que evita que la línea se amontone en el carrete. El malacate de rueda maestra se coloca en el extremo opuesto del recorrido del conductor. Una vez que la línea piloto llega al malacate de rueda maestra, las dos líneas se conectan. A continuación, la línea piloto se retrae, tirando del cable del malacate a través de las guías a medida que avanza. Por lo general, el cable del malacate se mantiene bajo tensión mediante un tensor (*figura 12*). El tensor está equipado con una rueda tensora que el operador controla para mantener la tensión

81302-12_F08.EPS

Figura 8 Cuerdas auxiliares instaladas en guías.

81302-12_F09.EPS

Figura 9 Instalación de guías desde un camión canasta.

81302-12_F10.EPS

Figura 10 Bobinador de la línea piloto.

81302-12_F11.EPS

Figura 11 Malacate de rueda maestra.

necesaria en el conductor. El conductor se enrolla alrededor de la rueda y se coloca en la ranura de la rueda.

Una vez que el extremo del cable de malacate ha llegado al malacate, se prepara el carrete del conductor y el conductor se sujeta al cable del malacate utilizando un sujetacables Kellems (*figura 13A*), que luego se pega con cinta adhesiva y flejes para evitar que se enganche en las guías. Se utiliza una pieza giratoria para conectar el sujetacables Kellems al cable del malacate (*figura 13B*). Esto evita que el cable del malacate se retuerza cuando se tira de ella a través de las guías. A continuación, se utiliza el malacate de rueda maestra en el extremo más alejado para tender los conductores a través de las guías, mientras que los conductores se introducen a través del tensor en el otro extremo (*figura 14*).

Antes de iniciar el tendido, debe fijarse una conexión a tierra (*figura 15*) al conductor y conectarse a una toma de tierra adecuada. La conexión a tierra elimina la electricidad estática que puede acumularse durante el tendido. Una vez iniciado el tendido, la cuerda atada a la conexión a tierra puede asegurarse para el resto del tendido.

81302-12_F12.EPS

Figura 12 Tensor.

NOTA

Si se requiere más de una longitud de conductor para el tendido, es habitual conectar las dos longitudes con un sujetacables Kellems para el tendido. Una vez finalizado el tendido, los conductores pueden bajarse al suelo y empalmarse, o el empalme puede realizarse desde una canasta aérea.

A. SUJETACABLES KELLEMS

B. RÓTULA

81302-12_F13.EPS

Figura 13 Uso de un sujetacables Kellems.

81302-12_F14.EPS

Figura 14 Carretes para conductores y tensor.

Al finalizar el tendido, uno de los extremos del conductor se fija al aislador en uno de los extremos de la línea para poder pandearla. El proceso de pandeo se describe en otro módulo. Una vez que se ha completado el pandeo, el otro extremo del conductor se fija permanentemente a su cadena de aisladores. En ese momento, se aplican varillas de protección (*figura 16*) y los conductores se enganchan a sus aisladores. Se agregan aisladores de vibración (*figura 17*) y se aplican espaciadores a los conductores agrupados según lo determinado por los planos de ingeniería.

En el sitio

Cañón lanzacabos

El cañón lanzacabos Bridger™ está diseñado para lanzar un cabo a gran distancia. En trabajos de servicios públicos, se utiliza para salvar obstáculos como cañones, ríos y otras masas de agua.

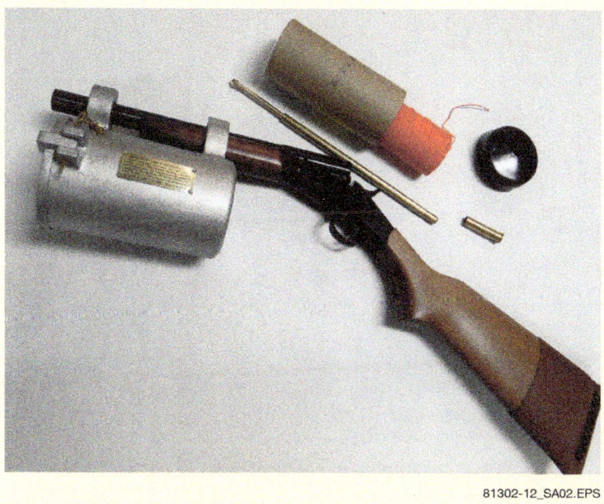

81302-12_SA02.EPS

En muchos casos, es necesario tender hasta cuatro haces de conductores. En esos casos, se utilizan guías de varios conductores. Se necesita un estribo (*figura 18*) para guiar a los conductores a través de las guías y verificar que estén correctamente asentados en las poleas de la guía. El estribo que se utilice debe estar hecho específicamente para trabajar con la guía que se está utilizando

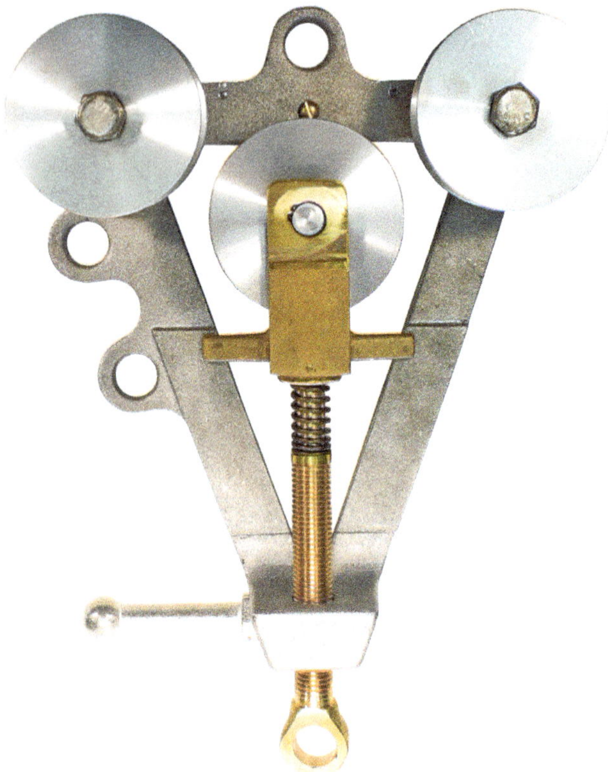

A. CONEXIÓN A TIERRA

B. CONEXIÓN A TIERRA INSTALADA

81302-12_F15.EPS

Figura 15 Conexión a tierra.

81302-12_F16.EPS

Figura 16 Instalación de varillas de protección.

81302-12_F17.EPS

Figura 17 Amortiguador de vibraciones instalado.

81302-12_F18.EPS

Figura 18 Estribo articulado.

En el sitio

Tormenta de hielo

El 10 de enero de 1998, la combinación adecuada de condiciones meteorológicas se unió para formar una tormenta perfecta sobre el noreste de Estados Unidos y algunos lugares de Canadá. Durante varias horas llovió a temperaturas cercanas al punto de congelación. Esto causó que las ramas de los árboles y las líneas eléctricas acumularan grandes cantidades de hielo. Cientos de millas de líneas eléctricas fueron derribadas, dejando a millones de personas en el frío y la oscuridad. El problema fue tan grave que las torres de acero de las líneas de transmisión quedaron dobladas como si fueran de juguete, como se ve en la foto. Tuvieron que acudir equipos de todo el país. Pasaron muchas semanas antes de que se restableciera completamente el suministro eléctrico.

81302-12_SA01.EPS

4.0.0 Tendido de conductores nuevos utilizando los conductores antiguos

Cuando las condiciones permiten desconectar una línea de transmisión para cambiar los conductores, se pueden utilizar los conductores existentes para tender los nuevos. Los conductores se desconectan de los aisladores, se instalan las guías y, a continuación, se coloca el conductor antiguo sobre la guía. Un extremo del nuevo conductor se une al antiguo, eliminando la necesidad de un cordel para marcar, una línea piloto y un cable de malacate. A continuación se describe el procedimiento:

- Establezca zonas de igual potencial.
- Sujete el conductor con un camión pluma, una grúa o una pértiga de elevación (*figura 19*).
- Sujete el aislador de tensión.
- Desconecte el conductor del aislador.
- Coloque una guía con compuerta en el aislador.
- Coloque el conductor en la guía y bloquee la compuerta.
- Una vez colocadas todas las guías, desconecte o corte el conductor de extremo cerrado al final de la cadena.
- Levante un extremo del nuevo conductor hasta el punto de partida.
- Fije un sujetacables Kellems doble a los antiguos y nuevos en el extremo inicial.
- Fije una conexión a tierra al conductor.
- Empiece a tender los conductores (*figura 20*).

5.0.0 Tendido de conductores nuevos mientras los antiguos permanecen energizados

La instalación de conductores nuevos mientras los conductores existentes permanecen energizados es igual que la instalación de conductores nuevos, salvo una excepción importante. En este caso, los instaladores deben desconectar los conductores energizados de los aisladores y apartarlos mientras instalan los conductores nuevos (*figura 21*). Los instaladores deben estar constantemente pendientes de mantener la MAD mientras instalan los conductores nuevos. A continuación se presenta un resumen de los pasos necesarios para instalar conductores nuevos mientras los conductores existentes permanecen energizados:

- Establezca zonas equipotenciales.
- Sujete el aislador de tensión.
- En la primera estructura, sujete el conductor y, a continuación, desconéctelo del aislador.
- Desconecte los conductores utilizando una grúa, un camión pluma o una pértiga para cables/elevador de palanca (*figura 22*).
- Sujete un bloque de tensado, con una cuerda auxiliar unida, al aislador.
- Pase una línea piloto a través de cada guía utilizando la cuerda auxiliar.
- Sujete la cuerda de tracción (cable del malacate) al extremo de la línea piloto.
- Tire de la cuerda de tracción hasta el otro extremo y, a continuación, utilice un sujetacables Kellems para fijar la cuerda de tracción al conductor en el carrete.
- Conecte una conexión a tierra al conductor.
- Empiece a tender el conductor.

81302-12_F19.EPS

Figura 19 Soporte de conductores.

81302-12_F20.EPS

Figura 20 Tendido de conductores en curso.

En el sitio

Electricidad estática mortal

Durante su instalación, los conductores pueden captar una carga estática o un voltaje inducido de los conductores cercanos. Por ello, cuando se tienden conductores siempre se debe instalar una conexión a tierra en los conductores.

81302-12_F21.EPS

Figura 21 Una grúa sujeta conductores.

81302-12_F22.EPS

Figura 22 Conductores a la vista.

RESUMEN

Este módulo complementa el anterior, que aborda la instalación de conductores en nuevas estructuras de transmisión. Cuando se sustituyen conductores existentes, es posible que el trabajo tenga que realizarse mientras los conductores existentes permanecen energizados. Esto implica desconectar los conductores de sus aisladores y apartarlos del camino. A continuación, los conductores nuevos se instalan del mismo modo que los originales. Si la línea de transmisión puede desenergizarse mientras se sustituyen los conductores, hay menos pasos en el proceso porque los conductores existentes pueden utilizarse como línea de tendido para los nuevos.

La seguridad es una de las principales preocupaciones en el tendido de líneas de transmisión. El equipo de tendido debe estar puesto a tierra para proteger a los trabajadores. Si el tendido afecta a zonas pobladas, deberán instalarse cercas con puesta a tierra para proteger tanto a las personas como a los equipos. Deben utilizarse estructuras de protección cuando la instalación de conductores cruce carreteras, zonas pobladas o líneas de distribución.

Antes de iniciar el tendido de los conductores, deben colgarse guías en cada cadena de aisladores. Se tira de una línea piloto a través de las guías para que pueda utilizarse para tirar del cable del malacate, que a su vez se utiliza para tender los conductores. Durante el tendido de los conductores, estos se mantienen bajo tensión mediante un tensor para evitar que toquen el suelo o entren en contacto con líneas eléctricas energizadas.

Preguntas de revisión

1. Cuando se reemplazan los conductores mientras los conductores originales permanecen energizados, _____.
   a. los conductores existentes se pueden utilizar como línea de tracción
   b. los conductores existentes pueden permanecer unidos a los aisladores
   c. no es necesario poner a tierra el equipo de tendido
   d. los conductores existentes deben desconectarse y apartarse del camino

2. El método que se utiliza habitualmente al instalar conductores es el _____.
   a. método de destensado
   b. método de tendido
   c. método de tensión
   d. método de contacto a tierra

3. Cuando se calcula la cantidad de cable necesaria para un proyecto, es habitual agregar _____.
   a. 5%
   b. 10%
   c. 15%
   d. 20%

4. El US Army Corps of Engineers (Cuerpo de Ingenieros del Ejército de los Estados Unidos) expide permisos relacionados con _____.
   a. las carreteras
   b. los bosques
   c. la contaminación ambiental
   d. las vías fluviales

5. Los voltajes inducidos son un peligro potencial para la seguridad _____.
   a. cuando se trabaja cerca de líneas energizadas
   b. solo durante una tormenta eléctrica
   c. solo cuando se trabaja cerca de líneas de 500 kV
   d. solo en días fríos y con viento

6. Cuando un helicóptero va a despegar de un cerro, debe aproximarse por el lado cuesta arriba.
   a. Verdadero
   b. Falso

7. ¿Cuál de las siguientes condiciones se produce al disminuir la velocidad del rotor de un helicóptero?
   a. Aumenta la acumulación estática en la carga.
   b. Se levanta más polvo.
   c. Los rotores del helicóptero empiezan a pandearse.
   d. El helicóptero comienza a elevarse.

81302-12_RQ01.EPS

Figura 1

8. El dispositivo que se muestra en la *figura 1* está diseñado para _____.
   a. poner a tierra el conductor
   b. instalar conductores desde un helicóptero
   c. transportar conductores agrupados
   d. instalaciones OPGW

9. Durante un tendido de conductores, la línea piloto se utiliza para _____.
   a. tirar del cable del malacate
   b. tender el conductor
   c. tirar de la cuerda auxiliar
   d. fijar el cable del malacate al conductor

10. De los pasos enumerados a continuación, ¿cuál *no* se aplicaría a una instalación en la que los conductores existentes permanecen energizados durante el tendido de conductores nuevos?
   a. Establecer una zona equipotencial.
   b. Desconectar el conductor del aislador.
   c. Fijar un sujetacables Kellems doble a los antiguos y nuevos.
   d. Sujetar el conductor con un camión pluma, una grúa o una pértiga de elevación.

Término del oficio introducido en este módulo

Polea (*Sheave*): polea acanalada que se utiliza para guiar un cable.

Apéndice

Planificación del tendido de conductores

El formulario adjunto es típico de los utilizados en la planificación del tendido de conductores.

MasTec

EVALUACIÓN DE RIESGOS DEL TENDIDO DE CABLES

No deje espacios en blanco, ingrese "NA" si no se aplica a este tendido.

Nombre del foreman: ____________ N.° de trabajo: ____________ Fecha: ____________

Nombre del cliente: ____________ N.° de orden de trabajo: ____________

Cantidad de operaciones de tendido de cables que se requiere en el proyecto: ____________ Ubicación del trabajo: ____________

Número de tendido que se está realizando

1.º	2.º	3.º	4.º	5.º

Longitud del tendido: ____________
Tamaño del cable que se tiende: ____________
Conductor individual o en haz: ____________
Peso del conductor por pie: ____________
Vano dominante: ____________

EVALUACIÓN DE RIESGOS PREVIA AL TENDIDO

Evaluación del herramental para el tendido de conductores

¿Cuál es la carga de trabajo segura de los carros? (incluidos ángulos, despegue y extremos cerrados)	
¿Cuál es el diámetro mínimo y el tipo de carro que se utilizará en los ángulos y en los extremos cerrados?	
Indique el tamaño de la cuerda o del conductor utilizado y su carga nominal:	
¿Cuál es la tensión de pandeo inicial para este tendido de conductor?	
Si se utiliza un dinamómetro para el pandeo, ¿está calibrado?	
¿Qué tamaño de polipasto se utilizará?	
¿Cuál es la carga de trabajo segura de las eslingas que se utilizarán?	
¿Qué tipo y tamaño de sujetacables Kellems se utilizará?	
¿Qué tipo y tamaño de agarre de conductores/OHGW se utilizará?	
¿Cuál es la carga de trabajo segura de la rótula que se utilizará?	
¿Los extremos cerrados son mecánicos o de compresión?	
¿Se han inspeccionado el cabezal y el motor de la prensa para garantizar un funcionamiento seguro y fiable?	
¿Qué tamaño de troqueles y prensa se necesitan para el tendido del conductor?	
¿Se han inspeccionado los cortadores hidráulicos o de trinquete para garantizar un funcionamiento seguro y fiable?	

INSPECCIÓN DE CUERDAS Y CABLES ANTES DE TENDER CABLES

¿Cuál es el diámetro y la carga de trabajo segura de lo siguiente?	Diá.	Carga de trabajo segura
La cuerda utilizada para tender el conductor.		
La cuerda de mano utilizada para tender el conductor.		
El conductor existente utilizado para tender el conductor./Reduzca la resistencia a la tracción del conductor viejo en al menos un 25%.		

	Sí	No	N/A
¿Se inspeccionará la cuerda a medida que se vaya filando?			
¿Se ha comprobado la precarga de la cuerda con la tensión calculada antes de cada tendido?			
Si se utiliza un dispositivo antirrotación, ¿se ha inspeccionado su funcionamiento seguro y fiable?			
¿Hay empalmes en la cuerda y, en caso afirmativo, se han inspeccionado para garantizar su fiabilidad?			
¿Se ha inspeccionado la argolla del extremo de la cuerda para garantizar su fiabilidad?			
Si se está utilizando el conductor existente para tender el nuevo conductor, ¿se ha inspeccionado?			
Si existen manguitos en la línea, ¿se cortarán y se instalarán sujetacables Kellems?			
¿Se han precintado los sujetacables Kellems?			

Page **1** de **3**

81302-12_A01.EPS

MasTec

INSPECCIÓN DEL EQUIPO

Marca y modelo del malacate: ____________________
Capacidad nominal máxima del malacate: ____________________
Marca y modelo del tensor: ____________________

	Sí	No	N/A
¿Funcionan correctamente los indicadores del malacate y el tensor?			
¿Se ha inspeccionado el portacarretes para comprobar que frena correctamente?			
¿Se ha colocado correctamente el tensor con respecto a la estructura de despegue? (alineación)			
¿Se han anclado el malacate, el tensor, el portacarretes o el bote de cables para garantizar que no se muevan?			
¿Se utilizan puestas a tierra móviles en el tensor?			
¿Se utilizan guías puestas a tierra en los cruces energizados?			
Si se utiliza una ranura en V o un bobinador de cable, ¿se utilizan puestas a tierra móviles?			
¿Se utilizan esteras de puesta a tierra en el tensor, el portacarretes y el malacate?			
¿Están puestos a tierra o protegidos con barricadas el tensor, el malacate y el portacarretes?			
Si se utiliza equipo móvil como estructura de protección, ¿se ha puesto a tierra o se han colocado barricadas?			
¿Se han utilizado métodos de puesta a tierra EPZ si es necesario?			

OPERACIONES DE TENDIDO DE CABLES

¿Cuál es la flecha prevista del conductor (en pies) durante las operaciones de tendido? ____________________
Calcule e indique la tensión de tracción necesaria (sobre la base del vano dominante, la tracción de la línea y el peso del conductor) ____________________
¿Cuál es la presión manométrica máxima requerida en el tensor para este tendido? ____________________
¿Cuál será la presión manométrica inicial que el operador ajustará en el manómetro del tensor para comenzar este tendido? ____________________
¿Cuál es la presión manométrica máxima requerida en el malacate para este tendido? ____________________
Tramo más largo implicado en el tendido: ____________________
Indique la línea de tracción que se utilizará para este tendido (cuerda, conductor existente o línea fija): ____________________
¿Cuál es la carga de trabajo segura de los carros, incluidos ángulos, despegue y extremos cerrados? ____________________
Si se va a tender a través de extremos cerrados o ángulos, ¿cuál es el diámetro mínimo del conductor que se va a utilizar? ____________________

	Enumere las "zonas rojas" (cruces de líneas de transmisión o distribución, R/R, carreteras interestatales o cruces de carreteras, edificios, estacionamientos, etc.)	Indique el "tipo de protección" que se requiere en cada zona.
1		
2		
3		
4		
5		
6		
7		
8		
9		
10		

Page 2 de 3

81302-12_A02.EPS

¿Cuántos hombres tiene en su cuadrilla?	______
¿Cuántos hombres se necesitarán en el malacate para tirar y recoger el cable?	______
¿Cuántos hombres serán necesarios en el tensor para tensar y recoger el cable?	______
¿Cuántas "zonas rojas" necesitarán personal?	______

	Sí	No	N/A
¿Dispondrá de comunicación por radio para cada "zona roja"?			
¿Dispone de suficiente personal para vigilar cada zona roja?			
Si se va a tirar por encima de líneas de transmisión o distribución existentes, ¿se ha solicitado que se desenergicen?			
Si se tira sobre líneas de transmisión o distribución que NO PUEDEN desenergizarse, ¿se ha emitido un NRO (un disparo)?			

NOTA: Se requieren comunicaciones fiables tanto en el malacate como en el tensor durante todo el tendido.

	Sí	No	N/A
¿Se ha entregado a su inspector una copia de la "Evaluación de riesgos del tendido de cables" final?			
¿Se ha comunicado a los miembros de la cuadrilla esta información sobre la evaluación de riesgos del tendido de cables?			

	bajo	medio	alto
¿Se considera un procedimiento de tendido de cable de riesgo bajo, medio o alto?			

- "Riesgo bajo"
- "Riesgo medio"

Rellene el formulario y pida al foreman general o al especialista en seguridad que lo revise. Rellene el formulario y pida al especialista en seguridad, foreman general o gerente que lo revise.

- "Riesgo alto"

Rellene el formulario y pida al especialista en seguridad y foreman general o gerente que lo revise.

- "Riesgo alto"

El especialista en seguridad o el foreman general deben estar presentes durante el procedimiento de tendido.

Firma del foreman	Fecha	Firma del foreman general	Fecha
Firma del especialista en seguridad	Fecha	Firma del gerente de división	Fecha

CONSERVE UNA COPIA DEL FORMULARIO DE "EVALUACIÓN DE RIESGOS DEL TENDIDO DE CABLES" EN LA OBRA EN TODO MOMENTO

Page 3 de 3

81302-12_A03.EPS

Recursos adicionales

Este módulo presenta recursos muy completos para la capacitación en tareas. Se sugiere el siguiente material de referencia para profundizar en el tema.

Publicación 3071 de la OSHA, Job Hazard Analysis Guide.

Live Line Work Practices, segunda edición. Alexander Publications.

Créditos de las figuras

Terry Williams, introducción del módulo, figuras 1, 9, 12 y SA01

KT Power, Inc., figuras 2, 16, 19, 21 y 22

Topaz Publications, Inc., figuras 3, 5, 8, 11, 13, 14, 15 (foto inferior), 17, 20 y SA02

Cortesía de TSE International, figura 4 (foto izquierda), 6 (foto izquierda) y 10

Cortesía de Sherman & Reilly, Inc., figura 4 (foto derecha), 6 (foto derecha), 7 y 18

Cortesía de SAFETYTEST, figura 15 (foto superior)

Cortesía de Mas Tec, Inc., Apéndice

Actualización del usuario

Le deseamos éxito a medida que avanza en este programa de capacitación. Si tiene algún comentario sobre cómo el NCCER podría mejorar este libro de texto, complete el formulario de *Online Curriculum Feedback Form* visitando **www.nccer.org/olf/** o utilizando el código QR en esta página.

En el NCCER, nos interesa recibir y agradecemos los comentarios de nuestros clientes. Puede enviar los suyos por correo electrónico a la dirección **support@nccer.org**. Para indicar que el comentario se refiere a este título, escriba *#PowerLineWorkerL3* en el asunto cuando lo envíe.

NCCER
ESCANÉAME

Puede escanear este código usando la cámara de su teléfono o dispositivo móvil.

NCCER

Construcción, mantenimiento y reparación: pértiga dieléctrica

81303-12

Para obtener más información, ingrese a **www.nccer.org** o llámenos al **1.888.622.3720**. Nuestro sitio web contiene información sobre los últimos lanzamientos de productos y capacitación.

Agradecemos sus comentarios. Puede enviar sus comentarios por correo electrónico a **curriculum@nccer.org**, enviar comentarios generales y consultas a **info@nccer.org**, o llenar el formulario de actualización de usuarios al final de este módulo.

Pearson

NCCER | National Center for Construction Education and Research

V.2 9/12

81303-12
Construcción, mantenimiento y reparación: pértiga dieléctrica

Objetivos

Cuando haya completado este módulo, será capaz de hacer lo siguiente:

1. Identificar las prácticas seguras y los PPE asociados al trabajo con pértigas dieléctricas en líneas energizadas.
2. Identificar y mantener las herramientas y accesorios utilizados en el trabajo con pértigas dieléctricas en líneas energizadas.
3. Describir los procedimientos para realizar diversas tareas con pértigas dieléctricas en líneas energizadas:
   a. Mover conductores energizados
   b. Quitar y reemplazar aisladores
   c. Reemplazar las crucetas
   d. Instalar amortiguadores de vibraciones
   e. Instalar espaciadores de línea

Tareas prácticas

Bajo la supervisión de su instructor, debe ser capaz de hacer lo siguiente:

1. Inspeccionar y limpiar una pértiga dieléctrica o herramienta de plástico reforzado con fibra de vidrio (*Fiberglass-Reinforced Plastic - FRP*) similar.
2. Mover un conductor y quitar/volver a instalar un aislador mediante pértigas dieléctricas.

Términos del oficio

Huellas de carbono
Muñones
Pértiga eslabón de tensión
Portador de tensión
Vibración eólica

Credenciales reconocidas en el sector

Si se está capacitando a través de un patrocinador acreditado por el NCCER, puede ser elegible para obtener credenciales del NCCER. El número de identificación de este módulo es 81303-12. Tenga en cuenta que este módulo puede haber sido utilizado en otros planes de estudios del NCCER y se puede aplicara la realización de otros niveles. Comuníquese con el NCCER al **1.888.622.3720** o visite **www.nccer.org** para obtener más información.

También puede mostrar en línea sus credenciales reconocidas por el sector con las insignias digitales de NCCER. Transforme sus conocimientos, habilidades, y logros en insignias que puede compartir en tus redes sociales, enviar a su red y agregar a su currículum. Para obtener más información, visite **www.nccer.org**.

Contenido

Temas que se presentarán en este módulo:

Figuras y tablas

Figuras y tablas (*cont.*)

1.0.0 Introducción

Hay pocas tareas que permiten desenergizar las líneas de transmisión para su mantenimiento, reparación o incluso el cambio de conductores. Casi todas las tareas requieren que los trabajadores de líneas trabajen en circuitos energizados. La interrupción del servicio eléctrico a los consumidores es un asunto serio, por lo que trabajar en circuitos mientras se encuentran bajo tensión es algo esencial y habitual. Por supuesto, primero debe realizarse una gran parte de la construcción sin corriente para crear el sistema de transmisión (*figura 1*).

Aunque pueda parecer que el trabajo con líneas energizadas es mucho más peligroso que con circuitos sin energía, no es necesariamente así. El trabajo en líneas energizadas se realiza de forma segura todos los días, y no hay ninguna razón por la que esto no pueda seguir siendo así. Los trabajadores se lesionan cuando trabajan en circuitos que se cree que están desenergizados, pero que en realidad están energizados, o cuando se energizan durante el proyecto. Los errores en la identificación de circuitos también pueden causar lesiones. En los trabajos energizados, el trabajador normalmente se prepara para trabajar cerca de circuitos electrizados, pero no para trabajar directamente con ellos. En el trabajo en líneas energizadas, todos los preparativos y planes se realizan bajo el supuesto de que todo se mantendrá energizado. Siempre que se comprendan y apliquen todas las prácticas de trabajo seguras requeridas, el trabajo puede realizarse de forma segura y, a menudo, más eficaz.

81303-12_F01.EPS

Figura 1 Trabajo en línea de transmisión.

Este módulo se centra en la variedad de herramientas y equipos diseñados para el trabajo con pértigas dieléctricas en circuitos energizados. También se presentan las prácticas de trabajo seguras relacionadas con el trabajo en líneas energizadas. Trabajar sin guantes en sistemas de transmisión también es un procedimiento habitual, y este tema se trata por separado.

Hay muchas tareas diferentes que pueden llevarse a cabo potencialmente en circuitos energizados con pértigas dieléctricas. Los pasos para ejecutar tareas habituales, como el movimiento de conductores energizados, el reemplazo de crucetas y el reemplazo de aisladores, se revisan para garantizar la comprensión de cómo se implementan las herramientas y los requisitos de seguridad. Sin embargo, tenga en cuenta que los componentes y procedimientos del sistema de transmisión difieren entre empleadores, empresas de servicios públicos y ubicaciones geográficas. Siga siempre los procedimientos indicados por su empleador para el área de trabajo y el tipo de servicio que se realiza.

2.0.0 Seguridad en líneas energizadas

No hace falta decir que el trabajo con líneas energizadas puede ser peligroso. Sin embargo, también ocurren accidentes en sistemas desenergizados, y lo mejor es practicar muchos de los mismos hábitos de seguridad en ambos casos. Cuando hay voltajes a nivel de transmisión, el peligro se reduce a una mera decisión desacertada. Aunque los empleadores tienen la responsabilidad de proporcionar un entorno de trabajo seguro y el equipo adecuado, cada trabajador es responsable de la ejecución segura de la tarea.

2.1.0 Análisis de seguridad en el trabajo

Debido a la diversidad de tareas y a las diferentes configuraciones de las torres y los componentes, siempre se recomienda realizar un análisis de seguridad en el trabajo. También conocido como análisis de riesgos laborales, algunos empleadores pueden exigir que se realice como parte de una reunión de seguridad antes de comenzar el trabajo, a menos que la tarea sea de rutina. La *Publicación 3071 de la OSHA, Guía de análisis de riesgos laborales*, es un recurso excelente para que todos los trabajadores se familiaricen con el proceso.

2.2.0 Distancias mínimas de aproximación

La distancia mínima de aproximación (*Minimum Approach Distance - MAD*) se refiere a la distancia que el personal cualificado debe mantener de una superficie energizada sin el PPE correspondiente. Estas distancias están documentadas en la *norma 1910.269(l)(2) de la OSHA, tabla R-6*. Las MAD que se muestran en la *tabla 1* ya contemplan la posibilidad de que se produzcan subidas de voltaje. Nunca está de más insistir en la importancia de la tabla de MAD para la seguridad en las líneas energizadas, por lo que uno de sus objetivos debe ser entender la tabla. Es conveniente adquirir el hábito de verificar la MAD correcta cada vez que se plantee trabajar con un nivel de voltaje diferente. No es necesario confiar únicamente en la memoria a la hora de planificar trabajos en líneas energizadas. De hecho, la OSHA exige que se instale una placa no conductora en la pluma a la vista del ocupante de la canasta. Además, debe haber un dispositivo de medición no conductor al alcance de la mano. El operador puede utilizarlo para determinar fácilmente la distancia a una superficie energizada.

En ocasiones, los trabajadores de líneas energizadas deberán acercarse a la tarea más de lo que permite la MAD. Esto debe evitarse siempre que sea posible. Por razones obvias, la posibilidad de sufrir una descarga eléctrica disminuye considerablemente cuando el trabajador se encuentra fuera de la MAD. Las pértigas dieléctricas y muchas otras herramientas disponibles para el trabajo en líneas energizadas están diseñadas para permitir que las tareas se lleven a cabo desde una distancia segura. Sin embargo, es muy importante tener en cuenta que existe un conjunto diferente de MAD para el trabajo con pértigas dieléctricas. En la *tabla 2* se muestra la MAD que debe mantenerse cuando se trabaja con una pértiga dieléctrica. Los valores que se muestran en la columna de la derecha corresponden a las distancias mínimas a las que las manos de un trabajador deben estar del extremo energizado de la pértiga dieléctrica.

Una regla esencial para trabajar cerca de superficies energizadas en sistemas de transmisión es proteger el cuerpo de dos puntos de contacto en los que la corriente que podría entrar en el cuerpo también tendría un punto de salida de este (*figura 2*). El punto de salida puede ser el contacto con tierra o con otra fase de alimentación. Cuando se utilizan pértigas dieléctricas, el objetivo es eliminar cualquier posibilidad de contacto directo con una superficie energizada. Esto se logra manteniendo un valor de aislamiento y una distancia suficientes entre el cuerpo y la superficie energizada. No obstante, el trabajo con pértigas dieléctricas suele realizarse desde la estructura de soporte de los conductores de transmisión. En estas circunstancias, es prácticamente imposible eliminar el punto de salida, ya que la torre o la pértiga está puesta a tierra. En consecuencia, es esencial mantener la MAD en todo momento. Los trabajadores que utilizan pértigas dieléctricas deben pensar de antemano sus movimientos y asegurarse de que no se traspase la barrera invisible de la MAD.

Tabla 1 Distancias mínimas de aproximación

Kilovoltios (CA)	Fase a tierra	Fase a fase
0.05 a 1.0	Evitar contacto	Evitar contacto
1.1 a 15.0	2'-1" (0.64 m)	2'-2" (0.66 m)
15.1 a 36.0	2'-4" (0.72 m)	2'-7" (0.77 m)
36.1 a 46.0	2'-7" (0.77 m)	2'-10" (0.85 m)
46.1 a 72.5	3'-0" (0.90 m)	3'-6" (1.05 m)
72.6 a 121	3'-2" (0.95 m)	4'-3" (1.29 m)
138 a 145	3'-7" (1.09 m)	4'-11" (1.50 m)
161 a 169	4'-0" (1.22 m)	5'-8" (1.71 m)
230 a 242	5'-3" (1.59 m)	7'-6" (2.27 m)
345 a 362	8'-6" (2.59 m)	12'-6" (3.80 m)
500 a 550	11'-3" (3.42 m)	18'-1" (5.50 m)
765 a 800	14'-11" (4.53 m)	26'-0" (7.91 m)

De la *norma de la OSHA 1910.269(j) del título 29 del CFR, Generación, transmisión y distribución de energía eléctrica*

Tabla 2 MAD de pértigas dieléctricas para diversos voltajes

Rango de voltaje (fase a fase)	Distancia mínima de trabajo y distancia de seguridad con pértigas dieléctricas
2.1 a 15 kV	2 pies 0 pulgadas
15.1 a 35 kV	2 pies 4 pulgadas
35.1 a 46 kV	2 pies 6 pulgadas
46.1 a 72.5 kV	3 pies 0 pulgadas
72.6 a 121 kV	3 pies 4 pulgadas
138 a 145 kV	3 pies 6 pulgadas
161 a 169 kV	3 pies 8 pulgadas
230 a 242 kV	5 pies 0 pulgadas
345 a 362 kV	7 pies 0 pulgadas[1]
500 a 552 kV	11 pies 0 pulgadas[1]
700 a 765 kV	15 pies 0 pulgadas[1]

[1] Para 345 a 362 kV, 500 a 552 kV, y 700 a 765 kV, la distancia mínima libre para pértigas dieléctricas puede reducirse siempre que dichas distancias no sean inferiores a la distancia más corta entre la parte energizada y la superficie puesta a tierra.

2.3.0 PPE para líneas energizadas

Ya hemos realizado una amplia capacitación sobre los PPE adecuados para los trabajadores de líneas eléctricas. Sin embargo, aquí revisaremos brevemente el PPE asociado con el trabajo en líneas energizadas con pértigas dieléctricas.

Cuando trabajen en sistemas energizados, como mínimo, los trabajadores deben usar ropa ignífuga (*Fire-Retardant - FR*) de nivel 2. Algunas tareas específicas pueden requerir un mayor nivel de protección. En tales casos, un análisis exhaustivo de la seguridad del trabajo o de la tarea debe identificar la necesidad. El nivel de protección asignado a la indumentaria se determina según el índice de protección contra el arco eléctrico, expresado en calorías por centímetro cuadrado (cal/cm^2). Para que se considere protección de nivel 2, la ropa debe tener un índice de protección contra arcos igual o superior a 8.0 cal/cm^2.

Figura 2 Descargas eléctricas.

A continuación se enumeran algunos PPE y componentes comunes, incluida la protección de nivel 2:

- Camisa de manga larga y pantalones largos u overoles ignífugos (*figura 3*)
- Ropa interior 100% de algodón
- Gafas de seguridad con protecciones laterales o gafas de policarbonato
- Casco no conductor
- Calzado no conductor

2.3.1 Cascos

Los cascos protegen a los trabajadores contra diversos peligros. Ayudan a protegerse de las inclemencias del tiempo y de los objetos que caen desde arriba. En los trabajos en líneas energizadas, también ayudan a evitar el contacto de la cabeza con una superficie energizada.

Según lo dispuesto en la *norma ANSI/ISEA Z89.1 2009*, los cascos eléctricos de clase E se someten a pruebas de resistencia a 20 kV. Esta es la clase que utilizan los trabajadores de líneas eléctricas. Cabe señalar que el voltaje de prueba es el mismo que el del calzado dieléctrico.

Siempre revise su casco antes de usarlo. Nunca utilice un casco que tenga las correas dañadas o la capa exterior agrietada. Ajuste siempre bien el casco antes de ponérselo. Cambie los cascos según la política de la empresa y el programa del fabricante.

Figura 3 Ropa ignífuga de nivel 2.

2.3.2 Calzado

No existen reglamentos absolutos de la OSHA sobre el calzado que se debe utilizar para los trabajos en líneas energizadas. Sin embargo, la OSHA sí identifica otras normas ampliamente aceptadas que debe cumplir el calzado de protección. Todo el calzado diseñado para evitar lesiones en el lugar de trabajo, incluido el calzado utilizado para trabajos eléctricos, debe cumplir la *norma internacional F2413-05 de la ASTM, Especificación estándar de los requisitos de rendimiento del calzado de protección*. Una segunda norma, la *norma internacional F2412-05 de la ASTM, Métodos de prueba estándar para la protección de los pies*, identifica los procedimientos de prueba idóneos que deben utilizar los fabricantes de calzado. El calzado utilizado para el trabajo con pértigas dieléctricas debe designarse como calzado no conductor con protección antiestática (*Electrical Hazard - EH*) (*figura 4*). La misma norma identifica las cualidades requeridas del calzado conductor (*Conductive - CD*) y disipador de estática (*Static-Dissipating - SD*). No obstante, los trabajadores que trabajan con pértigas dieléctricas deben asegurarse de que su calzado cumple la norma ASTM para el calzado con protección antiestática.

El calzado con protección antiestática ayuda a evitar que se complete un circuito eléctrico a tierra, o incluso a otro conductor. A diferencia de los guantes, el calzado no requiere pruebas programadas una vez que está en servicio. El desgaste o los daños que adelgazan la suela reducen la eficacia del calzado con protección antiestática. El metal integrado en la suela, como una tachuela o un clavo, reduce significativamente la eficacia del calzado con protección antiestática. Además, deben mantenerse secos para que sigan siendo eficaces.

Los cubrezapatos dieléctricos son necesarios ocasionalmente y deben cumplir una norma independiente. Según la *norma internacional F1117-03 de la ASTM,*

81303-12_F04.EPS

Figura 4 Calzado con calificación EH.

Especificación estándar para calzado dieléctrico, los cubrezapatos dieléctricos deben someterse a pruebas de resistencia a 20 kV, incluso cuando están mojados. Tampoco se exige que el calzado dieléctrico se someta a pruebas programadas una vez en servicio. En consecuencia, los trabajadores deben responsabilizarse de su inspección y cuidado personal. Se utilizan con mayor frecuencia en zonas donde se prevé un alto potencial de paso, y no en trabajos con pértiga dieléctrica a nivel de transmisión.

2.4.0 Reconectadores

Muchos sistemas de transmisión, subtransmisión y distribución están equipados con reconectadores. Los reconectadores son interruptores automáticos que funcionan de forma automática cuando se detecta una falla y reconectan el circuito después de un período predeterminado. Esto puede ocurrir varias veces si no se ha eliminado la condición que causó la falla inicial. Los reconectadores ayudan a minimizar los cortes habituales que se producen como consecuencia de fallas transitorias, como la caída de una rama de un árbol o un rayo.

Durante el trabajo en las líneas energizadas, se debe desactivar la función automática de todos los reconectadores del circuito. Si se produce una falla durante el trabajo, especialmente una que afecte a un trabajador de línea, no cabe duda de que no es aconsejable reenergizar el circuito reiteradamente. La solicitud y posterior confirmación de la desactivación de los reconectadores normalmente se denomina postergación (*hold off*). Otras empresas de servicios públicos pueden referirse a ella como solicitud de un solo disparo. Los relés de protección que los controlan a veces pueden programarse a distancia para la operación de un disparo, mientras que otras deben hacerse manualmente en la ubicación del dispositivo.

2.5.0 Revisión de seguridad en líneas energizadas

Hay una serie de directrices de seguridad que no se pueden recalcar lo suficiente cuando se trata del trabajo en líneas energizadas. A continuación se ofrece un breve repaso de las directrices más frecuentes que hay que tener en cuenta cuando se trabaja con líneas energizadas:

- Confirme el voltaje de la línea en el área de trabajo. Conozca la MAD correspondiente al voltaje presente.
- Tenga mucho cuidado a la hora de improvisar en medio del trabajo. Recuerde que el trabajo se está realizando en tensión; no hay problemas críticos aguas abajo derivados de un corte. Por ejemplo, si el soporte de un conductor mediante pértigas para cables no funciona según lo previsto y no se pueden mantener las distancias mínimas, detenga y replantee el proceso por completo en lugar de proceder con un método no aprobado o que no se haya probado.
- Aunque el trabajo pueda planificarse en un solo poste o torre, todas las estructuras forman parte de un intrincado sistema de soporte y aislamiento de conductores. Conozca las cargas que pueden imponerse a las estructuras adyacentes, los aisladores y los conductores que se manipulan. Asegúrese de que todas las estructuras cercanas sean físicamente sólidas y capaces de soportar la tensión añadida. Inspeccione la estructura en la que se va a trabajar, así como las estructuras adyacentes, para garantizar su integridad.
- Los trabajos en tensión en estructuras consecutivas aumentan el riesgo de forma considerable. Sea cauteloso con este tipo de prácticas y manténgase en comunicación constante en todo momento.
- Evite trabajar en varias fases de alimentación al mismo tiempo con otro trabajador, ya que cada persona se convierte en un nuevo punto potencial de contacto entre fases. Los trabajadores que se encuentren cerca unos de otros deben trabajar siempre en la misma fase de alimentación.
- Haga del uso de herramientas limpias y pértigas dieléctricas una parte esencial de sus procedimientos. La grasa, el aceite u otros contaminantes pueden convertir fácilmente las herramientas fiables para líneas energizadas en conductores. Coloque todo el equipo que vaya a utilizar sobre lonas impermeables e inspecciónelo.
- Obtenga órdenes de postergación para los reconectadores antes de comenzar el trabajo.
- Celebre o participe siempre en una conferencia en la obra y en una reunión de seguridad antes de comenzar el trabajo.
- Asegúrese de que se utilicen los estabilizadores del camión canasta (*figura 5*). Elimine de la superficie de la pluma la suciedad o los residuos que puedan ser conductores.
- Mantenga un control positivo y firme sobre todos los conductores que no estén amarrados.
- Asegúrese de que se utilice el PPE adecuado en todo momento.

3.0.0 Herramientas y equipos eléctricos para líneas energizadas

Las herramientas aisladas utilizadas para el mantenimiento de líneas energizadas a menudo representan la única barrera entre un trabajador y una fuerza eléctrica mortal. Tanto su integridad como su estado deben mantenerse al más alto nivel.

81303-12_F05.EPS

Figura 5 Camión canasta con estabilizadores desplegados.

3.1.0 Seguridad y mantenimiento de herramientas

La *norma OSHA 1910.269(j) del título 29 del CFR* establece algunos requisitos básicos para las herramientas para líneas energizadas Por ejemplo, cuando las varillas, tubos y pértigas están hechos de plástico reforzado con fibra de vidrio (*fiberglass-reinforced plastic - FRP*), deben ser capaces de soportar 100,000 voltios (100 kV) por pie de longitud durante cinco minutos. Por lo tanto, una pértiga dieléctrica de FRP de ocho pies debe soportar 800 kV. Todas las herramientas de FRP que se fabrican para cumplir la *norma internacional F711-02(2007) de ASTM, Especificación estándar para varillas y tubos de plástico reforzado con fibra de vidrio (FRP) utilizados en herramientas para líneas energizadas*, cumplen este requisito. Las pértigas de madera deben soportar 75 kV por pie de longitud durante tres minutos. Las pértigas de madera aún pueden utilizarse, pero rara vez se eligen y ya casi no se utilizan en el lugar de trabajo.

Las herramientas manuales utilizadas en trabajos en líneas energizadas normalmente se fabrican para cumplir la *norma internacional F1505 10 de la ASTM, Especificación estándar para herramientas manuales aisladas y aislantes*. Las herramientas manuales comunes para trabajos en líneas energizadas generalmente están diseñadas para proteger a un trabajador contra voltajes de hasta 1,000 VAC y 1,500 VDC. Es importante señalar que muchos fabricantes se jactan de que sus productos se han probado a voltajes mucho más altos, pero la capacidad nominal publicada de la herramienta se mantiene en el nivel especificado. Obviamente, los valores exigidos por la norma son insuficientes para ofrecer protección a los niveles de voltaje típicos de los sistemas de transmisión. Por lo general, no se necesitan herramientas manuales aisladas durante los trabajos con pértigas dieléctricas, ya que los trabajadores no están lo suficientemente cerca de los componentes energizados como para utilizarlas.

Por este motivo, a lo largo de los años se ha desarrollado una amplia variedad de herramientas únicas que pueden manipularse con pértigas y varillas de FRP. Estas pértigas y varillas, conocidas comúnmente como pértigas dieléctricas, y sus accesorios son extensiones de las manos de los trabajadores de líneas energizadas.

INICIATIVA VERDE

Vehículos elevadores aéreos híbridos

Incluso el sector de los servicios públicos tiene ahora acceso a vehículos más ecológicos. Este modelo híbrido diésel enchufable se presentó por primera vez en una exposición de equipos en 2007. Las baterías del vehículo pueden recargarse desde una conexión de alimentación común cuando el camión está detenido, o se recargan a través del motor diésel mientras el vehículo está en circulación. Mientras quede energía en la batería, el camión puede funcionar eléctricamente, eliminando muchas de las horas de ralentí ininterrumpido y el uso de combustible durante una jornada laboral típica.

81303-12_SA01.EPS

Otros requisitos importantes de la norma OSHA son los siguientes:

- Cada herramienta para líneas energizadas debe limpiarse e inspeccionarse visualmente en busca de defectos todos los días antes de su uso. Esta disposición no se refiere únicamente al aspecto: la suciedad o la grasa de la superficie pueden actuar como conductores. Deben utilizarse productos específicamente diseñados para esta tarea (*figura 6*).
- Si durante una inspección se observan defectos que afecten a la calidad del aislamiento o a la integridad mecánica, la herramienta debe sacarse inmediatamente de servicio para su reparación o eliminación.
- Las herramientas para líneas energizadas utilizadas principalmente para la protección de los trabajadores deben sacarse de servicio cada dos años para su inspección y comprobación, independientemente de su estado.
- Se recomienda a los empleadores que consulten las directrices relativas a la inspección, limpieza, reparación y comprobación en servicio de las herramientas para líneas energizadas establecidas en la *norma 978-1984 del IEEE, Guía del IEEE para el mantenimiento en servicio y comprobación eléctrica de las herramientas para líneas energizadas*. En el momento de redactar este documento, el IEEE ha retirado esta norma sin que exista un sustituto actual. No obstante, hasta que se establezca una nueva norma, esta sigue proporcionando una orientación clara para el mantenimiento de las herramientas para líneas energizadas.

A continuación se indican algunas directrices generales para la manipulación y el cuidado de las herramientas para líneas energizadas:

- Asegúrese de que el programa de inspección de herramientas esté actualizado.
- Mantenga todas las herramientas perfectamente limpias y secas. Esto facilita la detección de defectos y evita que los contaminantes de la superficie conduzcan la electricidad. Aunque la mayoría de las varillas y pértigas actuales son de FRP, las herramientas de madera pueden seguir en servicio. Las varillas y pértigas de madera deben mantenerse secas, ya que pueden absorber agua. Las herramientas de FRP son intrínsecamente más seguras y los defectos se ven más fácilmente. Algunas herramientas para líneas energizadas se benefician de una aplicación ocasional de cera que les ayuda a repeler tanto la suciedad como el agua.
- Los defectos superficiales menores suelen ser un indicador de una deficiencia grave subyacente. Retire de servicio cualquier herramienta sospechosa. Un pequeño defecto, como hilos de fibra de vidrio rotos, puede permitir la entrada de agua en el núcleo de la herramienta.
- Las herramientas deben guardarse correctamente en una funda protectora o estuche similar. Manipule estas herramientas con mucho cuidado.

3.2.0 Pértigas dieléctricas

Una pértiga dieléctrica es básicamente una pértiga aislada, por lo general, de FRP. Muchas pértigas dieléctricas están hechas para admitir diversas herramientas y accesorios. Otras tienen un cabezal fijo permanente diseñado para una tarea específica. Las pértigas dieléctricas permiten realizar pruebas de voltaje, aplicar conexiones por cable, cambiar fusibles, apretar tuercas y pernos, abrir y cerrar interruptores, colocar fundas aislantes en conductores, conectar transformadores y realizar otras tareas sin exponer al trabajador al riesgo de sufrir una descarga eléctrica.

Las pértigas dieléctricas se fabrican en diferentes longitudes, desde unos pocos pies de largo hasta tipos telescópicos que pueden extenderse hasta 40 pies de longitud. Incluso se pueden acoplar herramientas hidráulicas al extremo de una pértiga dieléctrica. La potencia hidráulica suele suministrarse desde el camión canasta o un camión de servicios públicos de la obra.

La pértiga dieléctrica no solo aísla al trabajador del conductor energizado, sino que también proporciona una separación física de cualquier posible arco eléctrico que pueda producirse.

Las pértigas dieléctricas equipadas con un cabezal de herramienta universal (*figura 7*) permiten la conexión de varias herramientas para adaptarse al trabajo que se está realizando. Estas pértigas incorporan un diseño de

81303-12_F06.EPS

Figura 6 Toallitas de limpieza para pértigas dieléctricas.

81303-12_F07.EPS

Figura 7 Cabezal de herramienta universal.

cabezal giratorio que permite conectar fácilmente varias herramientas en el ángulo adecuado para realizar con eficacia un trabajo determinado. Las tareas complejas pueden requerir que un trabajador cambie de herramienta muchas veces durante el transcurso de la tarea.

3.2.1 Pértiga de sujeción (pértiga aislante)

Una pértiga de sujeción, también denominada pértiga aislante, contiene un gancho fácil de controlar en el extremo de una pértiga dieléctrica aislada que puede extenderse y retraerse para agarrar objetos. También existen modelos con bisagras (*figura 8*) para un almacenamiento y transporte más cómodos. Estas herramientas se utilizan para colocar o retirar dispositivos como abrazaderas en líneas o conductores eléctricos. La pértiga incluye una varilla de soporte con un cabezal aislado en un extremo y un asa de accionamiento móvil en el otro. El cabezal alberga un gancho que se extiende y se retrae mediante la empuñadura deslizante situada en el extremo inferior de la pértiga. La empuñadura deslizante se levanta para extender el gancho y se jala hacia abajo después de asegurar el dispositivo para retraer el gancho hacia el extremo de la pértiga, asegurando firmemente el dispositivo o el cabezal de la herramienta. Luego hay que presionar un pestillo para soltar la empuñadura bloqueada y poder abrir el gancho. Algunas pértigas aislantes utilizan un enganche de accionamiento externo, mientras que otras tienen el enganche de accionamiento dentro de la pértiga. Muchos dispositivos, como las abrazaderas de conductores de puesta a tierra y puente de derivación, están diseñados con bucles adecuados para enganchar el gancho de la pértiga aislante, lo que facilita su instalación.

3.2.2 Pértigas telescópicas

Las pértigas telescópicas (*figura 9*) proporcionan a los trabajadores de líneas los medios para realizar muchas tareas desde una distancia segura. Están disponibles hasta 40 pies de longitud. Sin embargo, los modelos más largos pueden ser muy difíciles de manejar cuando se extienden y se utilizan horizontalmente. Estas pértigas tienen accesorios de extremo universales que aceptan diversos accesorios para que los trabajadores puedan desconectar aisladores, insertar pasadores y llaves, y realizar muchas otras tareas. Por lo general, estas pértigas se retraen hasta aproximadamente cuatro o cinco pies (1.2 o 1.5 m) para que puedan guardarse más fácilmente en cajas de herramientas o en las cabinas de camiones de servicios públicos.

Se utilizan botones resistentes y accionados por resorte para mantener las partes extendidas de la pértiga firmemente aseguradas en su posición.

En el sitio

Trabajador de línea robotizado

La seguridad es siempre una preocupación cuando se trabaja con líneas energizadas, pero la reparación rápida de un corte sigue siendo esencial. Los sistemas manipuladores, como este de Aichi, son cada vez más populares entre las principales empresas de servicios públicos para hacer frente a las tareas más peligrosas y cruciales de las líneas energizadas. Un operador permanece en la seguridad y comodidad de un vehículo de control, mientras los brazos manipuladores hacen el trabajo. Capaz de soportar descargas y arcos de más de 1,000,000 de voltios, el sistema es inmune a las inclemencias del tiempo u otras condiciones que a menudo impiden la intervención directa de la mano del hombre. Su vida profesional en el sector de las líneas eléctricas puede incluir el manejo de una cabina como esta.

81303-12_SA02.EPS

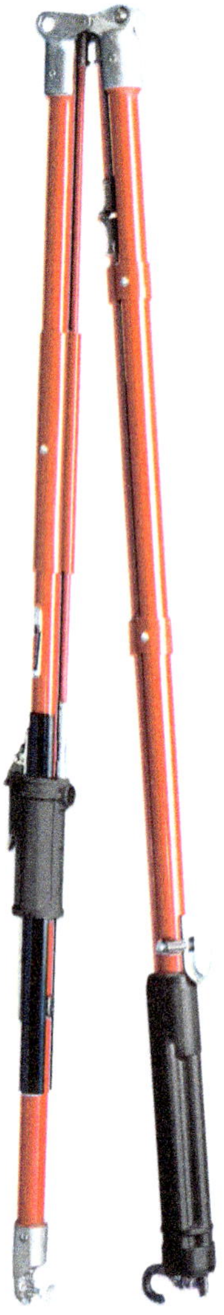

81303-12_F08.EPS

Figura 8 Pértiga tipo escopeta con bisagras.

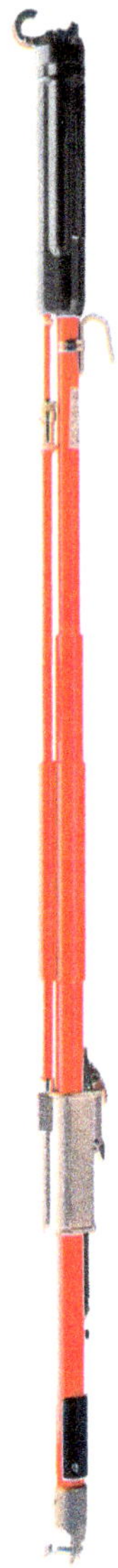

Figura 9 Pértiga tipo escopeta telescópica.

3.2.3 Pértigas de medición telescópicas

Las pértigas de medición telescópicas (*figura 10*) son herramientas prácticas que se utilizan para determinar rápidamente los espacios libres al suelo y medir la altura de los postes. Estas pértigas funcionan igual que las pértigas telescópicas y están disponibles con escalas de medición inglesa y métrica. Algunos fabricantes ofrecen otras pértigas de trabajo con capacidad de medición añadida como opción.

3.2.4 Otras pértigas dedicadas

A menudo es necesario utilizar llaves de vaso para apretar los herrajes. Un accionamiento de llave flexible aislado (*figura 11*) proporciona accionamientos cuadrados comunes en cada extremo. En el extremo del trabajador, hay un accionamiento hembra de ½" (12.7 mm), mientras que el extremo opuesto está equipado con una junta universal con encaje macho de ½" para mayor flexibilidad. Se agrega un resorte para mantener la tensión en la junta universal y mejorar el control. Debido a la longitud de la transmisión, el par máximo es algo limitado. Las unidades para trabajos pesados pueden alcanzar un par de hasta 75 pies-libra, mientras que las versiones más livianas pueden estar limitadas a 40 pies-libra.

Las tenazas engarzadoras hidráulicas (*figura 12*) y los cortadores también se pueden utilizar en el extremo de una pértiga dieléctrica. Las pértigas dieléctricas hidráulicas proporcionan un mango rígido para la tenaza engarzadora o herramienta de corte, una vía para el fluido hidráulico y los accesorios adecuados para conectar la fuente de presión y la herramienta. La mayoría de las herramientas hidráulicas utilizadas en trabajos en líneas energizadas requieren una fuente de presión de 10,000 psig. Las herramientas hidráulicas suelen ser las más potentes.

Un cortador de alambre y cable de trinquete (*figura 13*) puede cortar conductores ACSR, así como cobre y aluminio.

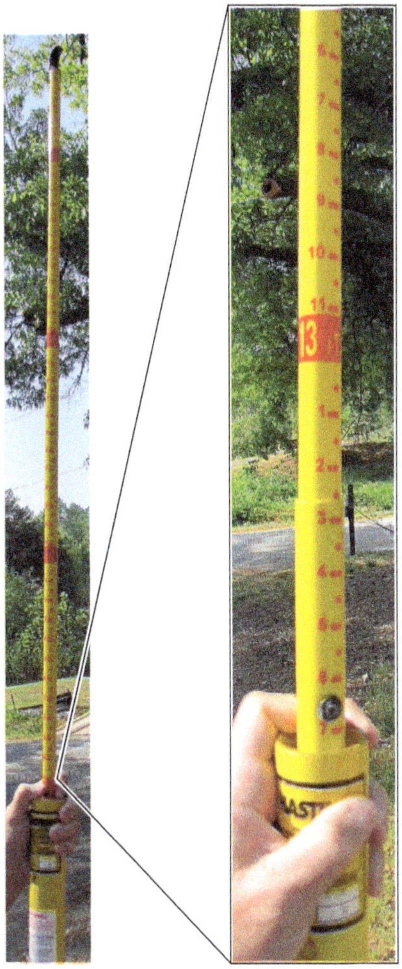

81303-12_F10.EPS

Figura 10 Pértiga de medición telescópica.

3.2.5 Accesorios y aditamentos de las pértigas dieléctricas

Se puede acoplar una amplia variedad de accesorios a la pértiga dieléctrica para tareas específicas. Algunos accesorios utilizados habitualmente son los siguientes:

- *Detector de voltaje* (*figura 14*): antes de iniciar cualquier trabajo en una línea energizada, debe comprobarse el voltaje. La lectura permanece en el medidor para que el trabajador pueda verla después de bajar el instrumento.
- *Amperímetro* (*figura 15*): este accesorio permite a los trabajadores comprobar el flujo de corriente en los conductores, sin necesidad de abrir y cerrar las mordazas de un amperímetro común. Al igual que en el caso del voltaje, el flujo de corriente en los conductores que se van a revisar debe comprobarse antes de comenzar el trabajo. El diseño de horquilla abierta permite colocarlo fácilmente sobre el conductor. La lectura se bloquea en la pantalla hasta que el trabajador tiene la oportunidad de leer el valor medido.
- *Accesorios de cepillos de alambres* (*figura 16*): antes de aplicar puentes de derivación o empalmes a un conductor, es necesario limpiar la oxidación y la corrosión de la superficie del conductor que podrían impedir el flujo de corriente. Hay varios estilos disponibles, según las preferencias del trabajador y la situación típica que se presente. El modelo semicircular permite limpiar más fácilmente el conductor por todos sus lados, mientras el trabajador permanece en una única posición.
- *Calibre de conductores*: es difícil saber con certeza el tamaño de un conductor desde lejos. El calibre de conductores (*figura 17*) permite a los trabajadores confirmar los tamaños de los cables antes de preparar las herramientas para el trabajo. La selección adecuada de una serie de componentes depende del calibre de conductores.
- *Horquilla ajustable para aisladores* (*figura 18*): esta herramienta está diseñada para agarrar aisladores de disco. Las mordazas, construidas con un material fibroso, pueden regularse para obtener el ajuste deseado girando un tornillo de ajuste.
- *Ajustadores de rótula* (*figura 19*): al igual que las herramientas para chaveta de cuña, los ajustadores de rótula están disponibles en varios estilos y formas. El estilo elegido depende del tipo de herraje de fijación.

81303-12_F11.EPS

Figura 11 Accionamiento de llave flexible aislado.

81303-12_F12.EPS

Figura 12 Engarzadora de pértiga dieléctrica hidráulica.

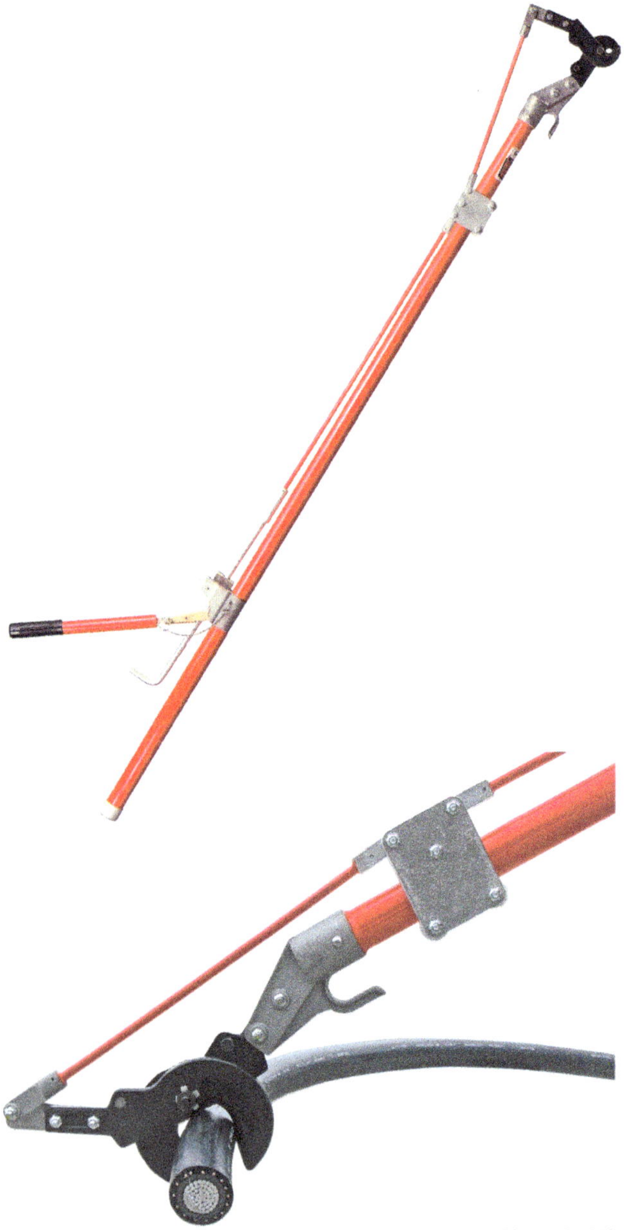

81303-12_F13.EPS

Figura 13 Cortador de cables de trinquete.

- *Barreras de seguridad*: se puede instalar una barrera de seguridad (*figura 20*) en las pértigas dieléctricas como medida adicional de protección contra relámpagos de arco y ráfagas de arco.

3.3.0 Pértigas para cables

Las pértigas para cables (*figura 21*) son esenciales para el soporte y movimiento de los conductores mientras se trabaja en las crucetas y otros componentes de soporte. Para realizar estas tareas mientras las líneas están energizadas, los conductores deben moverse y sujetarse fuera de la MAD.

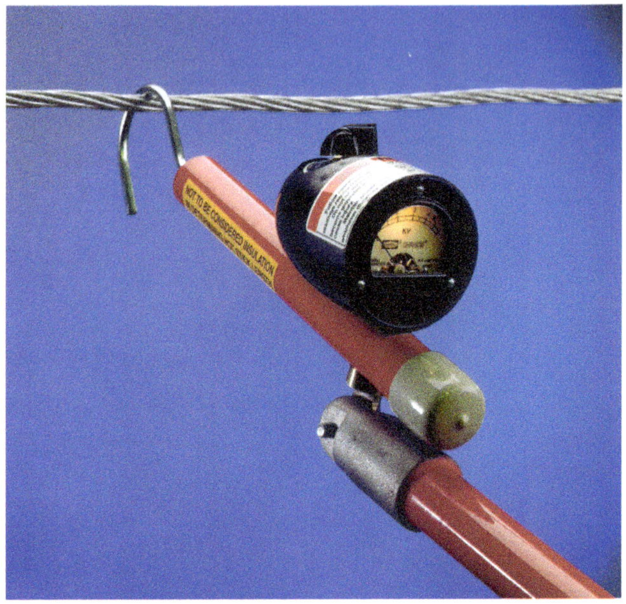

81303-12_F14.EPS

Figura 14 Detector de voltaje de varias sensibilidades.

81303-12_F15.EPS

Figura 15 Amperímetro.

81303-12_F16.EPS

Figura 16 Cepillos de alambre con soportes universales.

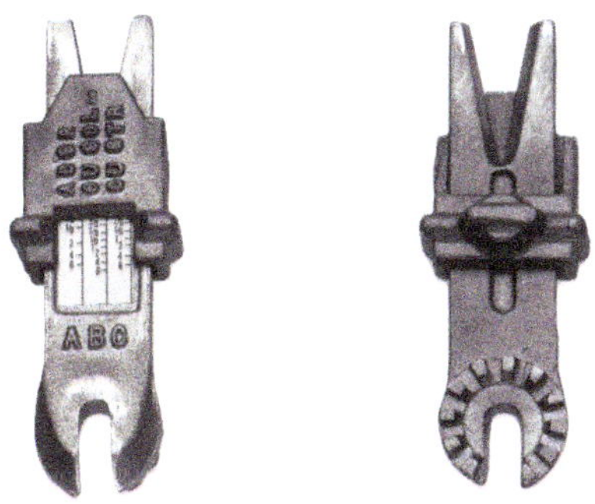

81303-12_F17.EPS

Figura 17 Calibre de cable conductor.

81303-12_F18.EPS

Figura 18 Horquilla ajustable para aisladores.

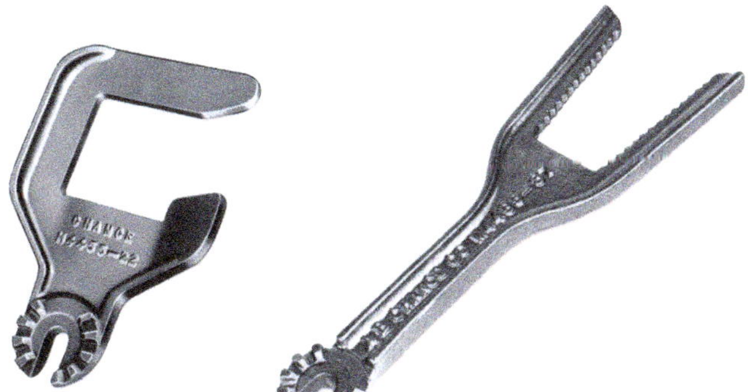

81303-12_F19.EPS

Figura 19 Ajustadores de rótula.

Es habitual utilizar dos pértigas para cables en cada conductor, una para levantar el conductor y sacarlo de sus soportes, y otra para desplazarlo horizontalmente fuera del área de trabajo. Cada pértiga para cables se fija a la estructura o poste mediante una amplia variedad de monturas o elevadores de palanca (*figura 22*). Las pértigas para cables no están diseñadas para maniobras manuales y no deben utilizarse de esa manera.

Se puede acoplar una pieza giratoria para pértiga para cables, lo que permite mantener alejado el conductor con una pértiga mientras se sujeta la segunda cerca del cabezal de la primera pértiga (*figura 23*). En algunos casos, sujetar ambas pértigas directamente al conductor puede provocar tensiones o fuerzas de torsión no deseadas en el conductor. La pieza giratoria ayuda a aliviar estas tensiones, y se recomienda para conductores de menor tamaño, ya que son más frágiles.

La banda de las pértigas para cables (*figura 24*) tiene un diseño un poco diferente. Puede fijarse en cualquier punto del bastón de la pértiga, proporcionando un punto de fijación para garruchas para cable u otros dispositivos para elevar o estabilizar el conductor.

81303-12_F20.EPS

Figura 20 Barra de seguridad para pértigas dieléctricas.

3.3.1 Carga de las pértigas para cables

La pértiga para cables montada en el punto más alto de la pértiga se conoce como bastón o pértiga de sujeción. El bastón inferior es el bastón o pértiga de elevación, ya que soporta la mayor parte del peso del conductor. La pértiga de elevación es la más cercana a la vertical. La pértiga de sujeción normalmente está más cerca del plano horizontal. Antes de colocarlas, hay que calcular para asegurarse de que las fuerzas aplicadas, especialmente en la pértiga de elevación, no superen la carga máxima de trabajo de la pértiga. El diámetro de la pértiga de elevación suele ser mayor que el de la pértiga de sujeción. Las pértigas de elevación generalmente tienen un diámetro de 2.5 pulgadas (6.3 cm), aunque también existen modelos de 3.5 pulgadas (7.6 cm).

¡ADVERTENCIA!

Si se sobrepasan los límites de carga de trabajo de las pértigas para cables, puede producirse una falla inesperada de la pértiga y causar lesiones personales graves o electrocución.

Las fuerzas aplicadas a las pértigas de sujeción y de elevación se calculan por separado con ecuaciones levemente diferentes. La fuerza de elevación de la pértiga se calcula de la siguiente manera:

Fuerza de elevación de la pértiga = peso del conductor × (distancia desde la elevación de la montura del poste al conductor/distancia entre las dos monturas)

La fuerza aplicada a la pértiga de sujeción se calcula de la siguiente manera:

Fuerza de la pértiga de sujeción = peso del conductor × (distancia desde la sujeción de la montura del poste al conductor/distancia entre las dos monturas)

Ejemplo:

Consulte la *figura 25*. Se están utilizando pértigas para cables para sostener un conductor que pesa 210 lb (95.2 kg). La distancia desde la montura de la pértiga de elevación hasta el conductor es de 10 pies (3 m), y la distancia entre las dos montura es de 3 pies (0.9 m). Por lo tanto:

Fuerza de elevación de la pértiga =
210 lb (95.2 kg) peso del conductor ×
(10 ft (3 m)/3 ft (0.9 m))

Fuerza de elevación de la pértiga =
210 × 3.33 = 699 lb (317.1 kg)

La distancia entre las monturas tiene un efecto importante en la carga. Una vez más en referencia a la *figura 25*, considere el efecto de elevar la montura de la pértiga de sujeción a una distancia de 6 pies (1.8 m) de la montura de la pértiga de elevación:

Fuerza de elevación de la pértiga =
210 lb (95.2 kg) × (10 ft (3 m)/6 ft (1.8 m))

Fuerza de elevación de la pértiga =
210 × 1.67 = 351 lb (159.2 kg)

Las fuerzas de la pértiga de sujeción para este ejemplo, con las monturas a 3 pies (0.9 m) de distancia, se calcularían de la siguiente manera:

Fuerza de la pértiga de sujeción =
210 lb (95.2 kg) × (6 ft (1.8 m)/3 ft (0.9 m))

Fuerza de la pértiga de sujeción =
210 × 2 = 420 lb (190.5 kg)

La elevación de la montura de la pértiga de sujeción a una separación de 6 pies (1.8 m) reduciría la fuerza aplicada de la siguiente manera:

Fuerza de la pértiga de sujeción = 210 lb (95.2 kg) ×
(4.5 pies (1.4 metros)/ 6 pies (1.8 metros))

Fuerza de la pértiga de sujeción =
210 × 0.75 = 158 lb (71.7 m)

81303-12_F21.EPS

Figura 21 Pértiga para cables.

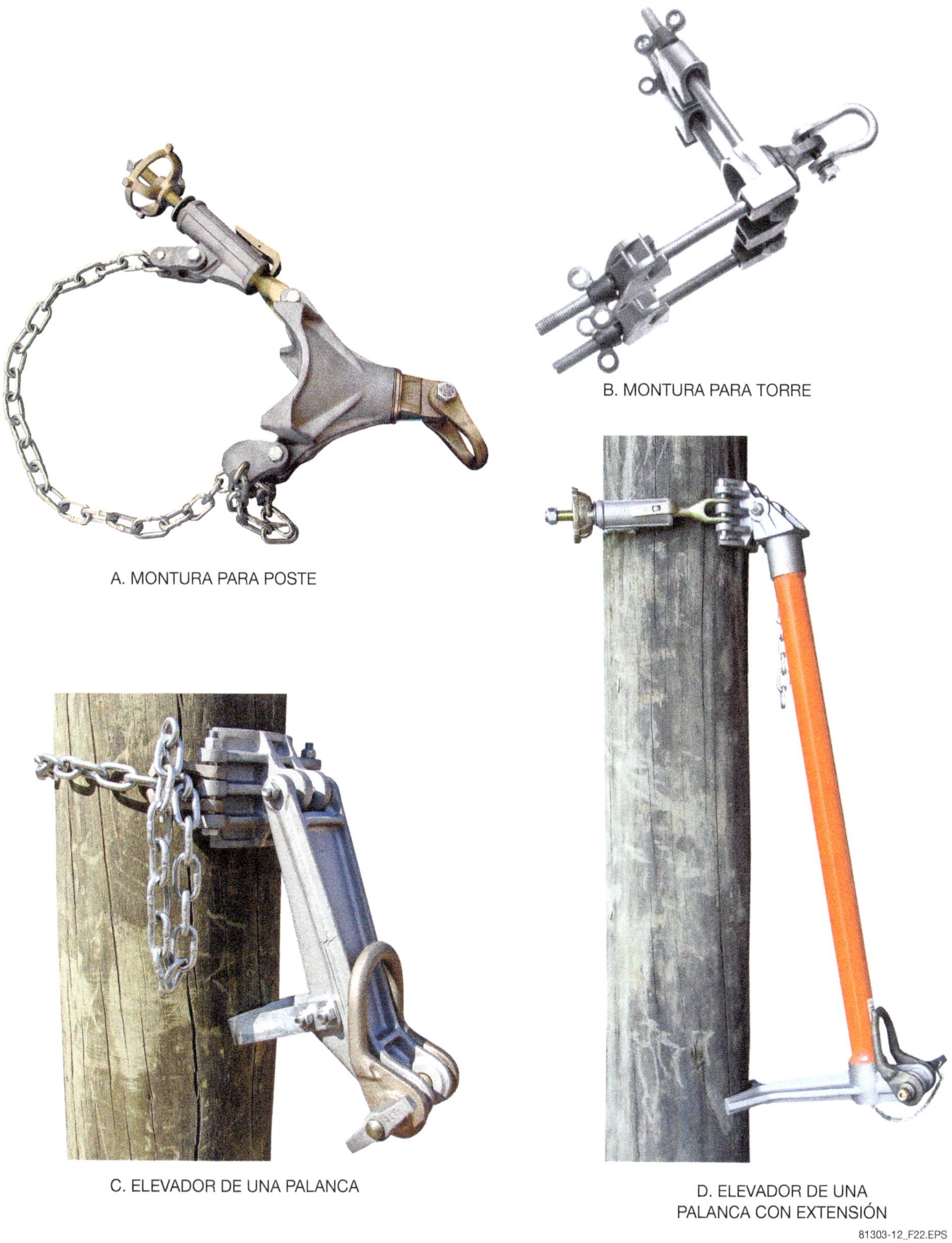

Figura 22 Monturas y herrajes de sujeción para pértigas para cables.

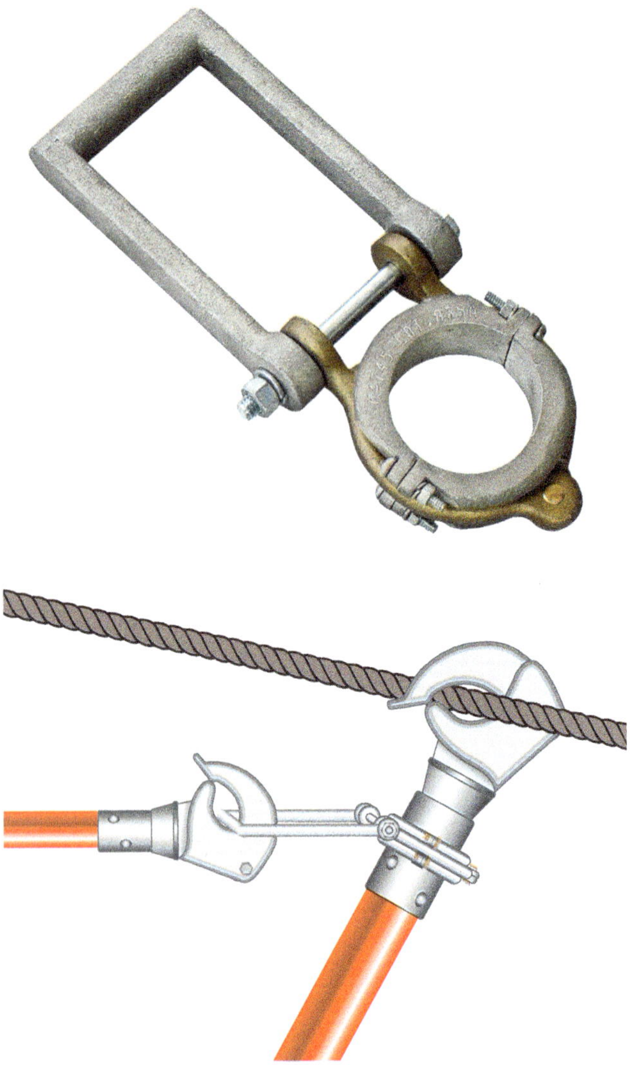

81303-12_F23.EPS

Figura 23 Uso de pieza giratoria para pértiga para cables.

Este concepto de aumentar la distancia entre las dos monturas es importante aplicarlo en el trabajo, para minimizar las fuerzas aplicadas a las pértigas de elevación. Esto disminuye la posibilidad de fallas repentinas y prolonga la vida útil del equipo.

3.3.2 Brazos auxiliares y de extensión

Las pértigas para cables también pueden utilizarse para sostener brazos auxiliares o de extensión. Los brazos auxiliares se montan en un extremo para fijarlos a una montura, o el conjunto de la montura puede ser parte integral del propio brazo. Las pértigas para cables se utilizan para sostener el extremo del brazo auxiliar, como se muestra en la *figura 26*. Los brazos de extensión están diseñados para acoplarse a un brazo transversal, lo que amplía su alcance.

Cuando los conductores deben elevarse en línea recta, se utiliza un brazo similar al brazo auxiliar, que se denomina brazo elevador. Dependiendo de las

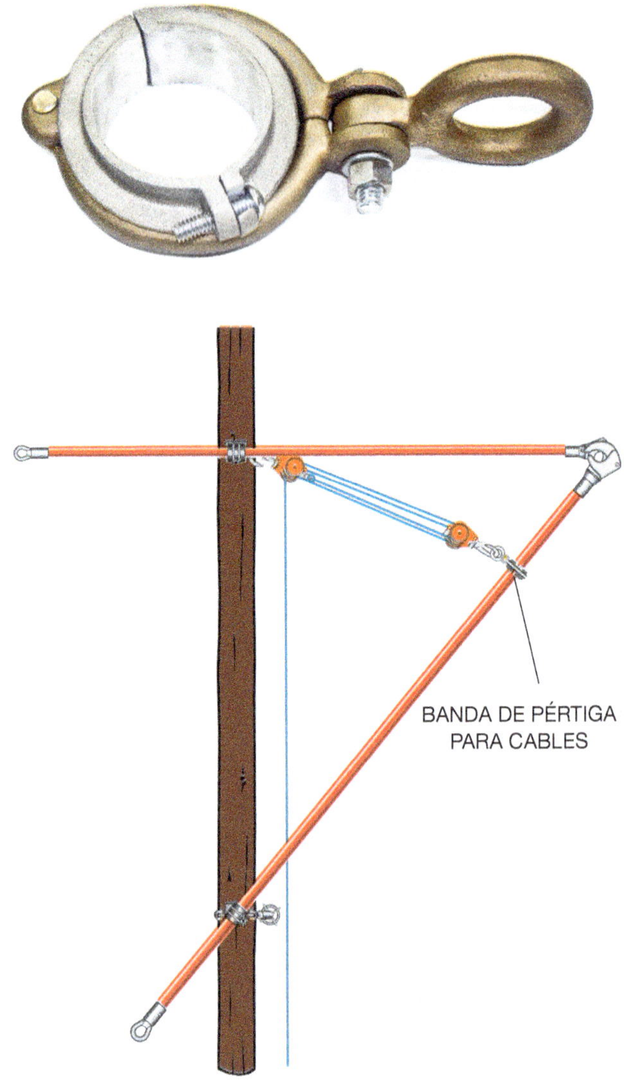

81303-12_F24.EPS

Figura 24 Banda de pértiga para cables.

circunstancias y de cómo esté configurada la estructura de soporte, cada trabajo y cada proyecto específico puede tratarse de una manera diferente. Los conjuntos de brazos elevadores pueden montarse en la pluma de un camión de línea (*figura 27*), lo que libera al poste de proporcionar soporte a la pértiga para cables o conductores.

Tanto los brazos auxiliares como los de extensión requieren dispositivos para soportar y capturar eficazmente el conductor. Los soportes de conductores están disponibles en diferentes configuraciones. Algunos tienen un mecanismo de bloqueo que se bloquea al colocar el conductor. Para desbloquear el mecanismo se necesita una pértiga dieléctrica. Los soportes de conductores tipo rodillo permiten que el conductor se mueva horizontalmente sin dañarse ni rozarse. El soporte tipo C se utiliza para suspender un conductor.

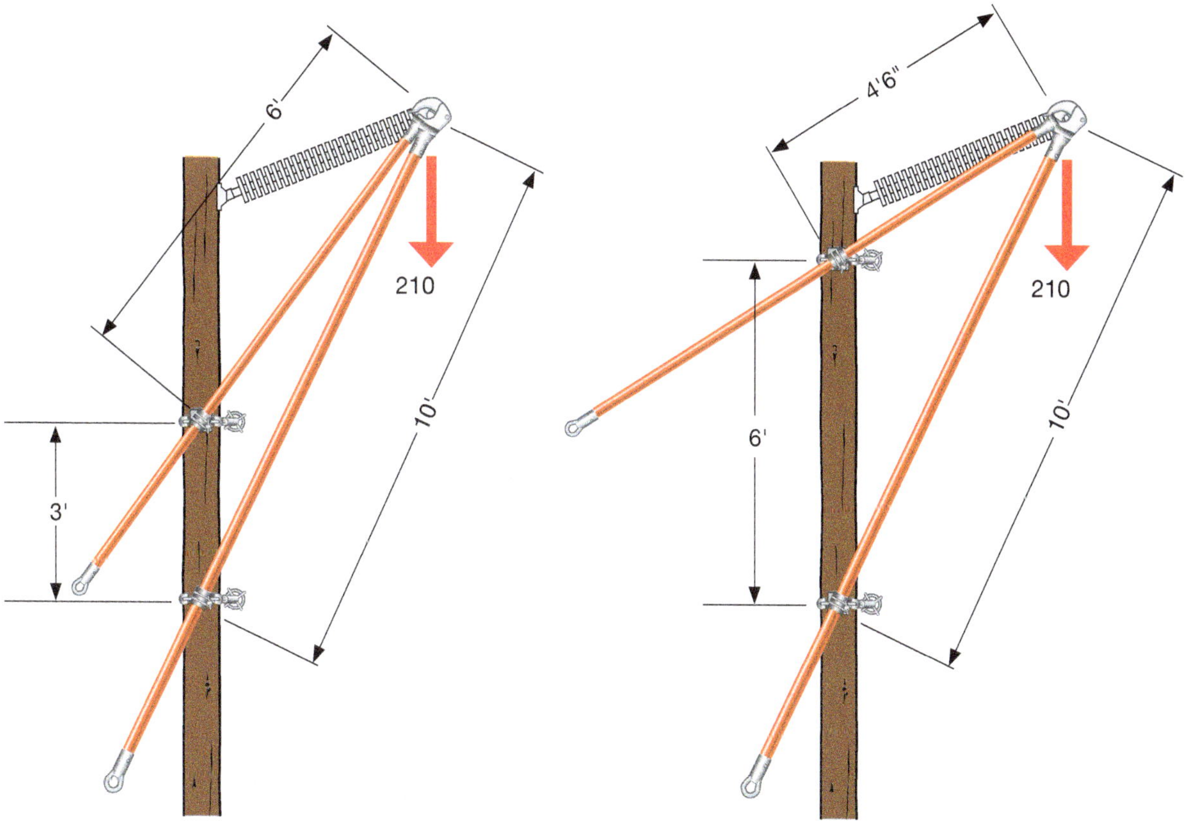

Figura 25 Posiciones de las pértigas para cables.

3.4.0 Pértigas y portadores de tensión

Las pértigas de tensión se utilizan para soportar temporalmente el peso de conductores u otros componentes pesados. Están disponibles en varias longitudes, según la tensión del sistema y la MAD asociada.

También pueden utilizarse para sujetar o proporcionar soporte estructural a escaleras y otros equipos. A menudo se combinan y utilizan con otros accesorios para crear un **portador de tensión** ***(strain carrier)***. Los portadores de tensión se utilizan con mayor frecuencia para soportar la carga de los conductores cuando se retiran y sustituyen los aisladores de transmisión. Para ello se utiliza una combinación de accesorios que permiten conectar el portador de tensión al mismo dispositivo de sujeción del conductor que el propio aislador. En el extremo desenergizado, o frío, de la pértiga, unos pernos roscados permiten ajustar la longitud de la pértiga una vez conectada. El yugo de este extremo se denomina yugo trasero. Los tornillos son simplemente varillas roscadas con tuercas llamadas **muñones** ***(trunnions)*** que se utilizan para ajustar la longitud del portador de tensión. Los muñones se asientan en el yugo trasero y se accionan con una llave de trinquete. Normalmente, los pernos roscados tienen una longitud de 12 pulgadas, pero también están disponibles en longitudes mayores para un rango de ajuste adicional. El conjunto que se muestra en la *figura 28* consta de dos pértigas de tensión con pernos roscados, conjuntos de yugo delantero y trasero, y dos muñones con pernos roscados. Estos accesorios se muestran en la *figura 29*.

El yugo delantero está unido al extremo energizado, que puede ser el mismo extremo muerto o abrazadera de suspensión que conecta el aislador al conductor. El yugo trasero, que se muestra con una cadena, conecta el conjunto del portador de tensión al poste o torre. Está disponible en varias configuraciones para adaptarse a diversas situaciones estructurales. Un yugo en H, por ejemplo, está diseñada para su uso con crucetas de doble tablón (*figura 30*). Una vez conectados ambos extremos, los muñones se giran con la llave de trinquete para absorber la carga. A continuación, se puede retirar y volver a colocar un aislador mientras el portador de tensión sostiene la carga del conductor.

Las fallas de los equipos en situaciones de líneas energizadas son simplemente inaceptables. Los conjuntos de portadores de tensión y todos los accesorios

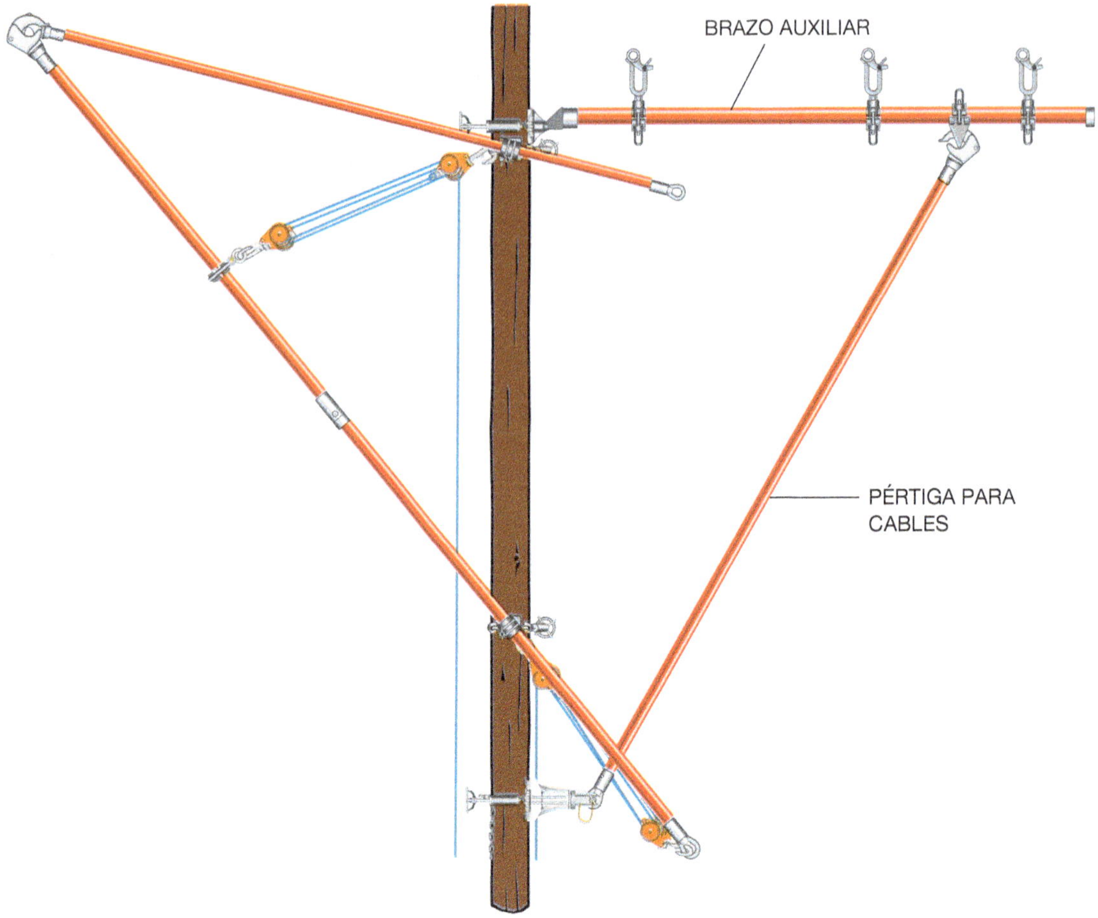

Figura 26 Brazo auxiliar con soporte de pértiga para cables.

Figura 27 Brazo elevador en la pluma de un camión de línea.

asociados deben inspeccionarse y mantenerse en excelentes condiciones. Al igual que las pértigas dieléctricas, deben sacarse de servicio cuando se observen daños o desgaste. Incluso los muñones deben comprobarse para asegurar su integridad con un calibre de muñones (*figura 31*).

3.5.0 Bastidor para aisladores

Se utiliza un bastidor para aisladores (*figura 32*) para capturar y controlar un aislador después de que se ha liberado de su carga. La cadena completa se puede sujetar y controlar de forma segura utilizando un bastidor. Hay varias configuraciones y voltajes nominales para elegir, dependiendo de la aplicación.

Cada estructura e instalación de aisladores requiere un planteamiento un poco diferente. Un ejemplo es el uso de una pluma giratoria (*figura 33*) para suspender el bastidor debajo del aislador. Una vez que el aislador está libre en ambos extremos, la pluma giratoria puede girarlo alejándolo del conductor energizado. Entonces, el bastidor puede bajarse al suelo para su reparación o cambio.

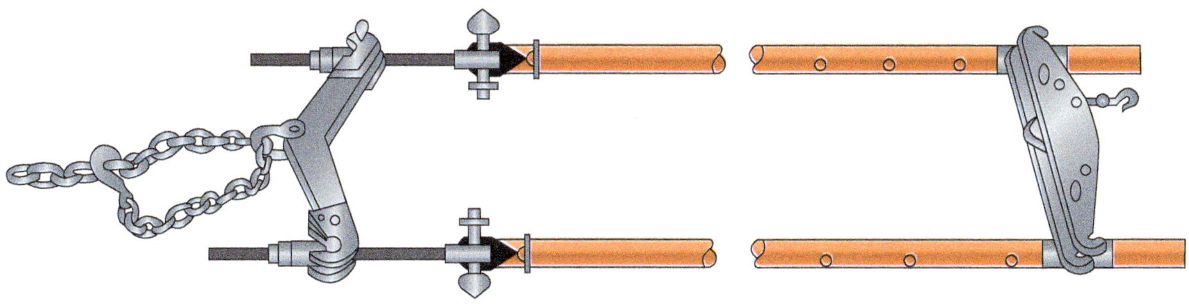

Figura 28 Conjunto de portador de tensión.

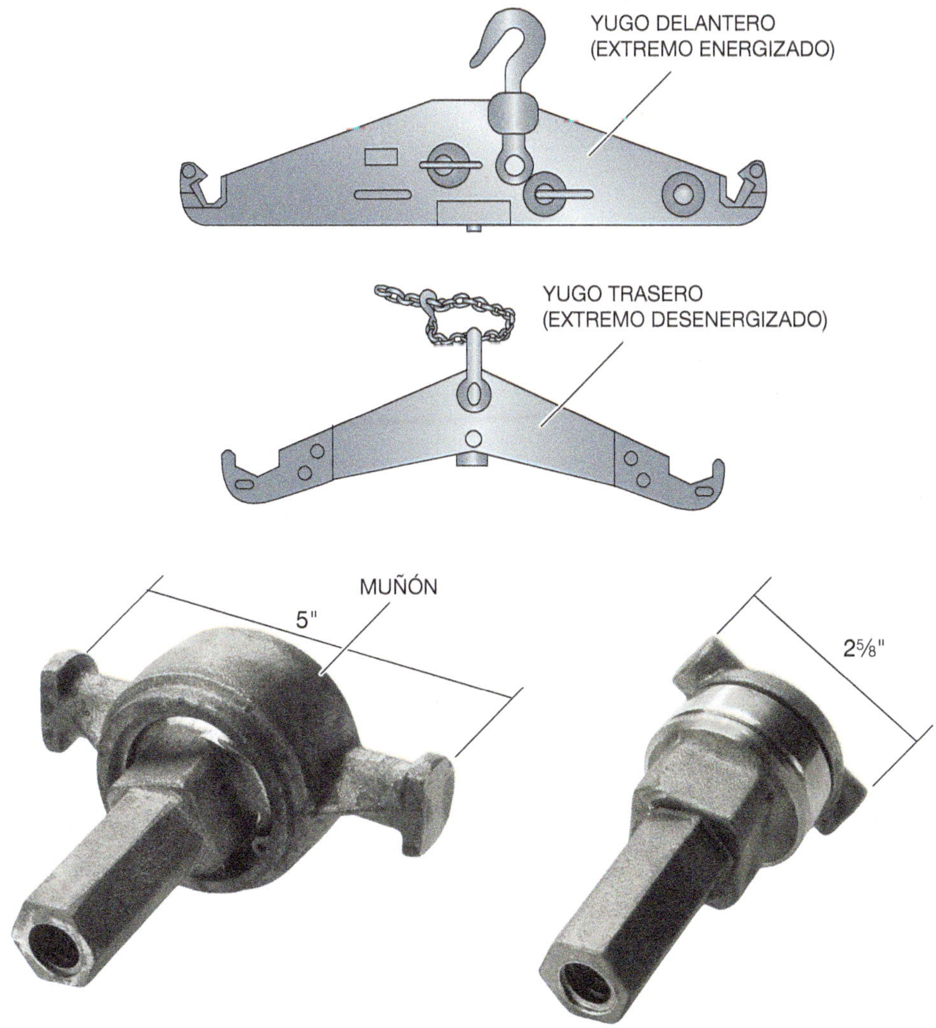

Figura 29 Accesorios de portador de tensión.

81303-12_F30.EPS

Figura 30 Yugo en H.

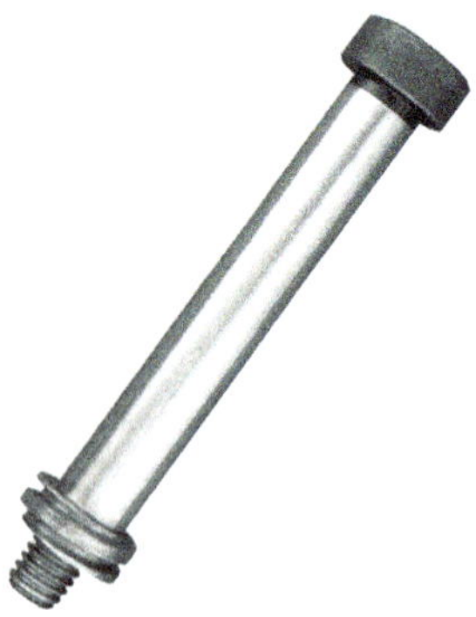

81303-12_F31.EPS

Figura 31 Calibre de muñón.

Un solo conductor de transmisión puede tener dos o más aisladores o cadenas de aisladores. Retirar una sola cadena de aisladores del grupo puede resultar complicado. Una alternativa es el uso de un conjunto de ganchos en J (*figura 34*). Estos ganchos están recubiertos de plástico para evitar dañar los aisladores. Los ganchos pueden dejarse caer entre los demás aisladores y soportar únicamente el que se va a retirar del grupo. En la *figura 35* se muestra un conjunto de ganchos en J conectado a una grúa y en preparación para bajar una cadena de aisladores al suelo para su mantenimiento.

3.6.0 Escaleras y plataformas de trabajo

Las escaleras y plataformas de trabajo son herramientas indispensables en los trabajos de transmisión, ya que proporcionan un punto estable desde el que trabajar.

Las escaleras de ganchos (*figura 36*) se utilizan de varias maneras. La escalera puede colgarse de un conductor o de un elemento estructural. Para asegurar la escalera, se utilizan cadenas. Se pueden utilizar argollas cerca del extremo opuesto para asegurar la parte inferior y reducir el movimiento y el balanceo. Los modelos de tres travesaños (*figura 37*) son más resistentes y rígidos para su uso en un plano horizontal. Si se necesita una escalera más larga cuya longitud normalmente sería muy grande para transportarla y manejarla, se puede utilizar una escalera empalmada (*figura 38*). Los travesaños se empalman mediante acoplamientos de acero para ensamblar dos o más tramos.

81303-12_F32.EPS

Figura 32 Conjunto de bastidor para aisladores.

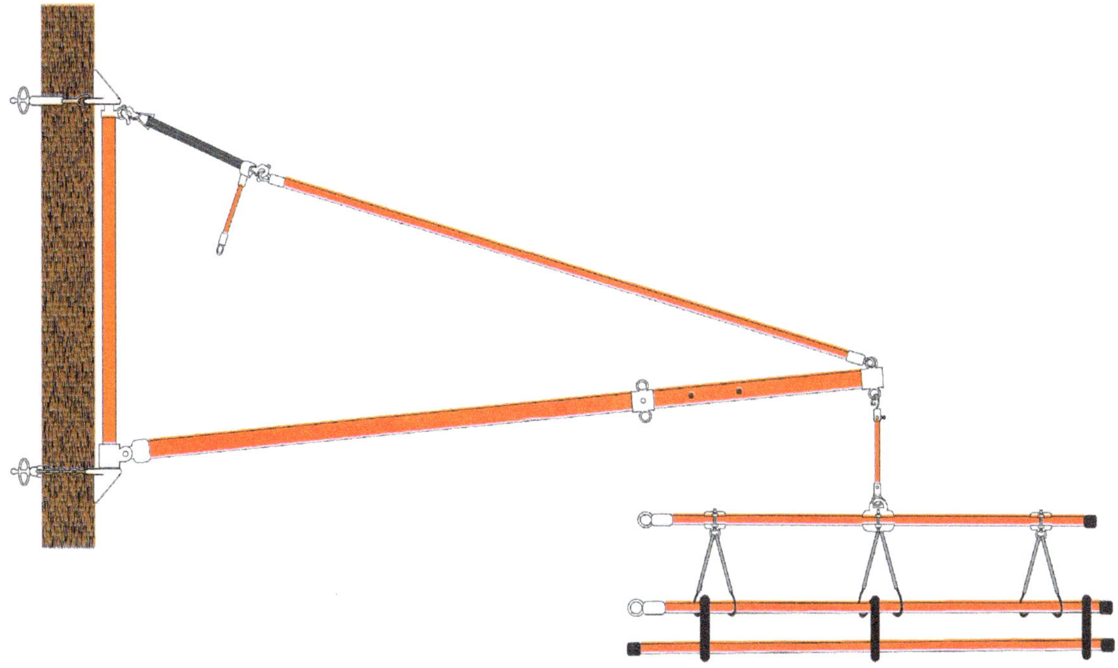

Figura 33 Bastidor para aisladores suspendido de una pluma giratoria.

Figura 34 Conjunto de gancho en J.

81303-12_F35.EPS

Figura 35 Conjunto de gancho en J en uso.

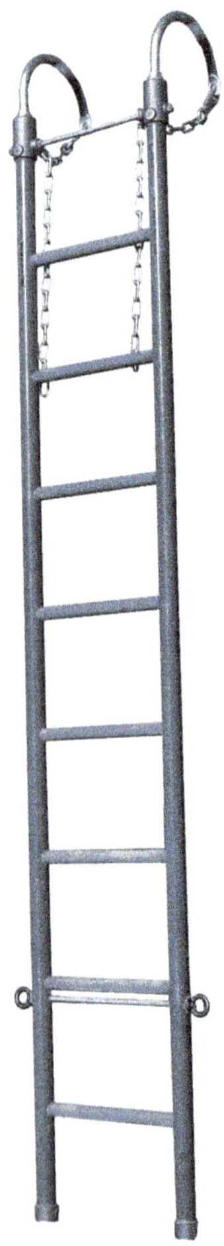

81303-12_F36.EPS

Figura 36 Escalera de ganchos.

Con el apoyo y la planificación adecuados, las escaleras aisladas pueden utilizarse de muchas maneras diferentes. En la *figura 39* se muestra a un trabajador utilizando una escalera para acceder a las pértigas para cables que sujetan la parte inferior de un conjunto portador de tensión alejado de la torre. Otra escalera se utiliza como pluma de elevación ligera.

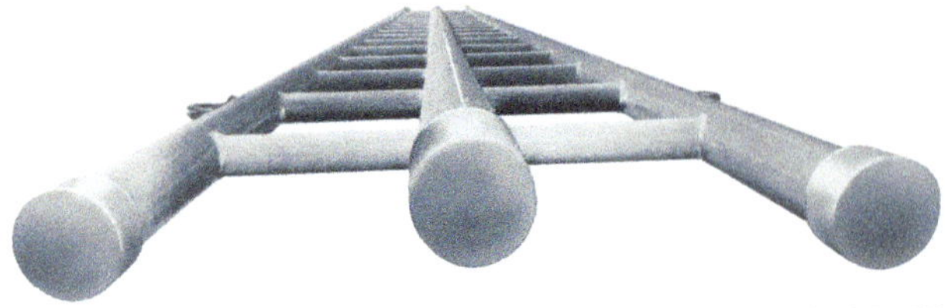

81303-12_F37.EPS

Figura 37 Escalera de tres travesaños.

81303-12_F38.EPS

Figura 38 Escalera empalmada.

Las plataformas de trabajo (*figura 40*) proporcionan un lugar seguro para que los trabajadores de línea reduzcan el esfuerzo de escalada y trabajen de forma más cómoda y segura. Pueden fijarse a postes comunes o a torres de acero con los herrajes adecuados.

3.7.0 Herramientas para extracción de conductores

Los sujetadores de tendido (*figura 41*) se utilizan para sujetar los conductores sin que se deslicen, de modo que puedan tensarse correctamente. También se utilizan cuando los conductores deben cortarse y empalmarse, o cortarse para fijarlos a un extremo sin corriente.

81303-12_F39.EPS

Figura 39 Escaleras aisladas en uso.

81303-12_F40.EPS

Figura 40 Plataforma de trabajo aislada.

A menudo se utiliza un polipasto de cadena de trinquete (*figura 42*) para aplicar la tensión deseada sobre el conductor mientras se realizan las reparaciones. Un extremo se sujeta al sujetador de tendido y el otro a un punto adecuado de la estructura. Para aislar el conductor energizado del polipasto y añadir longitud, se puede conectar una **pértiga eslabón de tensión (*strain link stick*)** (*figura 43*) al sujetador de tendido. Están disponibles en varias longitudes. Las pértigas eslabón de tensión proporcionan la distancia y la protección eléctrica necesarias para una serie de tareas de tendido de conductores. También están disponibles con un dispositivo de sujeción integrado o con rodillos para que el conductor tenga cierta libertad de movimiento.

3.8.0 Cuerda para líneas energizadas

La cuerda es necesaria para diversas tareas de aparejo y control de conductores. Las cuerdas utilizadas en trabajos con líneas energizadas (*figura 44*) deben tener una elevada rigidez dieléctrica y resistencia a la

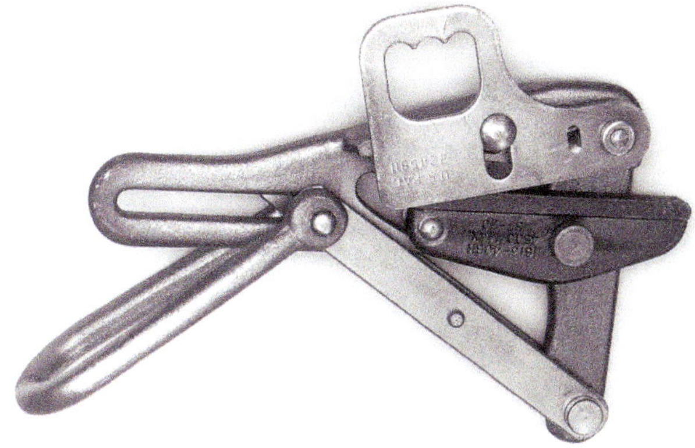

81303-12_F41.EPS

Figura 41 Sujetador de tendido.

81301-12_F42.EPS

Figura 42 Polipasto de cadena de trinquete.

absorción de agua. Aunque la cuerda es generalmente un mal conductor, la absorción de agua puede convertirla en un grave peligro.

Asegúrese de que todas las cuerdas utilizadas durante los trabajos en líneas energizadas estén diseñadas para este fin y se mantengan limpias y secas en todo momento. Las cuerdas para líneas energizadas deben identificarse como tales y someterse a pruebas periódicas. También se puede utilizar una unidad portátil capaz de probar las pértigas dieléctricas en el campo. Guarde la cuerda en un recipiente adecuado con desecante para garantizar que permanezca seca. Todos los demás accesorios también deben mantenerse limpios y

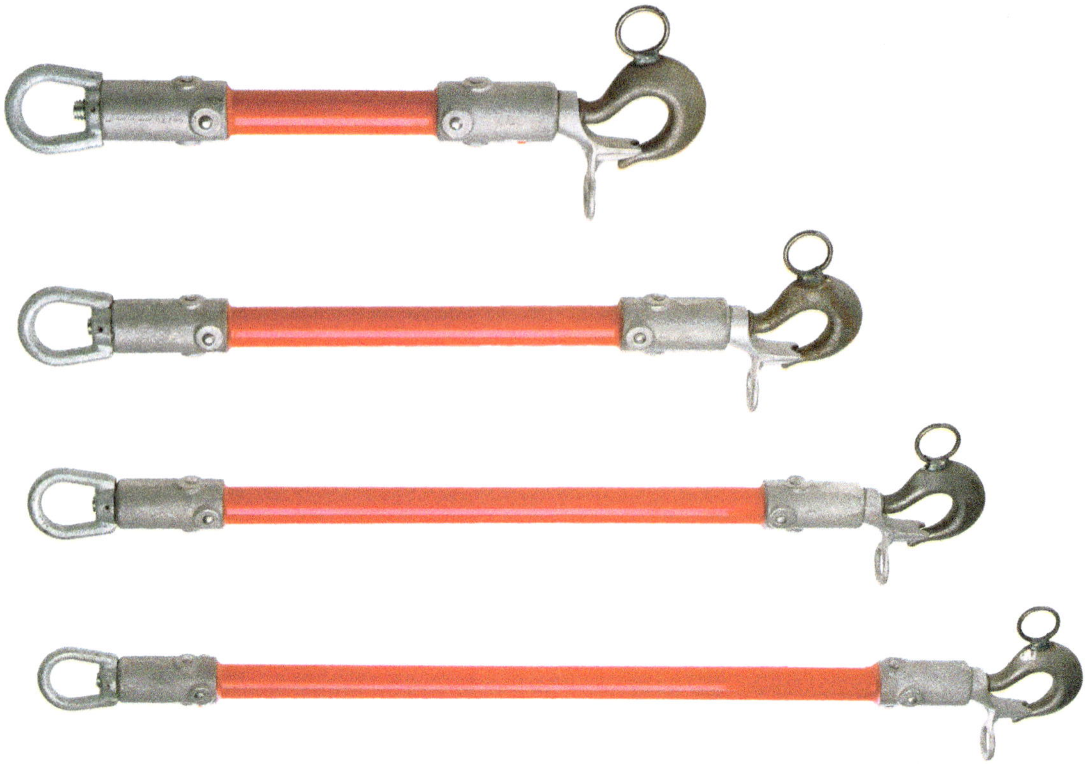
81303-12_F43.EPS

Figura 43 Pértigas eslabón de tensión.

81303-12_F44.EPS

Figura 44 Cuerda de polidacrón.

secos. Lo mejor es utilizar lonas u otro material en el área de trabajo para evitar que la cuerda quede tendida en el suelo, donde puede absorber la humedad.

3.9.0 Aislamiento de protección

Existen diversos tipos de aisladores de protección para su instalación en conductores y postes. Los protectores de cruceta, por ejemplo, se colocan alrededor de los aisladores de cable para evitar que los conductores entren en contacto con el poste al desatarlos y moverlos. La mayoría de los aisladores de protección están diseñados para brindar una protección razonable contra contactos momentáneos, no prolongados. No están destinados a proporcionar un medio de manipulación de un componente energizado.

Los aisladores de protección se clasifican según el voltaje que pueden soportar. La clase 6 es la más alta, con un voltaje nominal de 41.5 kV de fase a tierra. El voltaje nominal de fase a fase es de 72.5 kV. Sin embargo, esto supone que ambas fases están protegidas. Por lo tanto, es evidente que ofrecen una protección muy limitada frente a los voltajes de transmisión comunes. No obstante, pueden utilizarse en áreas de trabajo en las que existan voltajes tanto de transmisión y distribución.

Las cubiertas de conductores se solapan o entrelazan entre sí, y también entrelazan con las cubiertas de cruceta y otros accesorios, para formar una barrera aislante continua. Existen mantas aislantes con ranuras para alojar aisladores montados en postes, con ojales para atarlos o fijarlos en su sitio, o con cierres de velcro. También se suelen utilizar abrazaderas de resorte, como pinzas de la ropa gigantes, para sujetar las mantas aislantes en su sitio. Los neutros y los trayectos a tierra también deben cubrirse. Asegúrese de que todos los productos aislantes de protección estén clasificados para el voltaje presente antes de su uso.

Los aisladores de protección deben manipularse y mantenerse con el mismo cuidado que las pértigas dieléctricas y otras herramientas para líneas energizadas. Deben mantenerse limpios e inspeccionarse periódicamente para detectar cualquier tipo de daño que pueda reducir o eliminar su valor aislante.

Deben seguirse algunas reglas básicas para la instalación del aislamiento de protección:

- Cubra los conductores y componentes energizados en el orden en que se encuentren. Primero debe cubrirse la superficie energizada que se vaya a aislar que esté más cerca a medida que se asciende por la estructura o se eleva la canasta. Retire el aislamiento en orden inverso al descender.
- Cubra primero las superficies energizadas y los conductores neutros, y después los trayectos a tierra.
- Asegúrese de que los trayectos a tierra estén suficientemente cubiertos antes de comenzar cada tarea. Las tareas que requieren un movimiento exagerado de la herramienta, como trabajar atando cables con pértiga, pueden provocar fácilmente el contacto entre una superficie puesta a tierra y un conductor energizado.
- Si la tarea implica trabajar en un componente puesto a tierra, vuelva a comprobar el aislamiento de todos los conductores y superficies energizados cercanos antes de comenzar.

4.0.0 Tareas en líneas energizadas

Trabajar en sistemas energizados es una tarea que requiere una gran atención a los detalles y una capacitación adecuada. No está claro si es más o menos peligroso que trabajar en circuitos desenergizados. Sin embargo, es un concepto que ha llegado para quedarse y que sigue expandiéndose debido a las complejidades asociadas a los cortes.

Resulta muy difícil describir procedimientos específicos para el trabajo en sistemas de transmisión energizados, ya que existen muchas tareas diferentes y variaciones en las estructuras. Por ejemplo, el poste de la *figura 45* tiene varios conjuntos de conductores.

81303-12_F45.EPS

Figura 45 Poste para subtransmisión.

Las líneas superiores son conductores de subtransmisión y están montados de forma muy diferente a los alimentadores de distribución que se encuentran más abajo. Cada conjunto de conductores que se muestra aquí requeriría un plan de movimiento diferente. Además de estas complejidades, los empleadores y las empresas de servicios públicos tienen diferencias de procedimiento para la misma tarea o situación. En este módulo, se revisan los procedimientos generales para varias tareas habituales. Estos procedimientos se

En el sitio

Gestión de la vegetación

Las comisiones reguladoras de los servicios públicos de cada estado determinan las normas y las distancias necesarias entre la vegetación y las líneas de distribución. Sin embargo, la *Federal Energy Regulatory Commission* (FERC – Comisión Federal Reguladora de la Energía) elabora y establece las normas para la separación de la vegetación de las líneas de transmisión. A estos efectos, se consideran líneas de transmisión las que tienen un voltaje de 200 kV o superior. Su empleador le proporcionará las pautas correspondientes, así como sus propias políticas, que pueden superar los requisitos de la comisión reguladora.

La principal causa del apagón de 2003, que dejó sin electricidad a la mayor parte del noreste de los Estados Unidos y partes de Canadá, fue el contacto de los árboles con las líneas de transmisión. A raíz de aquel costoso acontecimiento, el gobierno federal estableció la autoridad de la FERC para determinar las normas de control de la vegetación en los sistemas de 200 kV y superiores. Además, las líneas de menor voltaje consideradas esenciales para la fiabilidad del sistema eléctrico también deben cumplir las pautas de la FERC.

aprenden mejor en un entorno controlado y práctico. El trabajo en líneas energizadas es muy parecido a la escalada: leer y estudiar el proceso es muy valioso, pero los procedimientos deben practicarse físicamente para comprender el desafío y alcanzar los niveles de competencia necesarios.

Otro concepto importante que conviene comprender antes de iniciarse en el trabajo con pértigas dieléctricas es el trabajo en equipo. Las pértigas dieléctricas no trabajan solas. De hecho, hay muchas tareas sencillas que no pueden realizarse con una sola pértiga. Incluso limpiar un conductor con un cepillo de alambre puede ser difícil sin una segunda pértiga dieléctrica. Cuando trabajan con pértigas dieléctricas, los trabajadores deben hacerlo como un equipo coordinado para llevar a cabo tareas complejas y sencillas.

4.1.0 Consideraciones generales

El trabajo en líneas energizadas se ha convertido en algo tan habitual que a menudo se realiza en directo sin tener en cuenta otras opciones En muchos casos, representa un uso más eficaz de la mano de obra. Sin embargo, es mejor considerar todos los métodos antes de seguir adelante.

Hay algunos factores que deben tenerse en cuenta y que pueden ayudar en la elección. Un factor importante es el clima, incluido el viento. Incluso en los días más soleados y despejados, los vientos pueden ser sorprendentemente rápidos y fuertes. El tiempo debe ser razonablemente predecible durante todo el proceso de trabajo previsto. Debe existir un plan claro para suspender las operaciones de forma rápida y segura si se aproximan condiciones meteorológicas adversas.

Los supervisores y jefes de cuadrilla deben asegurarse de que se dispone de los trabajadores adecuados y de que cada uno de ellos comprende los métodos que se van a utilizar. A menudo también hay aprendices en el trabajo, pero los supervisores deben planificar según la disponibilidad de los trabajadores experimentados

Antes de tomar una decisión final, también es importante asegurarse de que se dispone del equipo y las herramientas correctos, y de que están en excelentes condiciones de funcionamiento. Aunque se haya planificado una tarea en líneas energizadas, nunca la lleve a cabo con equipos de calidad inferior o defectuosos.

4.2.0 Movimiento de conductores energizados

Muchas tareas de gran envergadura comienzan con el movimiento de uno o varios conductores. En algunos casos, solo es necesario mover un conductor. En otros, hay que mover tres o más fases para volver a colocar crucetas u otros componentes.

En algunas ocasiones, el objetivo es desconectar y mover los conductores energizados a una distancia que los coloque fuera de la MAD en relación con el lugar donde operan los trabajadores, otras fases u objetos puestos a tierra. A medida que aumenta el voltaje, aumenta también la MAD. En otros casos, el objetivo sería aliviar el peso del conductor de un aislador que se debe reemplazar.

Deben tenerse en cuenta todas las tensiones que se ejercen sobre los conductores, aisladores y estructuras. Incluso mover un conductor una corta distancia puede crear un peligro, especialmente con conductores de tamaño pequeño.

4.2.1 Movimiento de conductores: método con pértiga para cables en un poste

Las pértigas para cables se utilizan habitualmente para sujetar y estabilizar conductores energizados a una distancia segura del área de trabajo.

A menos que circunstancias inusuales lo impidan, los conductores del lado exterior siempre se retiran primero del poste, seguidos de los conductores hacia el centro. Este es el orden más seguro y práctico. Los siguientes pasos ofrecen una descripción general de las tareas necesarias para el movimiento de los conductores. Sin embargo, tenga en cuenta que se pueden utilizar diferentes métodos y configuraciones de herramientas. Siga atentamente las instrucciones y orientaciones de su instructor o empleador.

- Inspeccione cuidadosamente la estructura. Busque aisladores o cables de amarre rotos y asegúrese de que el poste o la torre estén en buenas condiciones estructurales. Repita este proceso de inspección en los postes y las torres adyacentes. Si se observa algún problema, deberá solucionarse antes de realizar el trabajo previsto.
- Póngase el PPE necesario para el voltaje presente y la estrategia empleada.
- Aleje las líneas neutras del área de trabajo. Para ello, a menudo se fija una línea manual a un poste, se desconecta su soporte y se baja hasta un lugar donde pueda asegurarse temporalmente para que no estorbe.
- Coloque y asegure las protecciones aislantes en las crucetas, los topes de los postes, los postes y los conductores, utilizando una pértiga dieléctrica, si los aisladores son adecuados para el voltaje presente.
- Se suele colocar una garrucha para cable y una cuerda de mano en la estructura para subir piezas y herramientas a los instaladores de líneas. Otra opción para conectar una garrucha para cable es un soporte para frenado de cuerda en un poste.
- Conecte una pértiga de elevación al conductor que se va a mover. La pértiga de elevación, que es la que está más vertical y conectada a una altura relativamente baja, puede fijarse al poste mediante una montura de elevador de palanca. El elevador de palanca permite levantar la pértiga para elevar el conductor en el momento adecuado, utilizando una garrucha para cable y un aparejo de poleas. En este momento no debe ejercerse ninguna presión hacia arriba sobre el conductor. Dado que la pértiga de elevación soporta la mayor parte del peso del conductor y la mayor tensión, normalmente es el modelo de 2½ pulgadas (6.4 cm) de diámetro o superior.

¡ADVERTENCIA!

La pértiga no debe ejercer una presión significativa hacia arriba sobre el conductor que pueda hacer que salte del aislador de forma descontrolada una vez retirados los herrajes de sujeción. Es preferible una leve presión hacia abajo cuando la pértiga se conecta inicialmente. Debe mantenerse el control del conductor en todo momento.

- Conecte una pértiga de sujeción al mismo conductor, junto al cabezal de la pértiga de elevación. La montura de la pértiga de sujeción debe estar lo más alto posible en el poste. La pértiga de sujeción suele montarse en el poste utilizando una montura más sencilla; un estilo de elevación de palanca tiene poco o ningún valor en este caso. La pértiga se sujeta a la montura con suficiente paso para permitir el movimiento hacia fuera una vez que el conductor está libre de su aislador. No debe haber ninguna presión sobre el conductor que haga que se mueva bruscamente en cualquier dirección cuando se libere de su aislador. La pértiga de sujeción suele ser el modelo de 1½ pulgadas (3.8 cm) de diámetro. En la *figura 46* se muestra un ejemplo de cómo puede ser la disposición de la pértiga.
- Instale una garrucha para cable en el poste y conéctela al estribo del elevador de palanca si se utiliza uno (*figura 47*).
- Desconecte el conductor de su aislador.
- Una vez que el conductor esté libre para moverse, un trabajador tira de manera lenta y constante hacia arriba la garrucha para cable para elevar el

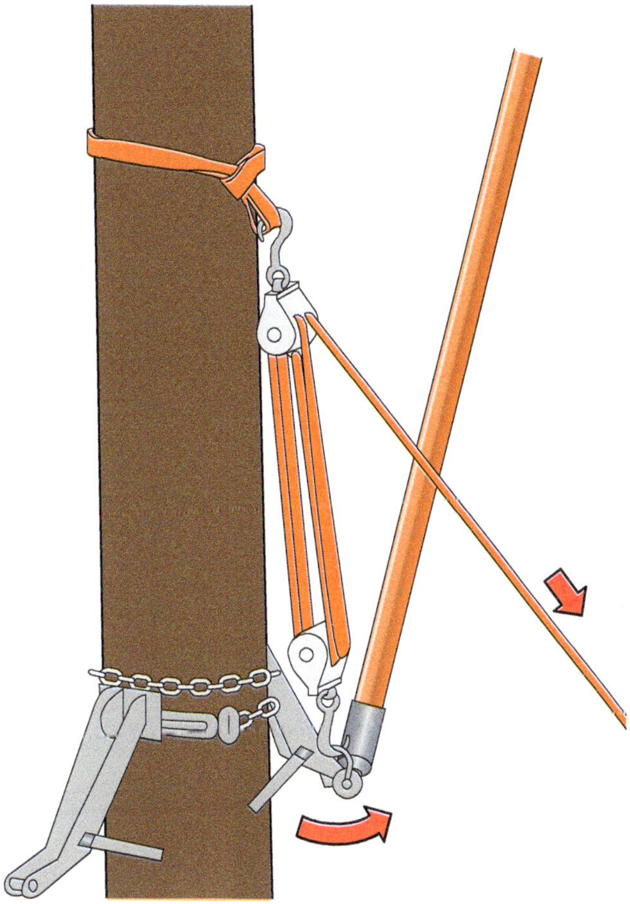

81303-12_F47.EPS

Figura 47 Garrucha para cable y pértigas conectadas a un elevador de palanca.

81303-12_F46.EPS

Figura 46 Pértigas para cables y monturas instaladas.

conductor del aislador, lo suficientemente alto como para despejar la punta de la cruceta, y mantiene esta posición. A continuación, un segundo trabajador suelta la abrazadera de la pértiga de sujeción y la empuja hacia fuera. Una vez que el conductor se ha desplazado la distancia deseada, se aprieta firmemente la montura de la pértiga de sujeción. La pértiga de elevación también se bloquea en la posición deseada.

- Reubique los demás conductores mediante el mismo procedimiento.
- Si los conductores no se pueden mover fuera de la MAD, puede ser necesario agregar aisladores de línea adicionales antes de comenzar otros trabajos.

Una vez que los conductores están fuera de los aisladores y sujetos de forma segura por las pértigas para cables y el bastón, se pueden realizar otras tareas. Los brazos de soporte de los conductores y los aisladores pueden retirarse completamente (*figura 48*) y sustituirse, si es necesario.

Una vez finalizado el trabajo, los conductores se devuelven a sus posiciones en orden inverso. Justo antes de permitir que el conductor descanse sobre su aislador o se conecte a él, instale cualquier protección del conductor que pueda ser necesaria para evitar rozaduras. A continuación, se coloca el conductor central sobre su aislador y se vuelve a colocar el aislador antes de retirar las pértigas para mantener el control. Una vez retiradas las pértigas del conductor central, se pueden volver a instalar los conductores exteriores mediante el mismo procedimiento.

4.2.2 Movimiento de conductores: brazos auxiliares y de elevación

El uso de brazos auxiliares y de elevación puede simplificar significativamente el proceso de desplazamiento de los conductores, y este método normalmente permite disponer de un área de trabajo más despejada. Las pértigas para cables combinadas con un brazo auxiliar crean un conjunto de brazo elevador.

Los brazos elevadores pueden elevar y controlar varios conductores a la vez. Una vez instaladas las monturas y montados los componentes, se pueden retirar todas los amarres aislantes. A continuación, se eleva todo el conjunto del brazo elevador, desplazando los conductores fuera del área de trabajo. Se utiliza una

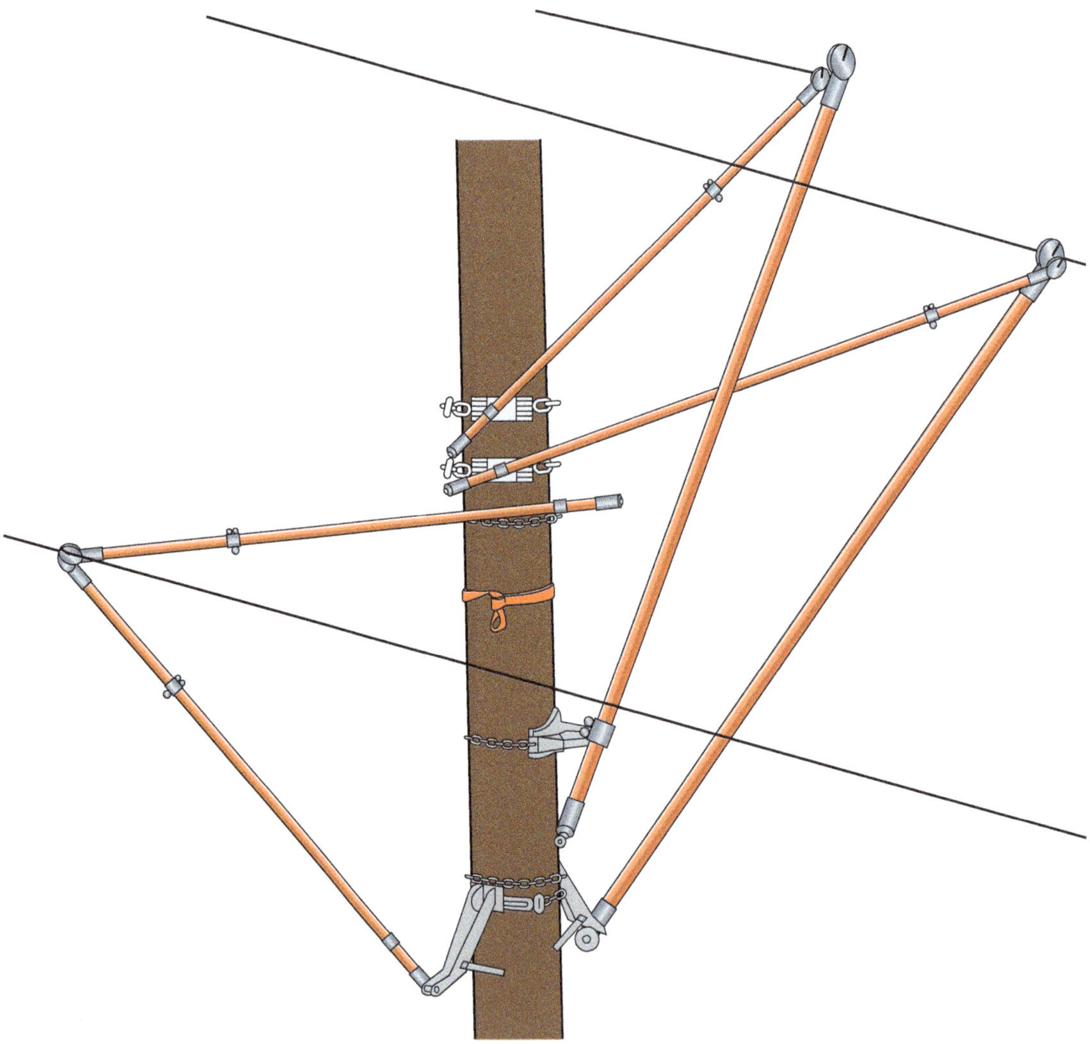

81303-12_F48.EPS

Figura 48 Soporte del conductor y aisladores retirados del poste.

garrucha para cable para elevar el conjunto de forma controlada.

Cuando se utiliza un brazo auxiliar, se monta a un lado del poste o de la cruceta. Los conductores se colocan en posición con pértigas para cables y monturas como se ha descrito anteriormente. Los portacables de los brazos elevadores o auxiliares se bloquean sobre el conductor a medida que se inserta, o se bloquean manualmente con una pértiga dieléctrica. Se requiere una pértiga dieléctrica para desbloquear la mayoría de las versiones de los portacables.

4.2.3 Movimiento de conductores: elevador de pluma y camión canasta

El movimiento y el soporte seguro de los conductores es aún más fácil si se utiliza un elevador de pluma y un camión canasta, equipado con un brazo de elevación trifásico (*figura 49*).

Una de las ventajas del camión canasta es que aísla al trabajador de la toma de tierra. Esto permite un proceso más seguro que el trabajo desde el propio poste. Sin embargo, las tomas de tierra siguen estando presentes en el poste, y el contacto entre fases no es menos peligroso.

El mástil del brazo elevador puede equiparse con una unidad de monitoreo de carga, como se muestra en la *figura 50*. El conjunto está disponible para adaptarse a una variedad de tamaños y tipos de pluma. Una vez que el mástil y el monitor de carga están montados en la pluma, todo el conjunto puede elevarse o bajarse según sea necesario. El monitor de carga permite al operador observar la carga que se impone sobre el brazo de elevación y el aguilón. Las alarmas de peso preestablecidas notifican a los trabajadores cuando se superan los límites. La mayoría de los conjuntos de brazo elevador pueden alojar un neutro y los tres conductores primarios.

A continuación se representan los pasos básicos del proceso:

- Las cubiertas de los conductores, si procede, se instalan con pértigas dieléctricas desde la canasta (desde fuera de la MAD).
- A continuación, el brazo elevador se eleva hasta el nivel de los conductores y los portacables se fijan en el conductor.
- Se retiran los amarres aislantes y los conductores pueden elevarse directamente con la pluma del camión. Una vez que los conductores estén alejados de los aisladores del poste, se empuja el aislamiento del conductor contra los soportes de cables del brazo elevador. A continuación, los conductores se elevan lo necesario para crear un espacio de trabajo seguro.
- Ahora se puede empezar a trabajar para reemplazar los componentes o el poste

Utilizar el elevador de pluma para sostener los conductores es el mejor método cuando se pretende cambiar un poste completo. Aunque se puede hacer con pértigas para cables y monturas, el método del camión pluma es mucho más rápido y generalmente se considera más seguro.

81303-12_F49.EPS

Figura 49 Brazo elevador trifásico montado en pluma.

81303-12_F50.EPS

Figura 50 Monitor de carga de brazo elevador.

4.2.4 Reemplazo de crucetas

Las crucetas se cambian fácilmente una vez que los conductores se han alejado una distancia segura. La mejor forma de hacerlo es utilizar un elevador de pluma y un brazo de elevación para controlar las tres fases a la vez. Este método también crea una zona de trabajo despejada, en lugar de utilizar pértigas para cables en cada fase.

Una vez que los conductores se han desplazado fuera del área de trabajo, primero se retiran los tirantes de la cruceta. A continuación, se puede retirar y bajar el propio conjunto de cruceta. La cruceta de reemplazo debe prepararse con los aisladores ya instalados a la distancia y en la posición de montaje adecuadas para el poste. Este trabajo es más seguro, fácil y rápido si se realiza en el suelo o en el taller. Instale la cruceta con los nuevos herrajes y, a continuación, vuelva a instalar los tirantes de la cruceta. Luego se pueden colocar los conductores en posición sobre los aisladores y atarlos.

4.3.0 Aisladores

Retirar y trabajar con aisladores es una tarea habitual en el entorno de la transmisión de energía. Si bien algunas cadenas de aisladores se reparan y se vuelven a instalar, otras deben sustituirse. Las campanas aisladoras de porcelana son fáciles de reemplazar una vez que el aislador ya no tiene carga física. Los aisladores de polímero de una sola pieza no se pueden reparar y se cambian cuando resultan dañados. La mayoría de las veces, los aisladores se reparan o cambian mientras el sistema de transmisión sigue energizado.

La mayoría de las empresas de servicios públicos y empleadores exigen que un número determinado de aisladores de una cadena no polimérica estén en buenas condiciones eléctricas antes de poder sustituirlos con pértigas dieléctricas. Este número puede variar ampliamente según el tipo de estructura, la altitud, la humedad y muchos otros factores. Antes de empezar, los trabajadores deben asegurarse de que la cadena de aisladores que van a utilizar cumpla los requisitos establecidos por su empleador. Si no cumple los requisitos, el trabajo debe realizarse sin tensión. Los aisladores poliméricos deben inspeccionarse para detectar cualquier signo de falla, especialmente la **huella de carbono (*carbon tracking*)**. La presencia de corona también debe comprobarse escuchando el sonido delator. Si se detecta la presencia de huellas de carbono o se escucha el sonido de la corona, el circuito debe desenergizarse antes de realizar el trabajo.

En las líneas de transmisión hay pocos aisladores tipo clavija, ya que se necesitan aisladores más largos debido al elevado voltaje. La extracción y manipulación de aisladores no es muy compleja, pero el extraordinario número de disposiciones de postes, torres, conductores y aisladores la convierten en un reto. El trabajo en altura aumenta considerablemente el desafío.

Independientemente de la configuración, el concepto básico es el mismo. El conductor debe tomarse y desconectarse del aislador de forma segura. Tanto el aislador como el conductor deben estar bajo control en todo momento. Una vez que se ha desconectado el conductor y se ha tomado el aislador, se puede retirar la tornillería de montaje y bajar el aislador al suelo.

Es relativamente fácil trabajar con aisladores de soporte rígido como el que se muestra en la *figura 51*. En este caso, el aislador está firmemente montado en el poste y no necesita controlarse. El conductor se puede tomar con pértigas para cables o con el brazo elevador de un camión pluma. Una vez que el aislador está libre del conductor, puede retirarse rápidamente de su soporte.

4.3.1 Aisladores de suspensión

Los aisladores de suspensión pueden retirarse mediante distintos métodos. Se pueden utilizar pértigas para cables desde el poste o la torre para agarrar y sujetar temporalmente el conductor mientras se vuelve a mover el aislador. También se puede utilizar un camión pluma con un brazo elevador para controlar el conductor. Una vez que se ha liberado al aislador de la carga del conductor, se puede desconectar de la abrazadera de suspensión.

Para conjuntos de aisladores más grandes y pesados y cargas de líneas conductoras, se puede montar un portador de tensión para manejar la carga. Si se utiliza un portador de tensión, se puede conectar a la misma abrazadera de suspensión o yugo que conecta los aisladores al conductor. En la *figura 52* se muestra un yugo típico utilizado con varios aisladores de

81303-12_F51.EPS

Figura 51 Aislador de soporte rígido.

suspensión. El yugo frontal del portador de tensión puede conectarse al mismo yugo utilizando los orificios ranurados. Luego, los aisladores pueden desconectarse del yugo.

Aunque parte del trabajo se está realizando sin guantes en la foto, la *figura 53* proporciona un ejemplo de un portador de tensión instalado en un aislador. También se está utilizando un bastidor para aisladores. Cabe destacar que los yugos del portador de tensión se han conectado a los dos yugos permanentes. El portador de tensión está reemplazando temporalmente al aislador para manejar la carga del conductor. Dado que el aislador es grande e incómodo, se está utilizando un bastidor para aisladores para mantener el control. Como los aisladores de suspensión cuelgan verticalmente, los conjuntos de gancho en J para agarrar el aislador son de poca utilidad.

4.3.2 Aisladores tensores y de extremo cerrado

Los aisladores de extremo cerrado se montan horizontalmente. Por lo general, los aisladores tensores también están cerca del plano horizontal. Estas configuraciones permiten utilizar bastidores de gancho en J para tomar y controlar el aislador. También pueden utilizarse bastidores para aisladores.

Cuando sea necesario, se pueden utilizar portadores de tensión en estas aplicaciones. Si es necesario reparar o reemplazar la abrazadera de tensión del aislador (*figura 54*), entonces se puede utilizar un sujetador de tendido, un polipasto de correa y una pértiga eslabón para asegurar el conductor y sostenerlo mientras se retira el aislador. En la *figura 55*, este método se utiliza para retirar dos aisladores de extremo cerrado al mismo tiempo. Dos pértigas eslabón están

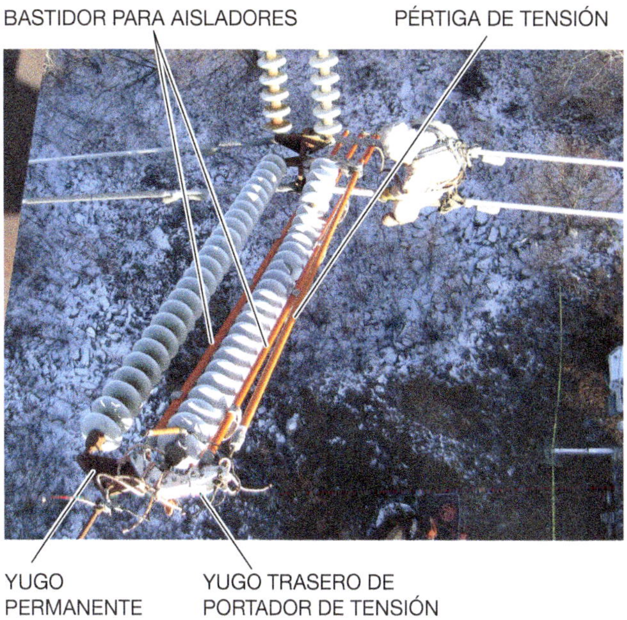

Figura 53 Portador de tensión en uso.

conectadas entre sí, y su conexión proporciona un punto de conexión para el camión pluma. Se instalan sujetadores de tendido en cada conductor y se utiliza un polipasto de correa simple para aplicar tensión. Una vez que los aisladores están libres de los conductores, el camión pluma saca los conductores del área de trabajo (*figura 56*). Tenga en cuenta que el bucle de conductor energizado se ha tomado desde el suelo para evitar que se balancee. Una vez que la carga se ha retirado del aislador, se puede quitar el pasador de la horquilla y retirar el aislador.

Figura 52 Yugo de aislador de suspensión.

4.4.0 Espaciadores de conductores y amortiguadores de vibraciones

Los espaciadores de conductores y amortiguadores de vibraciones son accesorios comunes que se agregan a las líneas de transmisión. Ambos dispositivos pueden instalarse con pértigas dieléctricas.

Figura 54 Abrazadera de tensión de conductor.

4.4.1 Espaciadores de línea

El espaciador de línea que se muestra en la *figura 57* se instala fácilmente con pértigas tipo escopeta. El conjunto del espaciador se desliza para permitir su colocación en las líneas y, a continuación, se vuelve a deslizar para tomar las líneas. Solo se utiliza un perno para apretar el conjunto en su sitio. Este dispositivo en particular utiliza un perno de ruptura. La parte superior de la cabeza se rompe cuando se alcanza el par de apriete adecuado.

Algunos tipos de espaciadores pueden instalarse con una pértiga dieléctrica. Siga siempre las instrucciones del fabricante para el producto específico que se va a instalar.

4.4.2 Amortiguadores de vibraciones

Aunque existen varios diseños de amortiguadores de vibraciones en el mercado, los basados en el diseño original de Stockbridge (*figura 58*) siguen siendo los más populares. Debido a su forma, a menudo se denominan amortiguadores de hueso de perro. Un nombre más técnico que puede utilizarse es amortiguador de masa sintonizado.

Este tipo de amortiguador está diseñado principalmente para ayudar a prevenir la **vibración eólica** (*aeolian vibration*), que se produce en el plano vertical. Este fenómeno se identifica como la principal causa de ruptura y falla de los filamentos en los conductores de transmisión. Los filamentos en los terminales del conductor tienden a ser los más vulnerables a los efectos de la vibración eólica. A pesar de que el tipo básico es uniforme, algunos modelos tienen pesos

Figura 55 Sujetador de tendido, polipasto de correa y pértigas eslabón.

desiguales en cada extremo, pesos ranurados para permitir un mayor movimiento ascendente y descendente, o un medio de ajuste del peso.

La instalación de los amortiguadores de vibraciones es bastante sencilla con una pértiga dieléctrica. Los trabajadores solo tienen que colocar el amortiguador en el lugar adecuado de la línea y apretar el perno. Los amortiguadores están disponibles con tornillos de ruptura para garantizar que se ha alcanzado el par de apriete adecuado. La posición de los amortiguadores en la línea debe considerarse con sumo cuidado para crear el efecto deseado.

81303-12_F56.EPS

Figura 56 Conductores alejados de la zona de trabajo.

AMORTIGUADORES DE VIBRACIONES

81303-12_F58.EPS

Figura 58 Amortiguadores de vibraciones.

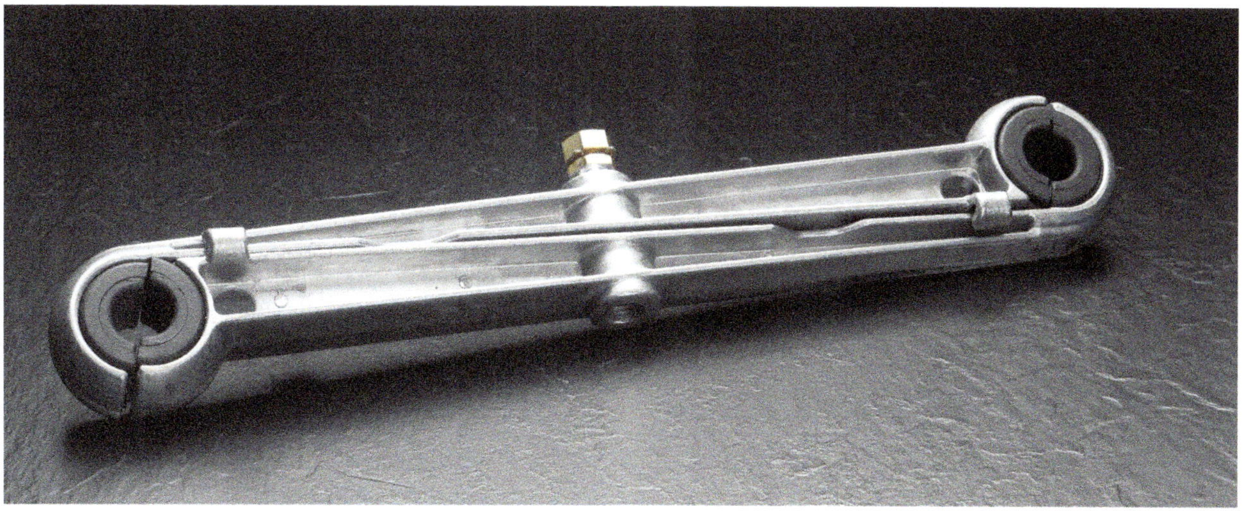

81303-12_F57.EPS

Figura 57 Espaciador de línea.

RESUMEN

En la actualidad, trabajar en sistemas de transmisión energizados es una necesidad, ya que los cortes representan una dificultad tanto para el consumidor como para la empresa de servicios públicos. La pérdida de un circuito de transmisión puede afectar a una gran cantidad de consumidores. No obstante, no hay ninguna razón por la que este trabajo no pueda realizarse de forma segura y eficaz.

Las herramientas para líneas energizadas constituyen una línea de defensa contra el contacto de los trabajadores con superficies energizadas. Debe prestarse mucha atención y precaución al cuidado y mantenimiento de estas valiosas herramientas. Otra línea de defensa es el PPE del trabajador. Sin embargo, en definitiva, la defensa más eficaz que tiene todo trabajador es una adecuada capacitación y la ejecución de las pautas de seguridad proporcionadas por la OSHA y su empleador. Una cuidadosa reflexión y atención a cada detalle de las tareas en las líneas energizadas garantizan que las herramientas y los PPE de las líneas energizadas estén en el lugar adecuado en el momento adecuado para evitar que los trabajadores sufran lesiones.

Es posible realizar toda una serie de tareas con pértigas dieléctricas y herramientas afines mientras las líneas permanecen energizadas. Más allá de los hábitos de trabajo seguros y del equipo necesario, prácticamente cada tarea en cada poste o torre es única y representa un desafío diferente. Una de las claves del trabajo con pértigas dieléctricas es la práctica. Para desarrollar la habilidad de realizar trabajos complejos con una pértiga larga se requiere dedicación y paciencia. El trabajo en equipo es otro factor importante para el éxito en el trabajo con pértigas dieléctricas. En muchas tareas es necesario que dos o más trabajadores con pértigas dieléctricas trabajen en equipo para llevarlas a cabo.

Aunque aquí se han presentado algunos métodos para mover conductores y manipular aisladores, es posible que su empleador prefiera un método completamente diferente. Estas diferencias no serán un problema en el futuro para un trabajador flexible y debidamente capacitado que comprenda que la seguridad es la primera prioridad, independientemente de la tarea que se realice.

Preguntas de revisión

1. La ropa de nivel 2 brinda protección contra arcos igual o superior a _____.
   a. 4 cal/cm^2
   b. 6 cal/cm^2
   c. 8 cal/cm^2
   d. 12 cal/cm^2

2. Los cascos de clase E utilizados por los trabajadores de líneas eléctricas se someten a pruebas de resistencia a _____.
   a. 2,200 V
   b. 5 kV
   c. 10 kV
   d. 20 kV

3. ¿Con qué frecuencia debe volver a probarse el calzado no conductor (EH)?
   a. Una vez a la semana
   b. Una vez al mes
   c. Cada año
   d. Nunca

4. Las pértigas dieléctricas de madera deben cumplir una norma de prueba más estricta que las de plástico reforzado con fibra de vidrio.
   a. Verdadero
   b. Falso

5. Se recomienda utilizar una pieza giratoria de pértiga para cables, montada cerca de la punta de la pértiga, para _____.
   a. conductores descubiertos
   b. conductores pequeños
   c. conductores sin aislamiento
   d. conductores muy grandes

6. Utilizando la ecuación: Fuerza de la pértiga de sujeción = peso del conductor × (distancia desde la montura para poste de sujeción al conductor/distancia entre las dos monturas), ¿cuál es la fuerza aplicada a la pértiga si el peso del conductor es de 380 libras (172.4 kg), la distancia desde la montura para poste de sujeción al conductor es de 9 pies (2.7 m) y las dos monturas están separadas 6 pies (1.8 m)?
   a. 63 libras (28.6 kg)
   b. 114 libras (51.7 kg)
   c. 253 libras (114.7 kg)
   d. 570 libras (258.5 kg)

7. La longitud de los portadores de tensión puede ajustarse después del montaje mediante los pernos roscados y _____.
   a. muñones
   b. pértigas de tensión
   c. una bomba de palanca
   d. una fuente de presión hidráulica

8. Los aisladores de polímero deben sustituirse cuando se dañan, ya que no pueden repararse.
   a. Verdadero
   b. Falso

9. Para garantizar la correcta instalación de un separador de línea o un amortiguador de vibraciones, algunos están equipados con _____.
   a. varillas de protección
   b. correas de Velcro
   c. pernos con cabeza de ruptura
   d. tuercas que pueden admitir un cable de seguridad

10. La principal causa de ruptura y falla de los conductores de transmisión _____.
    a. son los aisladores mal instalados.
    b. son los conductores que se han vuelto demasiado pequeños
    c. es la vibración eólica
    d. es la huella de carbono

Términos del oficio introducidos en este módulo

Huellas de carbono (*Carbon tracking*): la sedimentación de partículas de carbono en una superficie que indica que existe o ha existido un trayecto de flujo de corriente.

Muñones (*Trunnions*): tuercas especiales con roscas largas que conectan las pértigas de tensión al yugo trasero (frío), al tiempo que dejan cierta libertad para que las pértigas giren. El ajuste de los muñones alarga o acorta el portador de tensión.

Pértiga eslabón de tensión (*Strain link stick*): pértiga de FRP con un gancho o rodillo con compuerta en un extremo que se utiliza para proporcionar aislamiento eléctrico de componentes y conductores energizados al conectar polipastos de correa, sujetadores de tendido y herramientas similares.

Portador de tensión (*Strain carrier*): conjunto de pértigas de tensión y yugos de FRP diseñados para ocupar el lugar de un aislador o componente similar en la sujeción o restricción de un conductor.

Vibración eólica (*Aeolian vibration*): vibración resultante de un flujo de aire suave a través de una superficie cilíndrica, como un conductor. El flujo de aire crea un vórtice que alterna entre las superficies superior e inferior del conductor, creando una vibración vertical que puede causar fatiga del metal y daños por abrasión en el conductor. El flujo de aire turbulento genera menos vibración eólica debido a la frecuencia irregular de los vórtices.

Recursos adicionales

Este módulo presenta recursos muy completos para la capacitación en tareas. Se sugiere el siguiente material de referencia para profundizar en el tema.

Publicación 3071 de la OSHA, Job Hazard Analysis Guide.

Live Line Work Practices, segunda edición. Alexander Publications.

Créditos de las figuras

Cortesía de Stephen Little, Jr., fotografía de Stephen Little, introducción del módulo

KT Power, Inc., figuras 1, 35, 39, 46, 52, 53, 55, 56 y 58

Department of Labor (Departamento del Trabajo de EE. UU.), Occupational Safety and Health Administration (Administración de Seguridad y Salud Ocupacional), tabla 1

Bulwark Protective Apparel, una dicisión de VF Imagewear, Inc., figura 3

Cortesía de Wolverine, figura 4

Topaz Publications, Inc., figuras 5, 10, 17, 45, 51 y 54

Cortesía de Odyne, SA01

Cortesía de American Polywater Corporation, figura 6

Kraft Telerobotics, Inc., SA02

Salisbury by Honeywell, figura 7

Hubbell Power Systems, figuras 8, 9, 11, 13–16, 18–20, 22(B), 27–32, 36–38, 41–44, 49 y 50

Cortesía de Reliable Equipment, figura 12

American Hotline, LLC, figura 21, 22 (A, C, D), 23–26, 33 y 34

Hastings, figura 40

Cortesía de Preformed Line Products, figura 57

Actualización del usuario

Le deseamos éxito a medida que avanza en este programa de capacitación. Si tiene algún comentario sobre cómo el NCCER podría mejorar este libro de texto, complete el formulario de *Online Curriculum Feedback Form* visitando **www.nccer.org/olf/** o utilizando el código QR en esta página.

En el NCCER, nos interesa recibir y agradecemos los comentarios de nuestros clientes. Puede enviar los suyos por correo electrónico a la dirección **support@nccer.org**. Para indicar que el comentario se refiere a este título, escriba *#PowerLineWorkerL3* en el asunto cuando lo envíe.

ESCANÉAME

Puede escanear este código usando la cámara de su teléfono o dispositivo móvil.

NCCER

Planificación de una elevación

38302-11

Para obtener más información, ingrese a **www.nccer.org** o llámenos al **1.888.622.3720**. Nuestro sitio web contiene información sobre los últimos lanzamientos de productos y capacitación.

Agradecemos sus comentarios. Puede enviar sus comentarios por correo electrónico a **curriculum@nccer.org**, enviar comentarios generales y consultas a **info@nccer.org**, o llenar el formulario de actualización de usuarios al final de este módulo.

Pearson

NCCER | National Center for Construction Education and Research

V.2 9/12

38302-11
Planificación de una elevación

Objetivos

Cuando haya completado este módulo, será capaz de hacer lo siguiente:

1. Consultar el material disponible que le ayudará en una operación de elevación segura.
2. Describir la importancia de seguir y cumplir un plan de elevación.
3. Definir los términos de una tabla de carga/capacidad que indican el ángulo de la pluma, el radio de carga y la longitud de la pluma.
4. Calcular la capacidad de la grúa mediante una tabla de carga/capacidad.
5. Identificar las diferencias entre las tablas sobre neumáticos y sobre estabilizador.
6. Proporcionar la información necesaria solicitada en un plan de elevación.
7. Calcular las adiciones y deducciones que conllevan las operaciones de elevación.
8. Identificar las operaciones existentes que necesitan una aprobación especial.
9. Identificar las consideraciones de ingeniería en un plan de elevación.
10. Identificar los distintos tipos de planes de elevación y sus diferencias.
11. Identificar la importancia de la implementación de un plan de elevación.

Tareas prácticas

Bajo la supervisión de su instructor, debe ser capaz de hacer lo siguiente:

1. Rellenar partes de un plan de elevación crítico según lo indicado/instruido por el instructor.
2. Realizar cálculos de elevación de una sola grúa.
3. Realizar cálculos de elevación de varias grúas.
4. Identificar el ángulo de la pluma, la longitud de la pluma y el radio de carga en una tabla de carga/capacidad.
5. Identificar los requisitos de la tabla de carga/capacidad sobre neumáticos.
6. Identificar los requisitos de la tabla de carga/capacidad sobre estabilizador.

Términos del oficio

Ecualizador
Elevación del punto de una pluma
Ingeniería
Interpolación
Plan de elevación

Credenciales reconocidas en el sector

Si se está capacitando a través de un patrocinador acreditado por el NCCER, puede ser elegible para obtener credenciales del NCCER. El número de identificación de este módulo es 38302-11. Tenga en cuenta que este módulo puede haber sido utilizado en otros planes de estudios del NCCER y se puede aplicara la realización de otros niveles. Comuníquese con el NCCER al **1.888.622.3720** o visite **www.nccer.org** para obtener más información.

También puede mostrar en línea sus credenciales reconocidas por el sector con las insignias digitales de NCCER. Transforme sus conocimientos, habilidades, y logros en insignias que puede compartir en tus redes sociales, enviar a su red y agregar a su currículum. Para obtener más información, visite **www.nccer.org**.

Contenido

Temas que se presentarán en este módulo:

Figuras y tablas

Figuras y tablas (continuación)

1.0.0 Introducción

Antes de llevar a cabo una elevación, la mayoría de las obras o empresas exigen que se elabore y firme un **plan de elevación (*lift plan*)** por parte de personal competente. Los planes de elevación son obligatorios para el montaje de acero y las elevaciones con varias grúas. Un plan de elevación contiene información diversa relativa a la grúa, incluidos los pesos, la información sobre la carga y los requisitos de aparejo. Asimismo, indica cualquier instrucción o restricción especial para la elevación. Es importante recordar que cualquier desviación del plan de elevación original, por pequeña que sea, requiere la revisión del plan de elevación y, posiblemente, un nuevo plan de elevación.

2.0.0 Plan de elevación

Las elevaciones críticas siempre requieren un plan de elevación. Por política, todos los operadores deben exigir o elaborar un plan para todos los elevadores. Un plan de elevación típico para una elevación crítica u ordinaria (menor) desglosa los siguientes elementos e información (consulte el *Apéndice A*):

- Peso
  - Condición de los equipos
  - Peso en vacío
  - Peso de la bola aérea
  - Peso del bloque
  - Peso de la barra de elevación
  - Peso de las eslingas y grilletes
  - Peso del aguilón (si está montado o estibado y no se utiliza)
  - Peso de la bola de revisión del aguilón
  - Peso de la cuerda de acero
  - Asignación para material no contabilizado en los equipos
- Aguilón (*jib*)
  - Aguilón a utilizar
  - Longitud del aguilón
  - Ángulo del aguilón
  - Capacidad nominal del aguilón
- Colocación de la grúa
  - Cimientos lisos y sólidos a menos de un 1% del nivel del suelo
  - Peligros eléctricos en el área
  - Obstáculos u obstrucciones que hay que levantar o girar
  - Dirección y grado de balanceo
  - Área de operación (sobre la parte delantera, sobre la parte trasera, sobre la parte lateral)
- Cuerda
  - Número de partes de la cuerda
  - Tamaño de la cuerda
  - Tamaño del cableado
  - Tamaños y tipos de eslingas
  - Selección de eslingas
  - Selección de grilletes
  - Tamaños y tipos
- Grúa
  - Tipo de grúa
  - Capacidad de la grúa
  - Disposición de la elevación
- Otros
  - Instrucciones o restricciones especiales para grúas, aparejos o elevadores
  - Diagramas de la grúa, colocación de la carga y configuración de los aparejos
  - Firma del supervisor del trabajo, del verificador del plan de elevación y del operador
  - Plan de desmontaje

2.1.0 Información de referencia

El personal implicado en la planificación de la elevación deberá consultar la información de referencia que contribuya a una operación de elevación segura. Esto incluye las especificaciones de la grúa, las condiciones en las que se va a realizar la elevación (clima, espacio de la zona de elevación) y todas las normas de conformidad y consenso pertinentes. Las normas relativas a las grúas móviles son las siguientes:

- *OSHA 1910.180 del título 29 del CFR*
- *OSHA 1926.550 del título 29 del CFR*
- *ASME B30.5*

3.0.0 Cálculos

La planificación de la elevación requiere numerosos cálculos. El personal encargado de planificar la elevación debe tener en cuenta determinadas consideraciones:

- Altura disponible del punto de elevación por encima del lugar de elevación
- Altura de recogida de la carga por encima o por debajo del lugar de elevación
- Altura de descenso de la carga por encima o por debajo del lugar de elevación
- Peso máximo de la cuerda de acero que se experimentará durante la elevación
- Peso de la carga que se va a elevar, sin incluir aparejos
- Peso de los componentes de la grúa por debajo del punto de elevación (deducciones)
  - Longitud de la línea desde el punto hasta el bloque de carga
  - Cualquier sección de la cuerda que se considere parte de la carga
  - Altura del bloque de carga
  - Aparejo en el bloque, incluidas vigas de elevación, eslingas y grilletes
- Peso efectivo de los componentes de la grúa más allá del punto de elevación
  - Aguilón
  - Línea hasta la parte superior del aguilón
  - Longitud de la línea desde el punto hasta el bloque de carga
- Peso de cualquier componente adicional de la grúa o de la pluma

3.1.0 Elevación con una grúa

La siguiente información se ofrece únicamente con fines educativos. Las tablas de carga/capacidad presentadas aquí se derivan de la información de ventas del fabricante que puede no ser completa o específica de la máquina. Su finalidad es que practique el cálculo de la elevación. En una obra, siga siempre las tablas de carga y las recomendaciones del fabricante.

Para ilustrar los cálculos del plan de elevación, considere este ejemplo. ¿Cuál es la capacidad neta del modelo 4100W-2 de Manitowoc con la siguiente configuración?

- Pluma 22C, pluma principal de 190 pies (36.6 m), sin desplazamiento
- 55 pies (16.8 m) de radio de carga
- Punto de pluma de dos poleas conectado
- Bloque de gancho de 15 toneladas (15,000 kg) 20 pies (6 m) por debajo del punto de la pluma
- Bloque de 100 toneladas (100,000 kg) pasado con 4 secciones de la cuerda
- Orugas extendidas
- Aparejo de 365 lb (165.6 kg)
- Elevación desde la pluma principal

Consulte las tablas de carga/capacidad del modelo 4100W-2 de Manitowoc que se muestran en las *figuras 1* a *3*.

La capacidad bruta de la grúa a 190 pies (36.6 m) de longitud de pluma y 55 pies (16.8 m) de radio de carga es de 88,000 lb (39,916.1 kg). Las deducciones de este peso incluyen:

- Punto de pluma de dos poleas = 1,500 lb (680.4 kg)
- Bloque de gancho de 15 toneladas (15,000 kg) o bola de gancho y peso = 865 lb (392.4 kg)
- Bloque de 100 toneladas (100,000 kg) = 2,065 lb (936.7 kg)
- Aparejo = 365 lb (165.6 kg)
- Cuerda = 1,827 lb (828.7 kg)

El peso total de las deducciones es de 6,622 lb (3003.7 kg). La capacidad neta de la grúa en esta configuración es la capacidad bruta (88,000 lb [39,916.1 kg]) menos las deducciones (6,622 lb [3,003.7 kg]), es decir 81,378 lb (36,912.4 kg).

3.2.0 Elevación con varias grúas

Las elevaciones con varias grúas se consideran siempre elevaciones cruciales, que requieren planes y procedimientos detallados. Los efectos del movimiento relativo entre grúas pueden inducir un peso adicional en las grúas, la carga y el equipo de elevación. Debe recurrirse a la elevación con varias grúas cuando las dimensiones físicas, las características, la masa o el movimiento necesario de la carga impiden que la operación se realice con una sola grúa. Los procedimientos deben adoptar la forma escrita de un plan de elevación y estar firmados por personal cualificado. Estos factores deben tenerse en cuenta al planificar elevaciones con varias grúas:

- La elevación debe planificarse y realizarse bajo la supervisión de personal cualificado.
- El terreno debe ser estable y nivelado.
- Deben tenerse en cuenta el entorno y la ubicación del elevador.
- Todas las grúas deben descansar sobre una superficie sólida, firme y nivelada.
- Todas las grúas deben estar niveladas de acuerdo con las recomendaciones del fabricante.
- Debe conocerse el peso de la carga.
- Debe medirse el radio de carga más largo para cada grúa de la operación.
- Debe conocerse el radio de funcionamiento máximo permitido de la longitud y el ángulo mínimo de la pluma.
- Debe conocerse la capacidad nominal de cada grúa.
- Dado que las cargas se transfieren rápidamente, ninguna grúa debe cargarse a más del 75% de su capacidad neta.
- Es preciso saber exactamente qué parte de la carga debe soportar cada grúa. El aparejo debe estar dispuesto para dividir la carga según lo previsto.
- Las velocidades de línea, balanceo y pluma de las grúas deben coincidir.
- Los métodos de balanceo y pluma deben reducirse al mínimo.
- Siempre que sea posible, las grúas no deben desplazarse con la carga.
- Debe elaborarse un plan de elevación.
- Los directores de maniobra, los aparejadores y los operadores deben saber exactamente qué hacer antes de que comience la elevación.
- Si es posible, debe realizarse una ejecución seca sin carga.
- Las comunicaciones por radio son preferibles cuando las señales manuales no son eficaces.
- Se requiere una persona para que dirija y controle la operación.
- Las líneas de elevación deben mantenerse verticales en todo momento. Cuando las líneas no están verticales, las grúas se están transfiriendo carga entre sí, y una grúa puede cargar lateralmente a la otra.

¡ADVERTENCIA!

Las elevaciones con varias grúas son especialmente peligrosas. Dado que los movimientos de varias grúas deben coordinarse estrechamente, todos los movimientos de la grúa deben planificarse con cuidado y ejecutarse lentamente para evitar fallas en la elevación. Todo el personal implicado debe estar perfectamente familiarizado con el plan de elevación y con los procedimientos de emergencia pertinentes.

A menudo se utilizan varias grúas para elevar cargas muy pesadas. En la *figura 4* se muestra una elevación con tres grúas en la que dos de ellas utilizan una viga **ecualizadora** (***equalizer***) con un accesorio de carga especial. La viga ecualizadora y el accesorio dividen la carga entre las dos grúas. Más adelante en este módulo se tratarán las vigas ecualizadoras.

MANITOWOC 4100 W-2

CAPACIDADES DE UNA GRÚA ELEVADORA

PLUMA N.° 22C CON PARTE SUPERIOR DE LA GARGANTA ABIERTA
CONTRAPESO DE GRÚA DE 146,400 LB
CONTRAPESO DE CHASIS DE 60,000 LB
ORUGAS DE 26'6" EXTENDIDAS

ADVERTENCIA: Esta tabla solo se aplicará cuando dos contrapesos laterales de 12,000 libras y dos contrapesos de chasis de 30,000 libras lleven números de serie registrados por el MEC.

CAPACIDADES DE ELEVACIÓN: las capacidades para varias longitudes de pluma y radios de acción pueden basarse en el porcentaje de vuelco, la resistencia de los componentes estructurales, las velocidades operativas y otros factores.

Las capacidades son para cargas suspendidas libremente y no superan el 75% de una carga de vuelco estática. Las capacidades basadas en la competencia estructural se muestran mediante áreas sombreadas.

Las capacidades se muestran en libras. Deduzca 1200 libras de las capacidades indicadas cuando se acopla un punto superior de la pluma con una sola polea y 1500 libras cuando se acopla un punto superior de la pluma con dos poleas. Para cumplir con los requisitos de la norma B30.5, el punto superior de la pluma no puede utilizarse en la pluma de 260 pies. El peso del aguilón (consulte la tabla A), todos los bloques de carga, ganchos, bola de peso, eslingas, líneas de elevación debajo de las poleas de la pluma y del punto del aguilón, etc., se considera parte de la carga principal de la pluma. La pluma no debe bajarse más allá de los radios donde los pesos combinados sean superiores a la capacidad nominal. Donde no se muestre la capacidad, la operación no está prevista ni aprobada.

CONDICIONES OPERATIVAS: la máquina debe operar en una posición nivelada sobre una superficie firme, con las orugas completamente extendidas y el pórtico en posición de trabajo, y debe estar aparejada de acuerdo con el plano de aparejos n.° 190693 y la especificación de línea de carga n.° 6592-A, y en las condiciones indicadas en estos.

CABLEADO PARA ELEVACIÓN DE BLOQUE DE CARGA PRINCIPAL						
N.° de secciones de la cuerda	1	2	3	4	5	6
Carga máx. - libras	32,500	65,000	97,500	130,000	162,500	195,000
N.° de secciones de la cuerda	7	8	9	10	11	12
Carga máx. - libras	227,500	260,000	292,500	325,000	357,500	400,000
N.° de secciones de la cuerda	13					
Carga máx. - libras	430,000					

El operador de la grúa debe utilizar su criterio para tener en cuenta los efectos dinámicos de la carga durante el balanceo, la elevación o el descenso, el desplazamiento, así como las condiciones operativas adversas y la depreciación física de la máquina.

RADIO DE ACCIÓN: el radio de acción es la distancia horizontal desde el eje de rotación hasta el centro de la línea de elevación vertical o el bloque de carga con esta suspendida libremente. Añada 14" al radio del punto de la pluma para el radio de la polea cuando utilice una cuerda de izado de una sola pieza.

El ángulo de la pluma es el ángulo entre la horizontal y la línea central de la parte inferior de la pluma y los insertos, y es una indicación del radio de acción. En todos los casos, el radio de acción regirá la capacidad.

ELEVACIÓN DEL PUNTO DE LA PLUMA: la elevación del punto de la pluma, en pies, es la distancia vertical desde el nivel del suelo hasta la línea central del eje del punto de la pluma.

EQUIPOS DE LA MÁQUINA: máquina equipada con orugas extensibles de 26'6", bandas de rodamiento de 48", pórtico retráctil de 17", cableado para elevación de pluma de 12 partes, cuatro colgantes de pluma de 1 3/8", 1.er contrapeso de 41,900 libras, 2.° contrapeso de 41,500 libras, 3.er contrapeso de 39,000 libras, dos contrapesos laterales de 12,000 libras y dos contrapesos de chasis de 30,000 libras.

ESPECIFICACIONES DE CARGA Y CABLE AUXILIAR	
LÍNEA DE CARGA:	Acero extramejorado de alta calidad Warrington-Seale de 1-1/8" - 6 x 31, colocación normal, IWRC. Resistencia mínima a la rotura de 65 toneladas. (Peso aprox. por pie en libras 2.34)
CABLE AUXILIAR:	Acero mejorado de alta calidad Warrington-Seale de 1-1/8", colocación normal, IWRC. Resistencia mínima a la rotura de 56.5 toneladas. Carga máxima: 28,300 libras por línea. (Peso apróx. por pie en libras 2.34)

LONGITUDES MÁXIMAS DE PLUMA Y AGUILÓN ELEVADAS SIN ASISTENCIA				DEDUCIR DE LAS CAPACIDADES CUANDO EL AGUILÓN ESTÁ ACOPLADO	
SOBRE LA PARTE DELANTERA DE LAS ORUGAS BLOQUEADAS		SOBRE EL LADO DE LAS ORUGAS EXTENDIDAS			
LONGITUD DE PLUMA	AGUILÓN N.° 123	LONGITUD DE PLUMA	AGUILÓN N.° 123	LONGITUD DE AGUILÓN	AGUILÓN N.° 123
260'	--	260'	--	30'	3,000 lbs.
250'	--	250'	--	40'	3,600 lbs.
240'	40'	240'	40'	50'	4,200 lbs.
230'	60'	230'	60'	60'	4,900 lbs.
Bloque de carga, gancho y bola de peso en el suelo para empezar.					

PARA LAS CAPACIDADES DEL AGUILÓN, CONSULTE LA TABLA DE AGUILONES.

LONGITUD DE LA PLUMA EN PIES	RAD. ACCIÓN EN PIES	ÁNG. PLUMA EN GRADOS	ELEV. DEL PUNTO DE LA PLUMA	CAPACIDAD: ORUGAS EXTENDIDAS
70	16.5	79.7	75.9	460,000
	17	79.3	75.8	400,000
	18	78.5	75.6	380,100
	19	77.6	75.4	363,000
	20	76.8	75.1	347,300
	22	75.1	74.6	319,600
	24	73.4	74.1	293,400
	26	71.7	73.5	266,100
	28	69.9	72.8	237,500
	30	68.2	72.0	214,300
	32	66.4	71.2	195,100
	34	64.6	70.2	178,900
	36	62.8	69.3	165,200
	38	60.9	68.2	153,300
	40	59.1	67.0	143,000
	45	54.1	63.7	122,100
	50	48.9	59.8	106,300
	55	43.2	54.9	93,900
	60	36.9	49.0	84,000
	65	29.4	41.3	75,800
	70	19.5	30.3	63,900

LONGITUD DE LA PLUMA EN PIES	RAD. ACCIÓN EN PIES	ÁNG. PLUMA EN GRADOS	ELEV. DEL PUNTO DE LA PLUMA	CAPACIDAD: ORUGAS EXTENDIDAS
80	17	80.6	85.9	392,800
	18	79.9	85.8	378,900
	19	79.2	85.6	361,800
	20	78.5	85.4	346,100
	22	77.0	84.9	318,400
	24	75.5	84.5	292,500
	26	74.0	83.9	265,600
	28	72.5	83.3	237,000
	30	71.0	82.7	213,800
	32	69.5	81.9	194,600
	34	68.0	81.2	178,500
	36	66.4	80.3	164,700
	38	64.8	79.4	152,800
	40	63.3	78.4	142,400
	45	59.2	75.7	121,500
	50	54.9	72.5	105,700
	55	50.4	68.6	93,300
	60	45.6	64.1	83,400
	65	40.3	58.8	75,200
	70	34.4	52.2	68,300
	75	27.4	43.9	52,500
	80	18.2	32.0	53,900

LONGITUD DE LA PLUMA EN PIES	RAD. ACCIÓN EN PIES	ÁNG. PLUMA EN GRADOS	ELEV. DEL PUNTO DE LA PLUMA	CAPACIDAD: ORUGAS EXTENDIDAS
90	18	81.1	95.9	355,400
	19	80.4	95.7	346,900
	20	79.8	95.6	336,900
	22	78.5	95.2	317,400
	24	77.2	94.7	291,700
	26	75.9	94.3	264,800
	28	74.5	93.7	236,600
	30	73.2	93.2	213,400
	32	71.9	92.5	194,200
	34	70.5	91.9	178,000
	36	69.2	91.1	164,200
	38	67.8	90.3	152,300
	40	66.4	89.5	142,000
	45	62.9	87.1	121,100
	50	59.3	84.4	105,200
	55	55.5	81.2	92,800
	60	51.5	77.5	82,900
	65	47.3	73.2	74,700
	70	42.8	68.2	67,800
	75	37.9	62.3	62,000
	80	32.4	55.2	57,000
	85	25.8	46.2	52,600
	90	17.1	33.5	45,900

LONGITUD DE LA PLUMA EN PIES	RAD. ACCIÓN EN PIES	ÁNG. PLUMA EN GRADOS	ELEV. DEL PUNTO DE LA PLUMA	CAPACIDAD: ORUGAS EXTENDIDAS
100	19	81.4	105.9	332,900
	20	80.8	105.7	327,100
	22	79.6	105.4	316,200
	24	78.5	105.0	290,800
	26	77.3	104.5	263,900
	28	76.1	104.1	236,200
	30	74.9	103.6	212,900
	32	73.7	103.0	193,700
	34	72.5	102.4	177,500
	36	71.3	101.7	163,700
	38	70.1	101.0	151,800
	40	68.9	100.3	141,400
	45	65.8	98.2	120,500
	50	62.6	95.8	104,700
	55	59.3	93.0	92,300
	60	55.9	89.8	82,300
	65	52.4	86.2	74,100
	70	48.7	82.1	67,200
	75	44.8	77.4	61,400
	80	40.5	72.0	56,400
	85	35.9	65.6	52,000
	90	30.7	58.0	48,200
	95	24.5	48.5	44,900
	100	16.3	35.0	39,300

PRECAUCIÓN REVISE LA CANTIDAD DE CONTRAPESO EN LA MÁQUINA ANTES DE UTILIZAR ESTA TABLA.

38302-11_F01.EPS

Figura 1 Tabla de carga/capacidad, página uno.

CAPACIDADES DE UNA GRÚA ELEVADORA: PLUMA 4100W SERIE 2 N.° 22C CON PARTE SUPERIOR DE LA GARGANTA ABIERTA, CONT.

LONGITUD DE LA PLUMA EN PIES	RAD. ACCIÓN EN PIES	ÁNG. PLUMA EN GRADOS	ELEV. DEL PUNTO DE LA PLUMA	CAPACIDAD: ORUGAS EXTENDIDAS
110	22	82.3	115.7	240,500
	24	81.3	115.4	232,100
	26	80.2	115.0	224,400
	28	79.1	114.6	217,300
	30	78.1	114.1	210,700
	32	77.0	113.6	193,300
	34	75.9	113.1	177,100
	36	74.8	112.5	163,300
	38	73.7	111.8	151,400
	40	72.6	111.2	141,000
	45	69.9	109.3	120,100
	50	67.0	107.2	104,200
	55	64.1	104.7	91,800
	60	61.2	101.9	81,800
	65	58.1	98.8	73,600
	70	54.9	95.3	66,800
	75	51.6	91.3	60,900
	80	48.1	86.8	55,900
	85	44.4	81.7	51,600
	90	40.4	75.9	47,800
	95	36.1	69.2	44,400
	100	31.1	61.1	41,400
	105	25.3	51.1	38,700
	110	17.6	37.2	33,900
120	22	83.0	125.9	228,700
	24	82.0	125.5	220,500
	26	81.0	125.2	213,000
	28	80.0	124.8	206,100
	30	79.1	124.4	199,700
	32	78.1	123.9	192,800
	34	77.1	123.4	176,600
	36	76.1	122.9	162,800
	38	75.1	122.3	150,900
	40	74.1	121.7	140,500
	45	71.6	120.0	119,500
	50	69.1	118.1	103,700
	55	66.5	115.9	91,300
	60	63.8	113.4	81,300
	65	61.1	110.6	73,100
	70	58.3	107.5	66,200
	75	55.4	104.0	60,400
	80	52.4	100.1	55,300
	85	49.2	95.8	51,000
	90	45.9	91.0	47,200
	95	42.4	85.5	43,800
	100	38.6	79.4	40,800
	105	34.4	72.2	38,100
	110	29.7	63.7	35,700
	115	24.1	53.2	33,500
130	24	82.6	135.7	212,700
	26	81.7	135.3	205,300
	28	80.8	135.0	198,600
	30	79.9	134.6	192,300
	32	79.0	134.2	186,500
	34	78.1	133.7	176,300
	36	77.2	133.2	162,500
	38	76.3	132.7	150,600
	40	75.4	132.1	140,200
	45	73.1	130.6	119,300
	50	70.8	128.8	103,400
	55	68.4	126.8	91,000
	60	66.0	124.6	81,000
	65	63.5	122.0	72,800
	70	61.0	119.2	65,900
	75	58.4	116.1	60,000
	80	55.7	112.7	55,000
	85	53.0	108.9	50,700
	90	50.1	104.8	46,800
	95	47.1	100.1	43,500
	100	43.9	95.0	40,500
	105	40.6	89.2	37,800
	110	36.9	82.6	35,300
	115	33.0	75.1	33,100
	120	28.5	66.1	31,100
	125	23.1	55.1	29,300
140	26	82.3	145.5	198,400
	28	81.5	145.1	191,800
	30	80.7	144.8	185,600
	32	79.8	144.4	179,900
	34	79.0	144.0	174,700
	36	78.1	143.5	162,000
	38	77.3	143.0	150,100
	40	76.5	142.5	139,700
	45	74.3	141.1	118,700
	50	72.2	139.4	102,800
	55	70.0	137.6	90,400
	60	67.8	135.5	80,400
	65	65.6	133.2	72,200
	70	63.3	130.7	65,300
	75	60.9	127.9	59,500
	80	58.5	124.8	54,400
	85	56.1	121.4	50,100
	90	53.5	117.7	46,200
	95	50.9	113.7	42,900
	100	48.1	109.2	39,900
140	105	45.3	104.2	37,200
	110	42.2	98.8	34,700
	115	39.0	92.7	32,500
	120	35.5	85.7	30,500
	125	31.7	77.8	28,700
	130	27.4	68.5	27,000
	135	22.2	57.0	25,500
150	28	82.1	155.3	185,600
	30	81.3	154.9	179,600
	32	80.5	154.6	174,000
	34	79.7	154.2	168,800
	36	79.0	153.8	161,600
	38	78.2	153.3	149,600
	40	77.4	152.8	139,200
	45	75.4	151.5	118,200
	50	73.4	150.0	102,400
	55	71.4	148.3	89,900
	60	69.4	146.4	79,900
	65	67.3	144.3	71,700
	70	65.2	141.9	64,800
	75	63.0	139.4	59,000
	80	60.9	136.6	53,900
	85	58.6	133.5	49,600
	90	56.3	130.1	45,700
	95	54.0	126.5	42,400
	100	51.5	122.5	39,400
	105	49.0	118.2	36,700
	110	46.4	113.4	34,200
	115	43.6	108.2	32,000
	120	40.7	102.4	30,000
	125	37.6	96.0	28,200
	130	34.2	88.8	26,500
	135	30.5	80.5	25,000
	140	26.4	70.8	23,500
	145	21.4	58.8	22,200
160	28	82.6	165.4	179,800
	30	81.8	165.1	173,900
	32	81.1	164.7	168,400
	34	80.4	164.4	163,300
	36	79.7	164.0	158,600
	38	78.9	163.6	149,100
	40	78.2	163.1	138,700
	45	76.3	161.9	117,700
	50	74.5	160.5	101,800
	55	72.6	158.9	89,300
	60	70.7	157.1	79,300
	65	68.8	155.1	71,100
	70	66.8	153.0	64,200
	75	64.9	150.6	58,400
	80	62.9	148.0	53,300
	85	60.8	145.2	49,000
	90	58.7	142.2	45,100
	95	56.6	138.8	41,800
	100	54.4	135.2	38,700
	105	52.1	131.4	36,000
	110	49.7	127.1	33,600
	115	47.3	122.5	31,400
	120	44.8	117.5	29,400
	125	42.1	112.0	27,600
	130	39.3	105.9	25,900
	135	36.3	99.2	24,300
	140	33.1	91.7	22,900
	145	29.5	83.0	21,600
	150	25.5	72.9	20,400
	155	20.7	60.5	19,200
170	30	82.3	175.2	169,000
	32	81.6	174.9	163,600
	34	81.0	174.5	158,700
	36	80.3	174.2	154,000
	38	79.6	173.8	148,800
	40	78.9	173.3	138,400
	45	77.2	172.2	117,400
	50	75.4	170.9	101,500
	55	73.7	169.4	89,100
	60	71.9	167.7	79,000
	65	70.1	165.9	70,800
	70	68.3	163.9	63,900
	75	66.4	161.7	58,100
	80	64.6	159.3	53,000
	85	62.7	156.7	48,700
	90	60.8	153.9	44,900
	95	58.8	150.8	41,500
	100	56.8	147.5	38,500
	105	54.7	144.0	35,800
	110	52.6	140.2	33,300
	115	50.4	136.0	31,100
	120	48.1	131.5	29,100
	125	45.8	126.7	27,300
	130	43.3	121.4	25,600
	135	40.8	115.7	24,100
	140	38.1	109.3	22,600
	145	35.2	102.3	21,300
	150	32.0	94.5	20,100
	155	28.6	85.5	18,900
	160	24.7	75.1	17,800
	165	20.0	62.2	16,400
180	32	82.1	185.0	158,700
	34	81.5	184.7	154,000
	36	80.8	184.3	149,500
	38	80.2	184.0	145,200
	40	79.5	183.6	137,900
	45	77.9	182.5	116,900
	50	76.3	181.2	101,000
	55	74.6	179.8	88,500
	60	72.9	178.3	78,500
	65	71.3	176.6	70,300
	70	69.6	174.7	63,400
	75	67.8	172.6	57,500
	80	66.1	170.4	52,500
	85	64.3	168.0	48,100
	90	62.5	165.4	44,300
	95	60.7	162.5	40,900
	100	58.9	159.5	37,900
	105	57.0	156.2	35,200
	110	55.0	152.7	32,700
	115	53.0	149.0	30,500
	120	51.0	144.9	28,500
	125	48.9	140.5	26,700
	130	46.7	135.8	25,000
	135	44.4	130.7	23,500
	140	42.0	125.2	22,000
	145	39.6	119.2	20,700
	150	36.9	112.6	19,500
	155	34.1	105.3	18,300
	160	31.1	97.2	17,200
	165	27.7	87.9	16,200
	170	23.9	77.1	15,300
	175	19.4	63.8	13,500
190	32	82.5	195.1	153,100
	34	81.9	194.8	148,800
	36	81.3	194.5	144,800
	38	80.7	194.1	140,800
	40	80.1	193.8	137,000
	45	78.5	192.7	116,400
	50	77.0	191.5	100,500
	55	75.4	190.2	88,000
	60	73.9	188.8	78,000
	65	72.3	187.1	69,700
	70	70.7	185.4	62,800
	75	69.1	183.4	57,000
	80	67.4	181.4	52,000
	85	65.8	179.1	47,600
	90	64.1	176.6	43,800
	95	62.4	174.0	40,400
	100	60.7	171.2	37,400
	105	58.9	168.2	34,700
	110	57.1	164.9	32,200
	115	55.3	161.4	30,000
	120	53.4	157.7	28,000
	125	51.5	153.7	26,200
	130	49.5	149.5	24,500
	135	47.5	144.9	22,900
	140	45.3	140.0	21,500
	145	43.1	134.6	20,200
	150	40.8	128.9	18,900
	155	38.4	122.6	17,800
	160	35.9	115.8	16,700
	165	33.2	108.3	15,700
	170	30.2	99.8	14,800
	175	27.0	90.3	13,900
	180	23.3	79.1	13,100
	185	18.9	65.4	11,000
200	34	82.3	204.9	143,100
	36	81.7	204.6	139,500
	38	81.2	204.3	136,000
	40	80.6	203.9	132,500
	45	79.1	203.0	115,900
	50	77.7	201.8	100,000
	55	76.2	200.6	87,500
	60	74.7	199.2	77,400
	65	73.2	197.7	69,200
	70	71.7	196.0	62,300
	75	70.2	194.2	56,400
	80	68.6	192.2	51,400
	85	67.1	190.1	47,000
	90	65.5	187.8	43,200
	95	63.9	185.3	39,800
	100	62.3	182.7	36,800
	105	60.6	179.8	34,100
	110	59.0	176.8	31,600
	115	57.3	173.6	29,400
	120	55.5	170.2	27,400
	125	53.0	166.5	25,600
	130	51.9	162.6	23,900
	135	50.1	158.4	22,300
	140	48.1	153.9	20,900
	145	46.2	149.1	19,600
	150	44.1	144.0	18,300
	155	42.0	138.4	17,200
	160	39.7	132.5	16,100
	165	37.4	126.0	15,100
	170	34.9	118.9	14,200
200	175	32.3	111.1	13,300
	180	29.4	102.4	12,400
	185	26.2	92.5	11,700
	190	22.6	81.0	10,900
	195	18.4	67.0	8,500
210	36	82.1	214.7	134,200
	38	81.6	214.4	131,000
	40	81.0	214.1	127,900
	45	79.6	213.2	115,500
	50	78.3	212.1	99,600
	55	76.9	210.9	87,100
	60	75.4	209.6	77,100
	65	74.0	208.1	68,800
	70	72.6	206.6	61,900
	75	71.2	204.8	56,100
	80	69.7	203.0	51,000
	85	68.2	201.0	46,700
	90	66.7	198.8	42,800
	95	65.2	196.5	39,400
	100	63.7	194.0	36,400
	105	62.2	191.3	33,700
	110	60.6	188.5	31,300
	115	59.0	185.5	29,100
	120	57.4	182.3	27,100
	125	55.7	178.9	25,200
	130	54.1	175.2	23,500
	135	52.3	171.4	22,000
	140	50.6	167.3	20,600
	145	48.8	162.9	19,200
	150	46.9	158.2	18,000
	155	45.0	153.2	16,800
	160	43.0	147.9	15,800
	165	40.9	142.1	14,800
	170	38.7	135.9	13,800
	175	36.5	129.2	12,900
	180	34.0	121.9	12,100
	185	31.5	113.9	11,300
	190	28.7	104.9	10,600
	195	25.6	94.7	9,900
	200	22.1	82.9	8,800
	205	17.9	68.5	6,500
220	38	82.0	224.6	125,700
	40	81.4	224.2	122,800
	45	80.1	223.3	115,000
	50	78.8	222.3	99,100
	55	77.5	221.2	86,600
	60	76.1	220.0	76,600
	65	74.8	218.6	68,300
	70	73.4	217.1	61,400
	75	72.0	215.4	55,500
	80	70.7	213.7	50,500
	85	69.3	211.8	46,100
	90	67.9	209.7	42,300
	95	66.4	207.5	38,900
	100	65.0	205.2	35,800
	105	63.6	202.7	33,100
	110	62.1	200.0	30,700
	115	60.6	197.2	28,500
	120	59.1	194.2	26,500
	125	57.5	191.0	24,600
	130	55.9	187.6	23,000
	135	54.3	184.0	21,400
	140	52.7	180.2	20,000
	145	51.0	176.1	18,600
	150	49.3	171.8	17,400
	155	47.6	167.3	16,300
	160	45.7	162.4	15,200
	165	43.9	157.2	14,200
	170	41.9	151.7	13,200
	175	39.9	145.7	12,300
	180	37.8	139.3	11,500
	185	35.6	132.4	10,700
	190	33.2	124.8	10,000
	195	30.7	116.6	9,300
	200	28.0	107.3	8,600
	205	25.0	96.9	8,000
	210	21.5	84.8	6,500

CAPACIDADES
(CONT. EN LA SIG. PAGE)

Estas tablas de cargas tienen únicamente fines educativos. Se derivan de la información de ventas del fabricante que puede no ser completa o específica de la máquina. No nos hacemos responsables de los errores tipográficos.

38302-11_F02.EPS

Figura 2 Tabla de carga/capacidad, página dos.

PESOS 4100W (Cont.)

DESCRIPCIÓN	PESO APROX. (EN LIBRAS)
AGUILÓN N.° 123	
Parte superior del aguilón: 15' (con punta del aguilón)	695
Parte trasera del aguilón: 15'	690
Sección adicional del aguilón: 10'	340
Colgante básico: 33' 3-3/4" (se req. 2)	115 c/u
Colgante: 10' (2 por sección adicional)	65 c/u
Colgante de soporte posterior del aguilón	155 c/u
Puntal del aguilón: 12'-6"	365
COMPONENTES	
Rodillos del gancho (6): con ejes	1,020
Planta de iluminación: 6.5KW, con plataforma de montaje	1,390
Pasarela: lado izquierdo y derecho con rieles	1,320
Revestimiento: liso de 27-5/8" de diá.	1,410
Cuerda de elevación de la pluma: 12 secciones, 760' de 7/8", 6 x 26	1,080
Conjunto de guía de cuerda de acero: inferior	325
Conjunto de guía de cuerda de acero: superior	510
Conjunto de rodillo guía de cuerda	55 c/u
Pórtico de 2 piezas con enganche trasero telescópico	7,805
Ecualizador	2,000
Cuerda de izado: 1 -1/8" - 6 x 31	2.34 lb/pies
Cable auxiliar: 1 -1/8" - 6 x 31	2.34 lb/pies
Gancho y bola de peso de 15 toneladas	865
Conjunto de bloque de gancho de 100 toneladas	2,065
Conjunto de bloque de gancho de 200 toneladas	4,900
Conjunto de bloque de gancho de 230 toneladas	5,375
Tope de pluma: telescópico con amortiguación de aire	675
Guía de cable para dragalina: giratoria	1,910
Guía de cable para dragalina: articulada	9,330

NOTA: Los pesos indicados pueden variar un 5% debido a las tolerancias de fabricación.

38302-11_F03.EPS

Figura 3 Tabla de carga/capacidad, página tres.

Siempre que se utilicen dos o más grúas para elevar una carga, la ubicación del bloque de gancho de cada grúa por encima de la carga debe elegirse cuidadosamente para que la carga se reparta entre las grúas. Dado que cada grúa utilizada tendrá normalmente una capacidad neta diferente, el método para ubicar correctamente el bloque de gancho de cada grúa por encima de la carga (*figura 5*) para una elevación con dos grúas es el siguiente:

Paso 1 Determine el valor más bajo de capacidad neta nominal que tendrá la grúa uno durante toda la operación. Cuando eleve desde la pluma principal o desde una extensión, considere todos los factores, incluida la configuración, el cuadrante de funcionamiento, la longitud de la pluma, el ángulo de la pluma, el radio de carga, el peso del aparejo y todas las deducciones de capacidad.

38302-11_F04.EPS

Figura 4 Elevación con tres grúas.

Paso 2 Repita el paso 1 para la grúa dos.

Paso 3 Asegúrese de que la suma de las capacidades netas nominales más bajas de las grúas supere el peso de la carga.

Paso 4 Localice la posición del centro de gravedad de la carga.

Paso 5 Los bloques de carga de cada grúa deben colocarse en relación con el centro de gravedad de la carga de acuerdo con la siguiente fórmula:

$$(\text{capacidad neta de la grúa uno}) \times A = (\text{capacidad neta de la grúa dos}) \times B$$

Paso 6 La grúa con la mayor capacidad neta debe estar siempre más cerca del centro de gravedad de la carga. Mida la distancia de este punto al centro de gravedad. Si ha medido la distancia A, entonces:

$$B = \frac{\text{capacidad neta de la grúa uno}}{\text{capacidad neta de la grúa dos}} \times A$$

Si ha medido la distancia B, entonces:

$$A = \frac{\text{capacidad neta de la grúa dos}}{\text{capacidad neta de la grúa uno}} \times B$$

Paso 7 Determine la parte del peso de la carga que soportará cada grúa:

$$\text{Carga en la grúa uno} = \frac{B}{A + B} \times \text{peso de la carga}$$

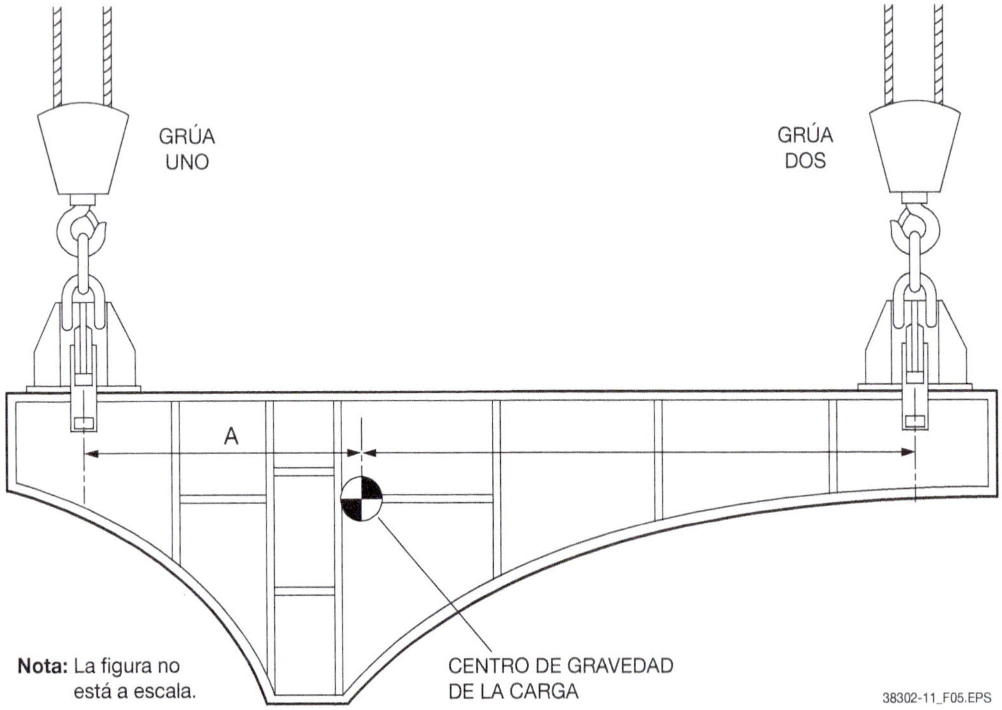

38302-11_F05.EPS

Figura 5 Elevación con varias grúas.

$$\text{Carga en la grúa dos} = \frac{A}{A + B} \times \text{peso de la carga}$$

Paso 8 Asegúrese de que ninguna de las grúas tenga una carga superior a su capacidad nominal neta más baja.

> **NOTA**
>
> Cada operación de elevación es única. Los números indicados en este ejemplo se han seleccionado aleatoriamente con fines didácticos.

Para calcular que ninguna de las grúas del ejemplo está cargada por encima de su capacidad neta nominal más baja, siga estos pasos:

Paso 1 Capacidad neta nominal más baja de la grúa uno = 156,000 lb – 500 lb (abrazadera de viga) = 155,500 lb (70,760 kg – 226.8 kg = 70,533.6 kg).

Paso 2 Capacidad neta nominal más baja de la grúa dos = 90,500 lb – 500 lb (abrazadera de viga) = 90,000 lb (41,050.1 kg – 226.8 kg = 40,823.3 kg).

Paso 3 Capacidad neta = 155,500 lb + 90,000 lb = 245,500 lb (70,533.6 kg + 40,823.3 kg = 11,1356.9 kg).

Paso 4 Localice el centro de gravedad de la carga a partir de los extremos de la misma, como se muestra en la *figura 6*.

Paso 5 Para fijar la ubicación de los bloques de gancho, utilice la fórmula:

$$(\text{capacidad neta de la grúa uno}) \times A = (\text{capacidad neta de la grúa dos}) \times B$$

Paso 6 Elija una longitud hipotética para A que esté dentro de la longitud de C en la *figura 6*. Comience con A = 45 pies (13.7 kg) (*figura 7*), por ejemplo.

$$\text{Calcular B} = \frac{\text{capacidad neta de la grúa uno}}{\text{capacidad neta de la grúa dos}} \times A$$

$$= \frac{155{,}500 \text{ lb}}{90{,}000 \text{ lb}} \times 45 \text{ pies} = 78 \text{ pies}$$

Esta configuración no funcionará porque el bloque de gancho para B (78 pies [23.7 m]) estaría más allá del extremo del lado derecho de la carga (*figura 8*). Elija otra dimensión para A: 36 pies (11 m) (*figura 9*).

$$\text{Recalcular B} = \frac{\text{capacidad neta de la grúa uno}}{\text{capacidad neta de la grúa dos}} \times A$$

$$= \frac{155{,}500 \text{ lb}}{90{,}000 \text{ lb}} \times 36 \text{ pies} = 62.2 \text{ pies}$$

Esta dimensión se ajusta a la carga (*figura 10*).

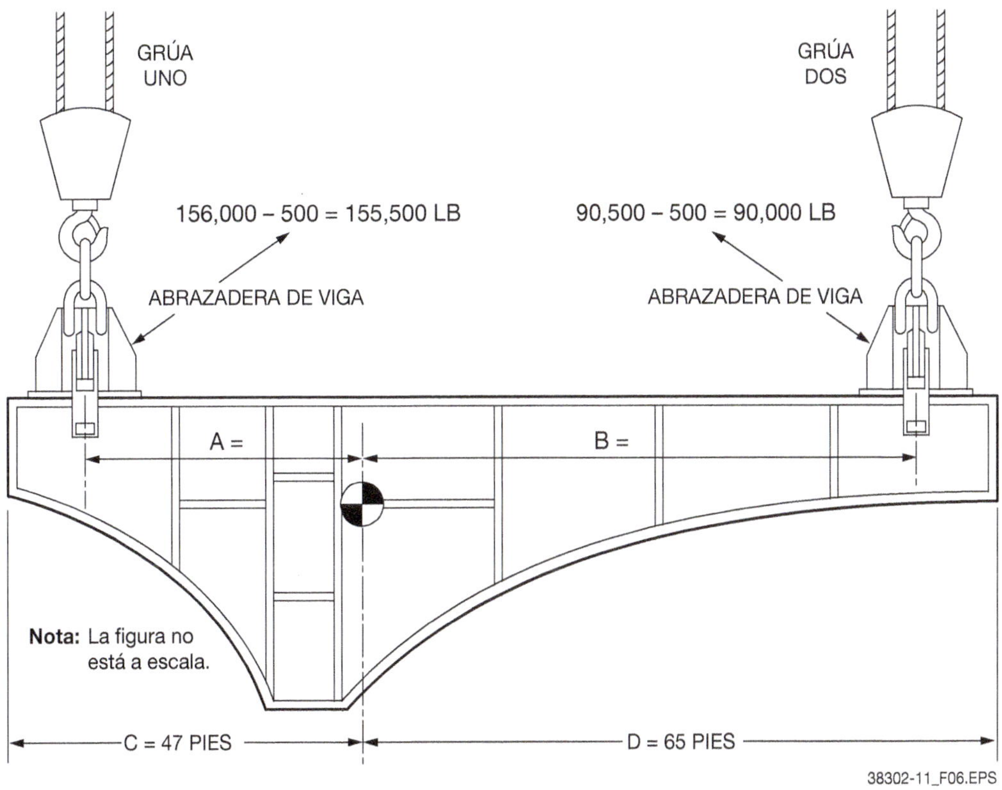

Figura 6 Elevación con varias grúas: ubicación en centro de gravedad.

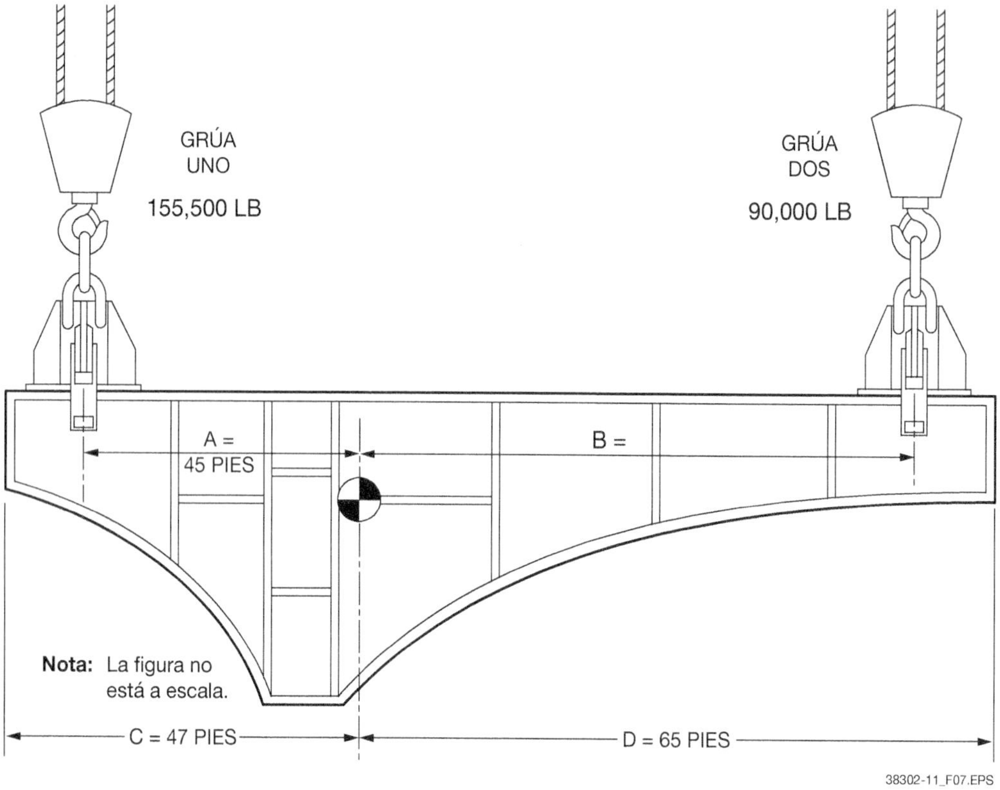

Figura 7 Elevación con varias grúas: distancia B, prueba uno.

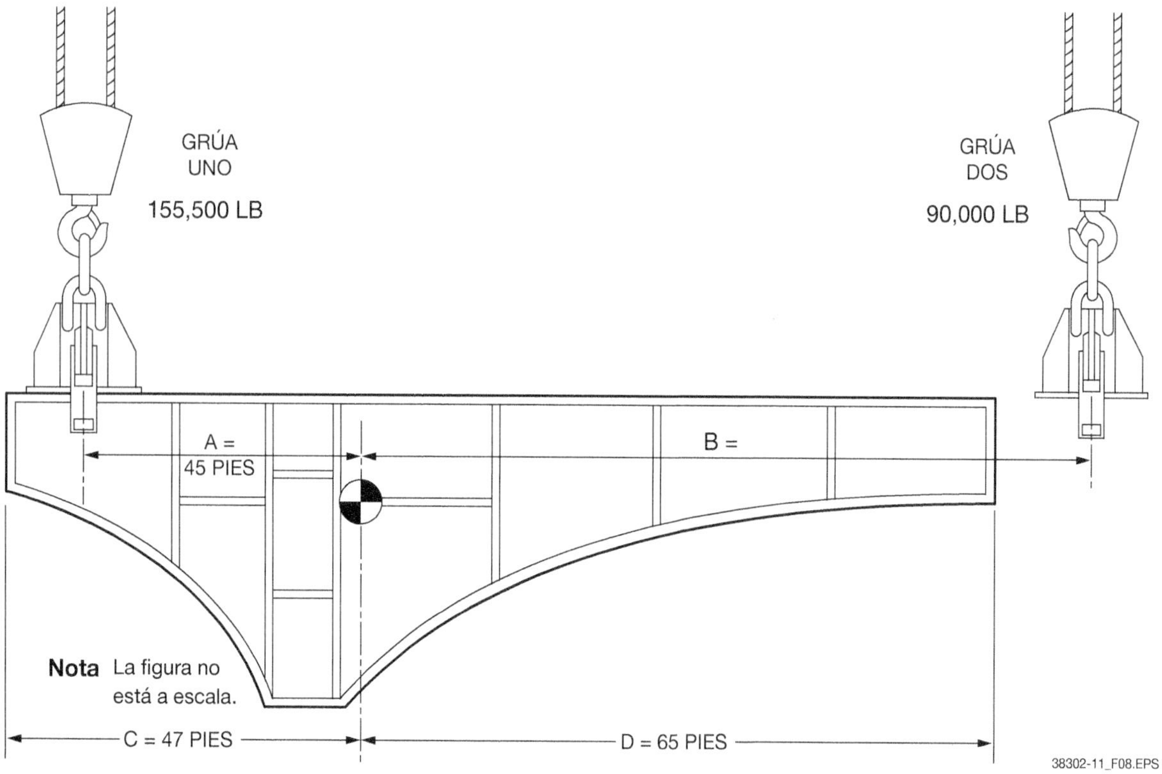

Figura 8 Elevación con varias grúas: distancia B, resultados de la prueba uno.

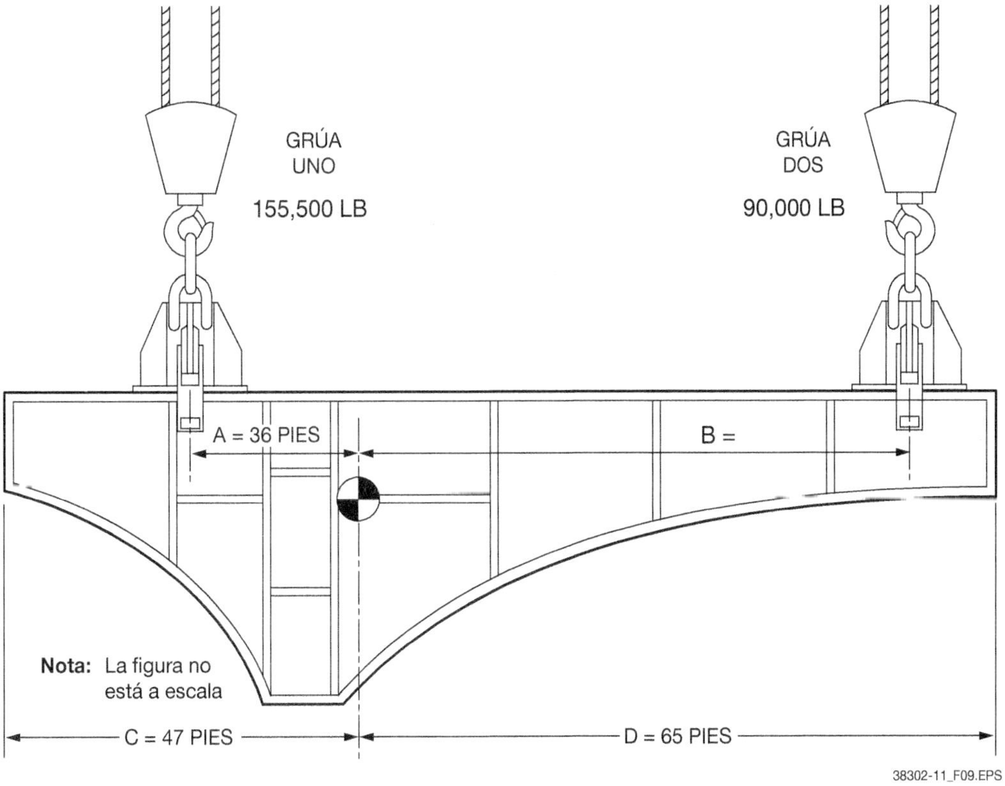

Figura 9 Elevación con varias grúas: distancia B, prueba dos.

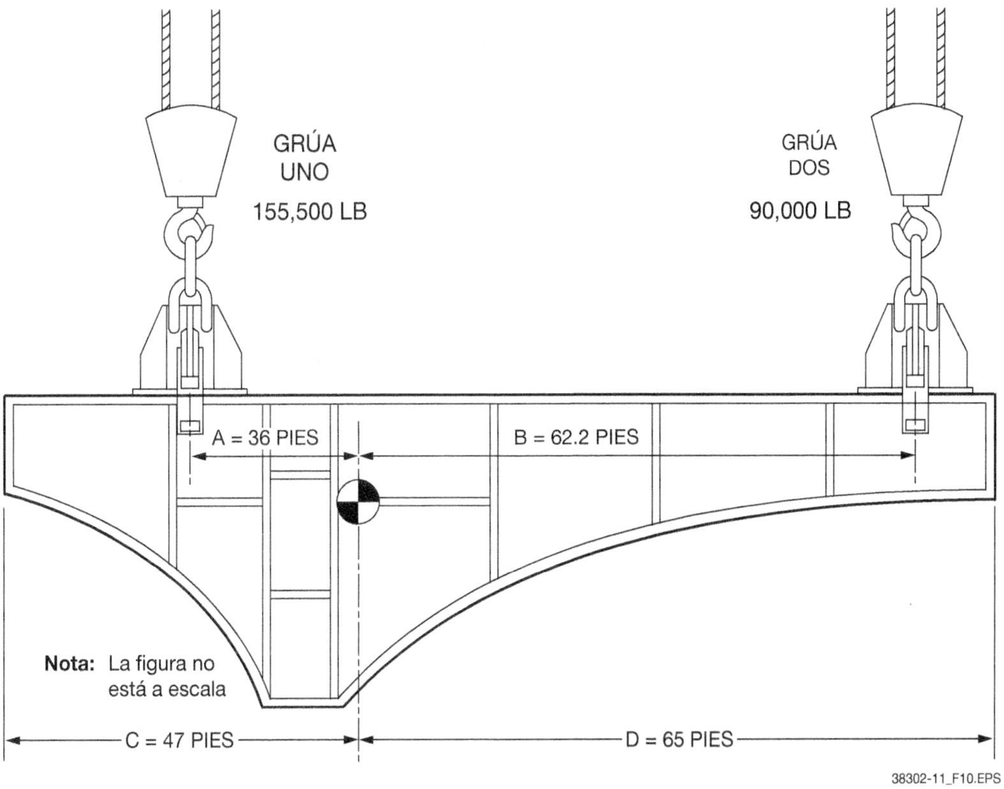

Figura 10 Elevación con varias grúas: distancia B, resultados de la prueba dos.

Paso 7 Determine la carga real que soportará cada grúa:

$$\text{Carga en la grúa uno} = \frac{B}{A + B} \times \text{peso de la carga}$$

$$= \frac{62.2}{36 + 62.2} \times 180{,}000 \text{ lb}$$

$$= 114{,}012.2 \text{ lb}$$

Esta carga es inferior a la capacidad neta nominal de la grúa uno de 155,500 lb (70,533.6 kg), y está por debajo del 75% (73.3%) de la capacidad.

$$\text{Carga en la grúa dos} = \frac{A}{A + B} \times \text{peso de la carga}$$

$$= \frac{36}{36 + 62.2} \times 180{,}000 \text{ lb}$$

$$= 65{,}988 \text{ lb}$$

Esta carga es inferior a la capacidad neta nominal de la grúa dos de 90,000 lb (40,823.3 kg), y está por debajo del 75% de la capacidad.

Paso 8 Dado que ninguna de las grúas está sobrecargada ni cargada por encima del 75% de su capacidad, la elevación puede realizarse con A = 36 pies (10.9 m) y B = 62.2 pies (18.9 m). La grúa uno estará a 36 pies (10.9 m) del centro de gravedad de la carga, y la grúa dos a 62.2 pies (18.9 m) de este.

> **NOTA** Si se modifica el radio de carga de alguna de las grúas, repita todos los pasos utilizando la nueva capacidad neta de las grúas.

En las elevaciones con varias grúas también se pueden utilizar vigas **ecualizadoras** ***(equalizer)*** (*figura 11*). Las vigas ecualizadoras distribuyen el peso de una carga entre varias grúas. Mediante el ajuste de los puntos de fijación de la grúa o de la carga en la viga, es posible repartir el peso de la carga entre las grúas en la proporción que se desee.

Si se sigue este método, el operador puede determinar el punto de la viga ecualizadora en el que se recogerá la carga, permitiendo que cada grúa comparta la carga proporcionalmente a su capacidad:

Paso 1 Determine el valor más bajo de capacidad neta nominal que tendrá la grúa uno al elevar desde la pluma principal o una extensión durante toda la operación Tenga en cuenta todos los factores, incluidos la configuración, el cuadrante de funcionamiento y el radio de carga. Recuerde que el radio de carga de cada grúa se mide hasta su punto de recogida en el ecualizador, no hasta el centro de gravedad de la carga.

Paso 2 Repita el paso 1 para la grúa dos.

Paso 3 Compruebe que la suma de las capacidades netas nominales más bajas de las grúas sea superior al peso de la carga más el peso del ecualizador y la eslinga. Lo ideal es que el peso combinado no supere el 75% de la suma de las capacidades netas.

Paso 4 Mida la distancia entre los puntos de fijación de la grúa en la viga ecualizadora (A).

Paso 5 Establezca el punto de fijación de la carga en la viga ecualizadora de acuerdo con las siguientes fórmulas:

$$B = \frac{\text{capacidad neta de la grúa dos}}{\text{capacidad neta total de las grúas uno y dos}} \times A$$

$$C = \frac{\text{capacidad neta de la grúa una}}{\text{capacidad neta total de las grúas uno y dos}} \times A$$

Paso 6 Una vez establecidos los puntos de recogida del ecualizador, determine la parte del peso de la carga, incluido el peso del ecualizador que soporta cada grúa:

$$\text{Carga en la grúa uno} = \frac{C}{A} \times (\text{peso de la carga})$$

$$\text{Carga en la grúa dos} = \frac{B}{A} \times (\text{peso de la carga})$$

Asegúrese de que ninguna de las grúas tenga una carga superior a su capacidad nominal neta más baja. Recuerde que lo mejor es que ninguna de las grúas esté cargada por encima del 75% de su capacidad neta nominal más baja. A continuación se muestra un ejemplo de este procedimiento (consulte la *figura 12*).

Paso 1 Compruebe la capacidad total de las grúas:

Grúa uno = 120,000 lb

Grúa dos = 80,000 lb

Grúa uno + grúa dos = capacidad total

120,000 lb + 80,000 lb
= capacidad total de 200,000 lb

Esto es mayor que el peso total de la carga de 143,000 lb (64,863.7 kg) (carga + ecualizador). Además, el 75% de la suma de las capacidades supera el peso de la carga (75% de 200,000 [90,718.4 kg] = 150,000 lb [68,038.8 kg]).

Paso 2 Establezca el punto de recogida de la carga.

$$B = \frac{\text{capacidad neta de la grúa dos}}{\text{capacidad neta total de las grúas uno y dos}} \times A$$

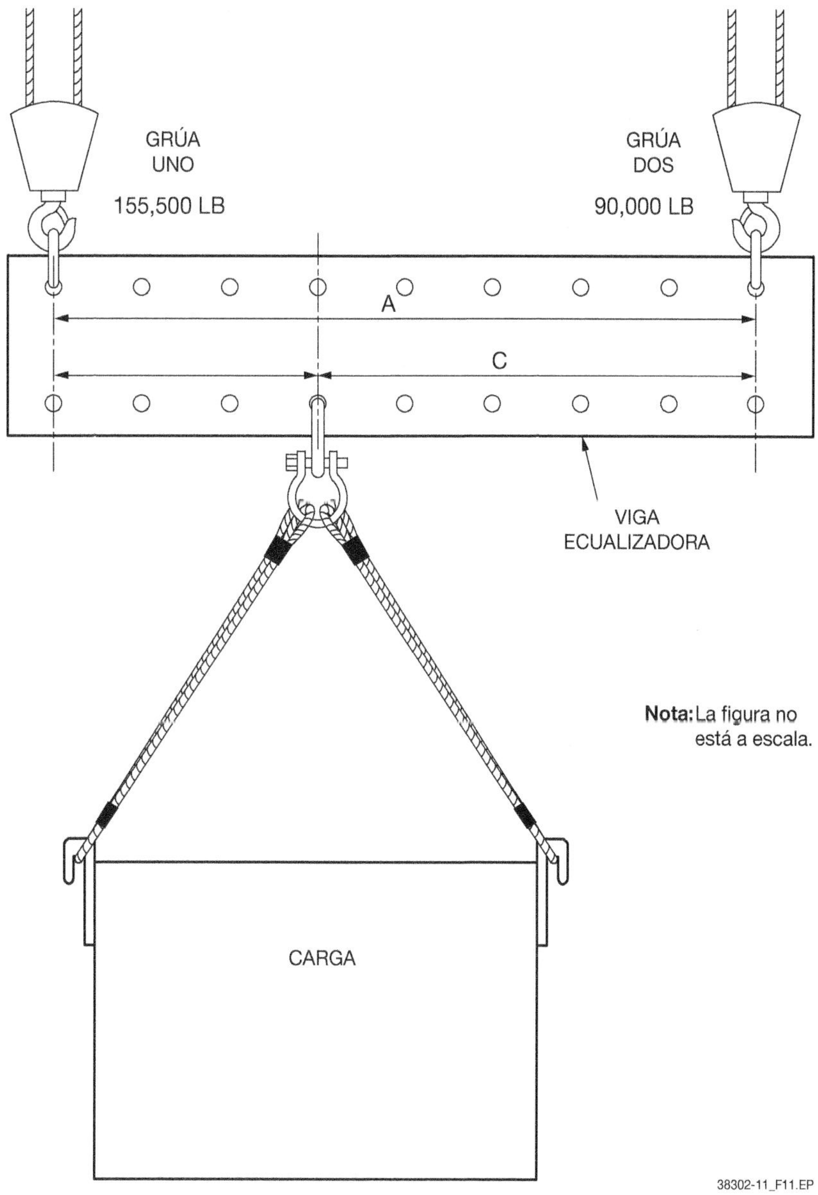

Figura 11 Elevación con varias grúas con viga ecualizadora.

$$B = \frac{80{,}000 \text{ lb}}{80{,}000 \text{ lb} + 120{,}000 \text{ lb}} \times A$$

$$B = \frac{80{,}000 \text{ lb}}{200{,}000 \text{ lb}} \times 25 \text{ pies}$$

B = 10 pies; por lo tanto, C = 15 pies,

como se muestra en la *figura 13*.

Paso 3 Determine la carga que soportará realmente cada grúa.

$$\text{Carga en la grúa uno} = \frac{C}{A} \times (\text{peso total de la carga})$$

$$= \frac{15}{25} \times 143{,}000 \text{ lb}$$

$$= 85{,}800 \text{ lb}$$

Esta cifra es inferior a la capacidad neta nominal más baja y también cumple la pauta del 75% de capacidad (75% de 120,000 lb [54,431 kg] = 90,000 lb [40,823.3 kg]).

$$\text{Carga en la grúa dos} = \frac{B}{A} \times (\text{peso de la carga})$$

$$= \frac{10}{25} \times 143{,}000 \text{ lb}$$

$$= 57{,}200 \text{ lb}$$

Esta cifra es inferior a la capacidad neta nominal más baja y también cumple la pauta del 75% de capacidad (75% de 80,000 lb [54,431 kg] = 60,000 lb [27,215.5 kg]).

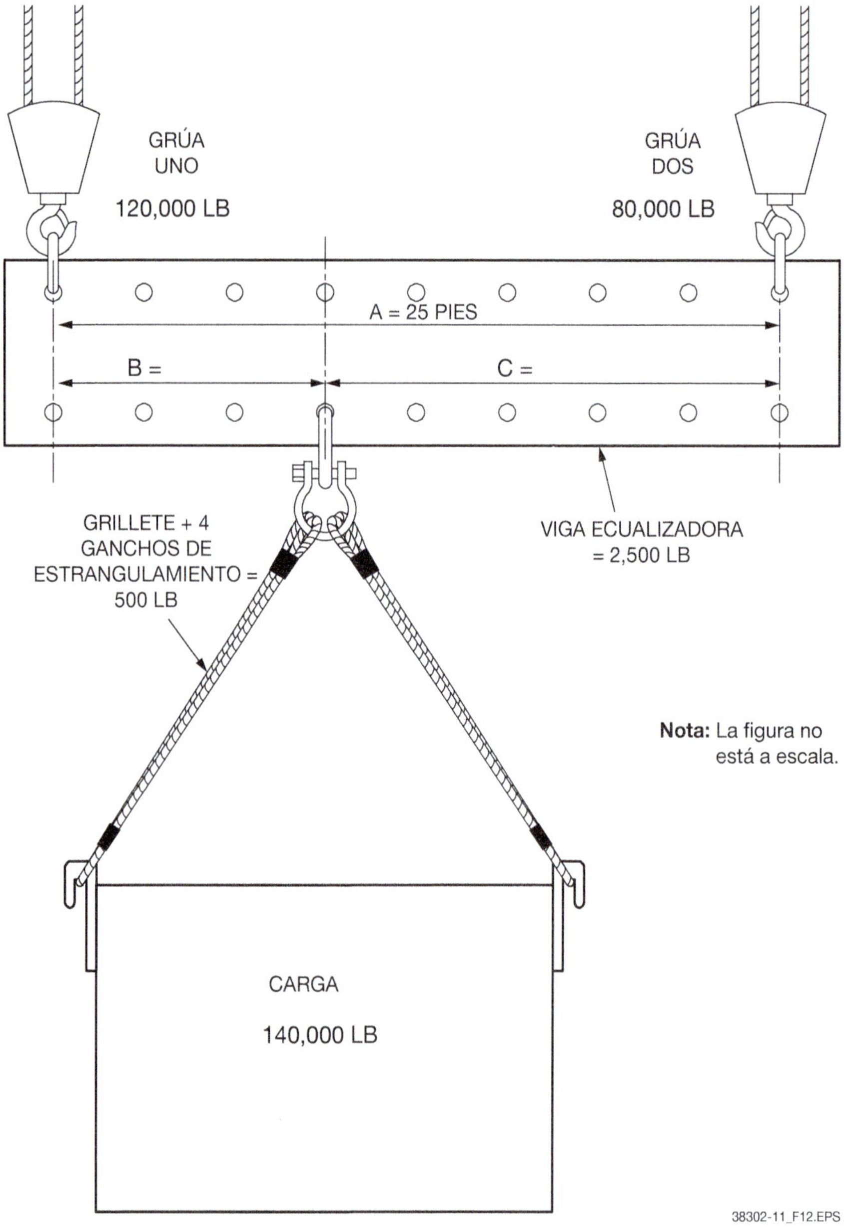

Figura 12 Elevación con varias grúas con viga ecualizadora; determinación de la distancia B y C.

4.0.0 Configuración de la grúa

Las tablas de carga/capacidad de las grúas móviles se basan en la configuración de la grúa en el momento de la elevación. Estas configuraciones parten de una de tres situaciones básicas:

- Aguilones y extensiones de pluma no instalados
- Aguilones o extensiones de pluma instalados pero carga elevada desde la pluma principal
- Aguilones o extensiones de pluma instalados y carga elevada desde el aguilón o la extensión de pluma

Todos los demás aspectos de la configuración de la grúa se consideran en relación con estos tres casos básicos. Los principales factores que influyen en la capacidad de la máquina y en la lectura de la tabla son los siguientes:

- Longitud de la pluma, ángulo de la pluma y radio de carga
- Tipo de pluma
  - Hidráulica
  - Reticulada
- Cuadrante de funcionamiento en el que trabaja la superestructura
- Configuración de la base de la grúa
  - Sobre goma
  - Sobre estabilizadores (*outriggers*)
  - Sobre orugas
- Modos de pluma hidráulica (A o B)
- Peso efectivo/estibado de la extensión del aguilón o de la pluma (u otros accesorios)

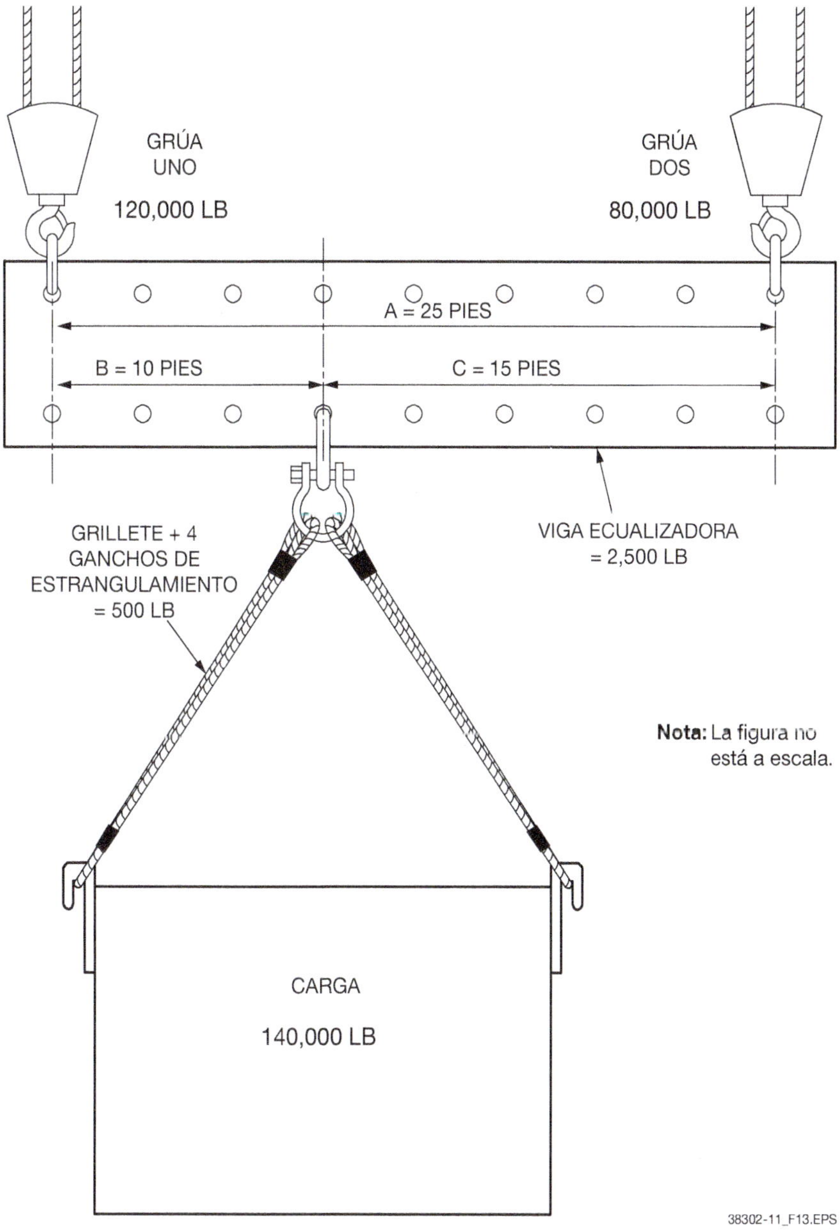

Figura 13 Elevación con varias grúas con viga ecualizadora; resultados de distancia B y C.

- Torre o anillo accesorios
- Tipo, tamaño y peso del bloque de carga y de la bola para balancín
- Peso de todos los aparejos necesarios
- Peso de la cuerda según los requisitos del fabricante
- Configuración de los contrapesos

4.1.0 Longitud de la pluma, ángulo de la pluma y radio de carga

En las grúas hidráulicas (telescópicas), el radio de carga se encuentra en el lado izquierdo, y a veces en el extremo derecho, de las tablas de carga/capacidad. En el caso de las grúas de pluma reticulada, el radio de carga normalmente se encuentra solo en el lado izquierdo de la tabla. La ubicación de la información sobre el ángulo de la pluma puede variar. Puede estar en una columna a la derecha del radio de carga o entre paréntesis debajo de las capacidades brutas.

Comprender dónde se encuentran estos términos en una tabla de carga/capacidad es clave para leer e interpretar correctamente esta tabla. Los operadores deben demostrar su capacidad para leer, comprender y escribir en el idioma de los materiales de instrucciones de funcionamiento y mantenimiento del fabricante de la grúa. Asimismo, deben demostrar sus habilidades aritméticas y su capacidad para utilizar las tablas de carga/capacidad del fabricante.

La mayoría de las tablas de carga/capacidad hidráulica (*figura 14*) comienzan con la longitud más corta de la pluma en la parte superior izquierda y van leyendo hacia la derecha y hacia abajo para obtener plumas progresivamente más largas. En primer lugar,

CONFIGURACIÓN REQUERIDA DE CONTRAPESO

ENCABEZADO DE LONGITUD DE PLUMA (1 DE 4)

COLUMNA DE ÁNGULO DE PLUMA CARGADA

COLUMNA DE RADIO DE CARGA

CAPACIDAD EN CUALQUIER CUADRANTE

CAPACIDAD EN CUADRANTE TRASERO SOLAMENTE

MODO DE PLUMA

Capacidades nominales de elevación en libras. Estabilizadores completamente extendidos. Consulte la nota 2 de configuración.

4,700 libras

EXTENSIÓN TOTAL

PLUMA PRINCIPAL "A"

Radio de carga pies	33 pies			40 pies.			Radio de carga pies
	∠°	360°	Over Rear	∠°	360°	Over Rear	
9	68.0	80,000	80,000				9
10	66.0	72,300	72,300	70.5	72,300	72,300	10
12	62.0	65,500	65,500	67.5	65,200	65,200	12
15	55.5	55,600	55,600	62.5	55,100	55,100	15
20	43.5	38,400	38,500	54.0	37,900	37,900	20
25	26.5	25,600	25,600	43.5	25,300	25,300	25
30				31.0	18,100	18,100	30
Cap./Áng. de pl. mín.	0 (27.5)	18,400	18,400	0 (34.5)	13,700	13,700	Cap./Áng. de pl. mín.
Radio de carga	50 pies			57 pies.			Radio de carga pies
pies	∠°	360°	Sobre la parte trasera	∠°	360°	Over Rear	
10	75.0	67,500	67,500	77.0	43,800	43,800	10
12	73.0	61,200	61,200	75.0	43,800	43,800	12
15	69.0	53,400	53,400	72.0	42,100	42,100	15
20	62.5	37,300	37,300	66.5	34,300	34,300	20
25	55.5	24,900	24,900	60.5	24,600	24,600	25
30	48.0	17,900	17,900	54.5	17,600	17,600	30
35	39.0	13,200	13,200	47.5	13,100	13,100	35
40	27.5	9,800	10,000	40.0	9,600	9,900	40
45				30.5	7,200	7,600	45
50				16.0	5,200	5,700	50
Min.B Ang/Ca	0 (44.5)	7,400	7,800	0 (51.5)	4,700	5,200	Cap./Áng. de pl. mín.

Nota: Consulte en la Page 5 (Deducciones de capacidad para equipos auxiliares de gestión de cargas).

∠° Ángulo de pluma cargada en grados

( ) Los radios de referencia para las capacidades mínimas de ángulo de la pluma (indicados entre paréntesis) están en pies.

38302-11_F14.EPS

Figura 14 Tabla de carga/capacidad de la pluma hidráulica.

localice el número que corresponde a la longitud en pies de la pluma en el encabezado de longitud de la pluma. A continuación, localice el radio de acción de la grúa en la columna de la izquierda o de la derecha. La capacidad donde la línea del radio de acción se cruza con un cuadrante de funcionamiento concreto bajo la columna de longitud de la pluma es la capacidad bruta que se puede elevar de forma segura con una configuración de contrapeso definida.

Las tablas de carga/capacidad de las grúas sobre orugas de pluma reticulada (*figura 15*) pueden presentarse de forma diferente, dependiendo del fabricante. En este ejemplo, la longitud de la pluma se encuentra en el encabezado de la tabla y el radio de carga en la columna de la izquierda.

En primer lugar, el operador debe conocer la longitud de la pluma de la grúa, determinar el radio y, a continuación, leer para determinar la capacidad bruta, dependiendo de la configuración del contrapeso. Algunos fabricantes también pueden incluir en sus tablas la **elevación del punto de la pluma (*boom point elevation*)** como referencia.

Recuerde que las tablas de carga/capacidad presentadas en este módulo son ejemplos de algunos fabricantes. Las normas no exigen ni especifican que esta información se presente en un formato determinado. La norma *ASME B30.5* simplemente exige que las tablas de carga contengan determinada información específica.

Los diseños de las tablas de carga/capacidad son tan diversos como la cantidad de fabricantes de grúas. Incluso pueden ser muy diferentes entre los distintos modelos de grúa de un mismo fabricante. Algunas tienen ilustraciones y requisitos de contrapeso en la parte superior; otras expresan sus radios de carga o longitudes de pluma en pies o metros (*figuras 16, 17* y *18*), y otras enumeran sus capacidades en kilogramos y libras (*figuras 16* y *18*). Esta variedad plantea un reto a los operadores; deben prestar mucha atención a las tablas de carga/capacidad y a su información de introducción cuando cambien de grúa para evitar cometer errores en los cálculos e interpretaciones de las tablas de carga.

Es imprescindible que los operadores recuerden que si el radio de carga, la longitud de la pluma o el ángulo de la pluma se encuentran entre los valores indicados en el diagrama de carga/capacidad, no se permite la **interpolación (*interpolation*)** de valores. Cuando la longitud o el radio de la pluma, o ambos, se encuentren entre los valores indicados, se utilizará la carga más pequeña indicada para el siguiente radio mayor o la siguiente longitud mayor de la pluma.

PRECAUCIÓN

No se permite la interpolación (aproximación matemática) en la determinación de las capacidades de las tablas de carga.

LONGITUD DE PLUMA (ENCABEZADO DE LA COLUMNA)

COLUMNA DE RADIO DE CARGA

CAPACIDAD EN CUALQUIER CUADRANTE

COLUMNA DE ÁNGULO DE PLUMA CARGADA

CAPACIDAD SOLO EN ALGUNO DE LOS CUADRANTES DE EXTREMO

CONFIGURACIONES DE CONTRAPESOS (LWR = AMBOS CONTRAPESOS INFERIORES PARA MARCO DE ORUGA)

Capacidades de la pluma principal* - 110 pies - Pluma de garganta abierta

Radio de carga (ft)	Ángulo de pluma (grados)	Rotación de 360°				Extremo superior bloqueado	
		135K + LWR (lb)	135K + 0 (lb)	83K + 0 (lb)	31K + 0 (lb)	135K + LWR(lb)	135K + 0 (lb)
18.5	82.0	346,500	346,500	329,000	283,900	346,500	346,500
19	81.7	344,400	344,400	320,000	276,000	344,400	344,400
20	81.2	341,100	341,100	303,900	246,900	341,100	341,100
25	78.6	276,100	276,100	233,200	158,900	276,100	276,100
30	75.9	229,100	226,500	171,200	116,000	229,100	229,100
35	73.2	192,600	178,500	134,500	90,500	195,200	195,200
40	70.4	158,500	146,800	110,300	73,700	169,700	169,700
50	64.8	116,200	107,400	80,100	52,900	133,700	133,000
60	58.9	90,900	83,900	62,200	40,400	109,700	102,800
70	52.6	74,100	68,300	50,200	32,100	90,700	83,100
80	45.7	62,100	57,200	41,600	26,100	75,800	69,300
90	37.9	53,100	48,800	35,200	21,700	64,700	60,100
100	28.3	46,100	42,200	30,200	18,100	56,100	51,100
110	13.8	40,400	36,900	26,100	15,200	49,200	44,700

*Las capacidades no superan el 75% de las cargas de vuelco

38302-11_F15.EPS

Figura 15 Tabla de carga/capacidad de las grúas sobre orugas de pluma reticulada.

Estabilizadores completamente extendidos

25' - 43' (*7.62 m - 13.11 m*) Brazo telescópico con desplazamiento + 70.25' (*21.41 m*) Pluma principal con retracción manual

RADIO DE CARGA (pies/m)	Brazo de 25' (*7.62 m*)						Brazo de 43' (*13.11m*)						RADIO DE CARGA (pies/m)
	DESPLAZAMIENTO DE 2°		DESPLAZAMIENTO DE 15°		DESPLAZAMIENTO DE 30°		DESPLAZAMIENTO DE 2°		DESPLAZAMIENTO DE 15°		DESPLAZAMIENTO DE 30°		
	ÁNGULO DE PLUMA CARGADA (grados)	CARGA (lb/kg)	ÁNGULO DE PLUMA CARGADA (grados)	CARGA (lb/kg)	ÁNGULO DE PLUMA CARGADA (grados)	CARGA (lb/kg)	ÁNGULO DE PLUMA CARGADA (grados)	CARGA (lb/kg)	ÁNGULO DE PLUMA CARGADA (grados)	CARGA (lb/kg)	ÁNGULO DE PLUMA CARGADA (grados)	CARGA (lb/kg)	
20 *6.10*	78.5	12,700 *5,761*											20 *6.10*
25 *7.62*	75.5	11,500 *5,216*	79.0	8,800 *3,992*			77.5	4,900 *2,223*					25 *7.62*
30 *9.14*	72.5	10,600 *4,808*	76.0	8,200 *3,720*	79.0	6,100 *2,767*	75.5	4,700 *2,132*					30 *9.14*
35 *10.67*	69.5	9,600 *4,355*	73.0	7,500 *3,402*	76.0	5,700 *2,586*	73.0	4,500 *2,041*	78.0	4,000 *1,614*			35 *10.67*
40 *12.19*	66.0	8,700 *3,946*	69.5	6,900 *3,130*	72.5	5,400 *2,449*	70.0	4,300 *1,950*	75.5	3,900 *1,769*			40 *12.19*
45 *13.72*	63.0	8,000 *3,629*	66.0	6,400 *2,903*	69.0	5,100 *2,313*	67.5	4,100 *1,860*	72.5	3,700 *1,678*	77.5	3,000 *1,361*	45 *13.72*
50 *15.24*	59.5	7,400 *3,357*	62.5	5,900 *2,676*	65.5	4,800 *2,177*	65.0	3,900 *1,769*	70.0	3,500 *1,588*	74.5	2,900 *1,315*	50 *15.24*
55 *16.76*	56.0	6,500 *2,948*	59.0	5,300 *2,404*	62.0	4,500 *2,041*	62.0	3,800 *1,724*	67.0	3,300 *1,497*	71.5	2,700 *1,225*	55 *16.76*
60 *18.29*	52.0	5,400 *2,449*	55.0	4,900 *2,223*	58.0	4,200 *1,905*	59.5	3,700 *1,678*	64.0	3,100 *1,406*	68.5	2,600 *1,179*	60 *18.29*
65 *19.81*	48.0	4,500 *2,041*	51.0	4,500 *2,041*	53.5	3,900 *1,769*	56.5	3,500 *1,588*	61.0	2,900 *1,315*	65.5	2,500 *1,134*	65 *19.81*
70 *21.34*	43.5	3,700 *1,678*	46.5	3,900 *1,769*	49.0	3,600 *1,633*	53.0	3,200 *1,452*	58.0	2,800 *1,270*	62.5	2,400 *1,089*	70 *21.34*
75 *22.86*	38.5	3,000 *1,361*	41.5	3,200 *1,452*	44.0	3,400 *1,542*	50.5	3,000 *1,361*	54.5	2,600 *1,179*	59.0	2,300 *1,043*	75 *22.86*
80 *24.38*	33.0	2,500 *1,134*	36.0	2,600 *1,179*	37.5	2,700 *1,225*	46.5	2,800 *1,270*	51.0	2,500 *1,134*	55.0	2,200 *998*	80 *24.38*
85 *25.91*	26.5	2,000 *907*	29.0	2,100 *953*	30.0	2,100 *953*	43.0	2,700 *1,225*	47.5	2,400 *1,089*	51.0	2,100 *953*	85 *25.91*
90 *27.43*	17.5	1,600 *726*	19.5	1,600 *726*	17.0	1,600 *726*	38.5	2,300 *1,043*	43.0	2,300 *1,043*	46.5	2,000 *907*	90 *27.43*
95 *28.96*							34.0	2,000 *907*	38.5	2,200 *998*	41.5	2,000 *907*	95 *28.96*
100 *30.48*							28.5	1,600 *726*	33.0	1,800 *816*	35.5	1,900 *862*	100 *30.48*
105 *32.00*									25.5	1,400 *635*	26.0	1,400 *635*	105 *32.00*

Advertencia: No baje el brazo telescópico con desplazamiento de 25' en posición de trabajo por debajo de 12 ∞ a menos que la pluma principal mida 68' o menos, ya que se producirá una pérdida de estabilidad que causará una condición de vuelco.

Advertencia: No baje el brazo telescópico con desplazamiento de 43' en posición de trabajo por debajo de 20 ∞ a menos que la pluma principal mida 65' o menos, ya que se producirá una pérdida de estabilidad que causará una condición de vuelco.

38302-11_F16.EPS

Figura 16 Tabla de carga/capacidad en unidades inglesas y métricas con columnas de radios de carga a la izquierda y a la derecha.

Capacidades de elevación de la pluma principal
Tragfähigkeiten
Capacités de levage flèche

140 40 B 7,25 360° **DI /ISO**

SH

Radio / Ausladun / Porteé	18,0	24,0	30,0	36,0	42,0	48,0	54,0	60,0	66,0	72,0	78,0	84,0
	Pluma principal Hauptausleger Flèche principale											
4,5	300,0*	295,0*										
5	300,0*	295,0*	289,0*									
5,5	300,0*	295,0*	289,0*	274,0*	245,0							
6	300,0*	295,0*	289,0*	274,0*	245,0	215,0						
7	288,0*	295,0*	280,0*	274,0*	245,0	215,0	171,0	143,0	116,0	97,5		
8	271,0*	276,0*	271,0*	255,0*	245,0	215,0	171,0	143,0	116,0	97,5	82,5	69,5
9	251,0*	247,0	249,0	235,0	225,0	202,0	171,0	143,0	116,0	97,5	82,5	69,5
10	209,0	209,0	209,0	208,0	205,0	189,0	165,0	139,0	116,0	97,5	82,5	69,5
12	157,0	156,0	156,0	155,0	155,0	154,0	151,0	133,0	115,0	97,0	82,0	69,5
14	125,0	124,0	124,0	123,0	122,0	122,0	122,0	121,0	113,0	96,5	81,5	69,0
16	103,0	103,0	102,0	101,0	101,0	100,0	100,0	100,0	100,0	96,0	81,5	68,5
18	88,5	87,5	87,0	86,0	85,5	85,0	84,5	84,5	84,0	83,5	81,0	68,5
20		76,0	75,0	74,5	73,5	73,0	73,0	72,5	72,5	72,0	71,0	66,5
22		67,0	66,0	65,5	64,5	64,0	63,5	63,5	63,0	62,5	62,0	61,5
24			59,0	58,0	57,5	56,5	56,5	56,0	56,0	55,0	54,5	54,0
26			53,0	52,0	51,5	50,5	50,5	50,0	49,9	49,4	48,7	48,0
28			48,3	47,4	46,5	45,9	45,5	45,1	44,9	44,3	43,6	42,9
30				43,2	42,3	41,7	41,2	40,8	40,6	40,0	39,4	38,6
34					35,7	35,0	34,4	34,0	33,8	33,2	32,5	31,8
38					30,7	29,9	29,3	28,8	28,5	27,9	27,2	26,5
42						25,9	25,3	24,7	24,4	23,8	23,1	22,4
46							22,1	21,5	21,1	20,5	19,7	18,8
50								18,8	18,4	17,6	16,8	15,9
54								16,5	16,0	15,2	14,4	13,5
58									14,0	13,2	12,3	11,4
62										11,5	10,6	9,6
66											9,1	8,1
70											7,8	6,8
74												5,7

38302-11_F17.EPS

Figura 17 Tabla de carga/capacidad en unidades métricas solo con la columna de radio a la izquierda.

Algunas grúas telescópicas hidráulicas están equipadas con capacidades de doble modo de pluma, conocidas como A y B (*figuras 19* y *20*). Se activan o desactivan con un interruptor. El modo de pluma A podría extender todas las secciones de la pluma por igual, mientras que el modo de pluma B podría extender solamente la primera, segunda o tercera sección. Las distintas configuraciones darán lugar a diferentes capacidades de elevación, lo que, a su vez, requerirá diferentes tablas de carga/capacidad para cada modo.

4.2.0 Cuadrantes de funcionamiento

A medida que la grúa oscila en varios cuadrantes, la distancia entre la posición de la carga y el eje basculante cambia drásticamente. Esto se debe a que las grúas generalmente se construyen más largas que anchas para que puedan caber en una carretera o en un remolque para su transporte de un trabajo a otro. Esta forma rectangular tiende a dar como resultado una mayor estabilidad de la grúa de adelante hacia atrás que de lado a lado.

Los cuadrantes de funcionamiento se denominan sobre la parte delantera, sobre la parte trasera, sobre la parte lateral y 360 grados (*figura 21*).

Los fabricantes de grúas elaboran tablas de carga/capacidad separadas para determinados cuadrantes porque las capacidades pueden variar. Por ejemplo, observe las diferencias de capacidad en las tablas de carga/capacidad de la *figura 22* para una grúa de pluma hidráulica.

Con una longitud de pluma de 36 pies (10.9 m), la capacidad bruta sigue siendo la misma en ambas configuraciones con un radio de acción de 10 pies (3 m). Sin embargo, en todas las demás longitudes de pluma y radios de acción, la capacidad para 360 grados es menor que para el funcionamiento sobre la parte delantera. Las diferencias de capacidad pueden variar significativamente en los distintos radios a medida que aumenta la longitud de la pluma.

4.3.0 Configuración de la base de la grúa

La grúa se puede configurar sobre neumáticos, estabilizadores, con orugas extendidas o replegadas, o sobre estabilizadores. Cada configuración afecta a la capacidad, lo que se traduce en una tabla de carga/capacidad diferente.

TEREX™ LIFTING

AMERICAN HC 60

Grúa de orugas hidráulica
Pluma 46 HI

Con pluma angular 46HI, punta de 4 poleas, contrapeso de 39,000

Longitud de la pluma	Radio (pies)	Ángulo de la pluma (grados)	Marcos laterales extendidos (libras)	Desde la punta de la pluma al suelo (pies)
40 (12.2M)	10	80.3	120,000*	45
	12	77.4	120,000*	44
	15	73.0	93,390	44
	20	65.3	59,020	42
	25	57.1	42,780	39
	30	48.1	33,370	35
	35	37.5	27,190	30
	40	23.4	22,840	21
50 (15.2M)	12	80.0	120,000*	55
	15	76.4	93,310	54
	20	70.5	58,910	53
	25	64.2	42,640	50
	30	57.7	33,230	48
	35	50.6	27,040	44
	40	42.7	22,670	39
	45	33.5	19,460	33
	50	20.9	16,960	23
(18.3M)	13	80.7	117,460*	65
	15	78.7	93,230	64
	20	73.8	58,800	63
	25	68.8	42,510	61
	30	63.6	33,100	59
	35	58.1	26,890	56
	40	52.3	22,520	53
	45	46.0	19,330	49
	50	38.9	16,820	43
	55	30.5	14,820	36
	60	19.0	13,190	[illegible]

Longitud de la pluma	Radio (pies)	Ángulo de la pluma (grados)	Marcos laterales extendidos (libras)	Desde la punta de la pluma al suelo (pies)
(con't)	45	62.4	18,820	85
	50	58.7	16,290	82
	55	54.9	14,290	79
	60	50.9	12,650	75
	65	46.7	11,300	71
	70	42.2	10,160	66
	75	37.2	9,180	60
	80	31.5	8,330	52
	85	24.8	7,610	43
	90	15.5	6,970	29
100 (30.5M)	19	81.0	62,850	104
	20	80.4	58,180	104
	25	77.5	41,800	103
	30	74.5	32,400	102
	35	71.5	26,170	100
	40	68.5	21,770	98
	45	65.3	18,630	96
	50	62.2	16,110	94
	55	58.9	14,100	91
	60	55.4	12,460	88
	65	51.9	11,110	84
	70	48.2	9,970	80
	75	44.2	8,980	75
	80	39.9	8,140	[illegible]
	85	35.2	[illegible]	[illegible]
	90	[illegible]	[illegible]	[illegible]

Longitud de la pluma	Radio (pies)	Ángulo de la pluma (grados)	Marcos laterales extendidos (libras)	Desde la punta de la pluma al suelo (pies)
120 (con't)	90	43.7	6,350	88
	95	40.2	5,770	83
	100	36.3	5,260	76
	105	32.0	4,800	69
	110	27.2	4,380	60
	115	21.4	4,020	49
	120	13.4	3,680	33
130 (39.6M)	24	80.8	43,780	134
	25	80.4	41,220	134
	30	78.1	31,830	133
	35	75.9	25,570	131
	40	73.6	21,160	130
	45	71.3	18,050	129
	50	68.9	15,520	127
	55	66.6	13,500	125
	60	64.1	11,870	122
	65	61.7	10,500	120
	70	59.1	9,350	117
	75	56.5	8,370	114
	80	53.8	7,520	110
	85	51.0	6,780	107
	[illegible]	[illegible]	[illegible]	102

38302-11_F18.EPS

Figura 18 Tabla de carga/capacidad en unidades inglesas y métricas con columna de longitud de la pluma a la izquierda.

4.3.1 Sobre neumáticos

En la *figura 23* se muestran las tablas de carga/capacidad sobre neumáticos. Dependiendo del fabricante, las presiones requeridas para los neumáticos pueden definirse en notas de las tablas o en un cuadro por separado.

Existen varios requisitos para la elevación sobre neumáticos. Las capacidades para la elevación sobre neumáticos no superan el 75% de las cargas de vuelco determinadas mediante pruebas conforme a la norma *ASME/SAE J765*. Este porcentaje es estrictamente una estipulación de ingeniería (*engineering*) que utiliza el fabricante para crear las capacidades de la tabla de carga/capacidad. El operador no dispone de una amortiguación del 25%, ya que las capacidades de la tabla de cargas no deben superarse. Tenga en cuenta que la capacidad de la grúa debe reducirse si los neumáticos están poco inflados (nota 9 de la *figura 23*).

4.3.2 Sobre estabilizadores

Las capacidades de elevación sobre neumáticos no superan el 85% de las cargas de vuelco. Como se ha mencionado con la elevación sobre neumáticos, se trata de una estipulación de ingeniería. No significa que el operador disponga de una amortiguación del 15%. Dependiendo del diseño de la grúa, puede haber tablas de carga/capacidad para los estabilizadores sin extensión, con extensión intermedia y con extensión total (*figuras 24, 25* y *26*). Sin extensión, las capacidades no superan el 75% del vuelco. En este caso, la grúa puede tener menos capacidad pero más estabilidad que cuando está sobre neumáticos.

De 35 a 138 pies (de 10.8 a 42.0 m) | 0 lb (0 kg) | 100% | 360°

85% nacional (libras)

(Pies)	35	61	74	87	99	112	138
10	139,500 (65.5)	42,900 (77.5)	*32,100 (80)				
12	110,000 (62)	42,000 (75.5)	32,100 (78.5)	*31,850 (80)			
15	92,450 (56)	36,550 (72.5)	32,100 (76)	31,850 (78.5)	*21,350 (80)		
20	64,600 (44.5)	29,400 (67.5)	31,350 (71.5)	28,850 (75)	21,350 (77.5)	19,000 (79.5)	
25	48,350 (29.5)	24,350 (62)	26,450 (67.5)	25,050 (71.5)	20,850 (74.5)	18,150 (77)	*19,000 (80)
30		20,500 (56.5)	22,300 (63)	21,550 (68)	18,650 (71.5)	17,300 (74.5)	18,300 (78.5)
35		17,450 (50)	19,100 (58.5)	18,500 (64)	16,900 (68.5)	16,450 (71.5)	17,650 (76.5)
40		15,050 (43)	16,500 (53.5)	16,000 (60)	15,300 (65)	15,650 (69)	17,000 (74)
45		13,100 (35)	14,450 (48.5)	14,000 (56)	13,650 (61.5)	14,150 (66)	16,350 (72)
50		11,450 (24.5)	12,750 (42.5)	12,350 (52)	12,100 (58.5)	12,700 (63)	15,450 (69.5)
60			9,160 (28)	9,710 (42.5)	9,580 (51)	10,150 (57)	10,400 (65)
70				5,990 (30)	7,430 (42.5)	8,220 (50)	7,140 (60)
80					4,720 (32)	5,790 (42.5)	4,820 (55)
90					2,550 (15.5)	3,700 (33.5)	3,100 (49.5)
100						1,990 (21)	1,760 (43)
Ángulo mín. de la pluma (grados) para la longitud indicada (sin carga)						0	40

Longitud máx. de la pluma (pies) con un ángulo de la pluma de 0 grados (sin carga) 112

NOTA: ( ) los ángulos de las plumas son en grados.

*Esta capacidad se basa en el ángulo máximo de la pluma.

Ángulo de la pluma	35	61	74	87	99	112
0	26,400 (28.2)	10,150 (53.8)	6,240 (66.6)	3,330 (79.4)	2,130 (92.2)	1,260 (105)

NOTA: ( ) Los radios de referencia están en pies.

A6-829-014471

T1 T2 T3 T4 % **MODO A**

38302-11_F19.EPS

Figura 19 Tabla de carga/capacidad de la grúa hidráulica para configuración de pluma modo A.

De 35 a 138 pies (de 10.8 a 42.0 m) | 0 lb (0 kg) | 100% | 360°

85% nacional (libras)

(Pies)	35	55	61	74	87	99	112	125	138
10	139,500 (65.5)	79,100 (76)	78,450 (77.5)	*57,050 (80)					
12	110,000 (62)	79,100 (73.5)	77,500 (75.5)	57,050 (78.5)	*43,300 (80)				
15	92,450 (56)	79,100 (70)	69,850 (72.5)	51,650 (76)	43,300 (78.5)	*32,100 (80)			
20	64,600 (44.5)	64,250 (64.5)	59,850 (67.5)	44,350 (71.5)	39,550 (75)	32,100 (77.5)	30,050 (79.5)	*20,150 (80)	
25	48,350 (29.5)	48,050 (58)	48,450 (62)	38,750 (67.5)	33,800 (71.5)	32,100 (74.5)	30,050 (77)	20,150 (79)	*19,000 (80)
30		34,400 (51)	34,050 (56.5)	34,050 (63)	29,200 (68)	30,200 (71.5)	27,350 (74.5)	19,100 (76.5)	18,300 (78.5)
35		25,150 (43.5)	24,500 (50)	25,200 (58.5)	25,250 (64)	26,600 (68.5)	24,300 (71.5)	18,100 (74)	17,650 (76.5)
40		18,650 (34.5)	18,400 (43)	19,300 (53.5)	18,750 (60)	20,050 (65)	21,350 (69)	17,250 (72)	17,000 (74)
45		14,150 (21.5)	14,150 (35)	14,400 (48.5)	14,100 (56)	15,350 (61.5)	16,550 (66)	16,450 (69)	16,350 (72)
50			11,050 (24.5)	10,750 (42.5)	10,700 (52)	11,850 (58.5)	13,050 (63)	14,250 (66.5)	15,450 (69.5)
60				5,810 (28)	6,040 (42.5)	7,110 (51)	8,210 (57)	9,310 (61.5)	10,400 (65)
70					2,970 (30)	3,990 (42.5)	5,030 (50)	6,080 (56)	7,140 (60)
80						1,780 (32)	2,780 (42.5)	3,800 (49.5)	4,820 (55)
90							1,120 (33.5)	2,100 (43)	3,100 (49.5)
100									1,760 (43)
Ángulo mín. de la pluma (grados) para la longitud indicada (sin carga)					20	25	33	37	40
Longitud máx. de la pluma (pies) con un ángulo de la pluma de 0 grados (sin carga)							74		

NOTA: ( ) los ángulos de las plumas son en grados.

*Esta capacidad se basa en el ángulo máximo de la pluma.

Ángulo de la pluma	35	55	61	74
0	26,400 (28.2)	12,500 (47.4)	9,190 (53.8)	3,540 (66.6)

NOTA: ( ) Los radios de referencia están en pies.

A6-829-014539

T1 T2 T3 T4 % **MODO B**

38302-11_F20.EPS

Figura 20 Tabla de carga/capacidad de la grúa hidráulica para configuración de pluma modo B.

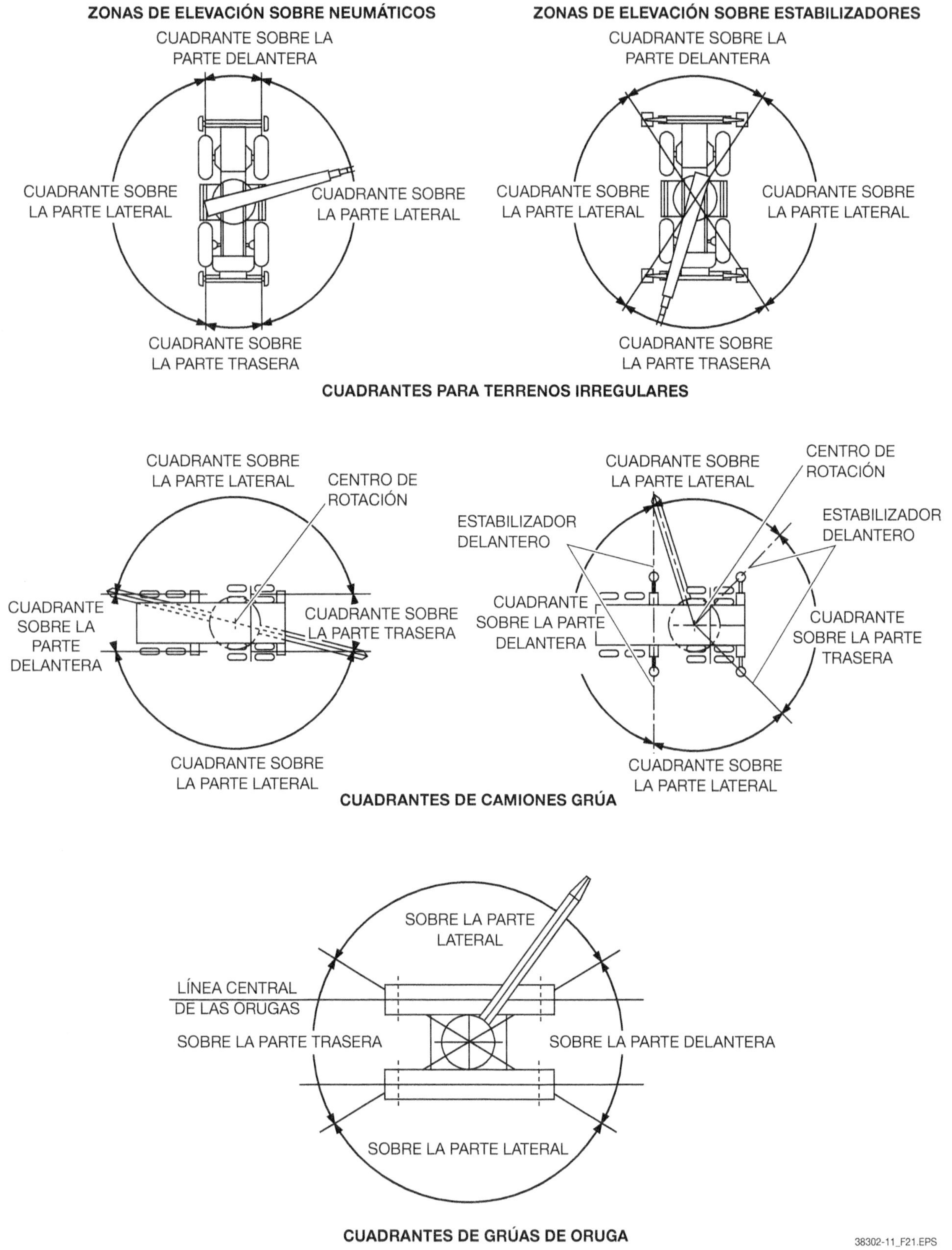

Figura 21 Planos de definición de cuadrantes para grúas todoterreno, grúas sobre camión y grúas sobre orugas.

CUADRANTE

De 36 a 70 pies | 12,150 lb | Fijo | 360°

Libras

#9005

Pies	Longitud de la pluma principal en pies				
	36	40	50	*60	70
10	45,300 (69)	39,700 (72)			
12	41,750 (65.5)	39,700 (68.5)	29,600 (73.5)		
15	29,350 (59.5)	26,450 (63.5)	26,450 (70)	20,900 (74)	
20	17,800 (49)	17,650 (55)	17,050 (63.5)	16,250 (69)	16,250 (72)
25	11,750 (36)	11,700 (45)	11,350 (56.5)	10,850 (63.5)	10,850 (68)
30		8,040 (31.5)	7,820 (48.5)	7,470 (57.5)	7,470 (63)
35			5,400 (40)	5,120 (51.5)	5,120 (58)
40			3,660 (28)	3,200 (45)	3,430 (53)
45				1,000 (37)	2,150 (47.5)
50					1,150 (41.0)

Capacidades de elevación con un ángulo de la pluma de cero grados Sobre neumáticos: fijo 360

Ángulo de pluma	Longitud de la pluma principal en pies		
	36	40	50
0°	8,180 (29.7)	5,890 (34.2)	2,170 (44.2)

Nota: ( ) Los radios de referencia están en pies. A6-829-101048A

N.º de código de operación de LMI. Consulte las instrucciones en el manual de LMI.

*La longitud de la pluma de 60 pies es con el medio interior extendido y el medio exterior y el brazo replegados.

CUADRANTE

De 36 a 70 pies | 12,150 lb | Fijo | Arco definido sobre la parte delantera

Libras

#9005

Pies	Longitud de la pluma principal en pies				
	36	40	50	*60	70
10	45,300 (69)	42,850 (72)	29,600 (76)		
12	43,650 (65.5)	41,350 (68.5)	29,600 (73.5)		
15	38,300 (59.5)	36,300 (63.5)	29,600 (70)	20,900 (74)	17,300 (76.5)
20	31,150 (49)	29,550 (55)	25,900 (63.5)	20,900 (69)	17,300 (72)
25	24,100 (36)	24,150 (45)	21,800 (56.5)	18,800 (63.5)	17,300 (68)
30		17,400 (31.5)	17,200 (48.5)	15,300 (57.5)	15,300 (63)
35			12,800 (40)	12,500 (51.5)	11,000 (58)
40			9,720 (28)	9,390 (45)	9,390 (53)
45				7,090 (37)	7,090 (47.5)
50				5,310 (26.5)	5,310 (41)
55					3,870 (33.5)
60					3,170 (24)

Capacidades de elevación con un ángulo de la pluma de cero grados sobre neumáticos: arco definido sobre la parte delantera

	Longitud de la pluma principal en pies				
	36	40	50	*60	70
0°	17,600 (29.7)	13,600 (34.2)	7,750 (44.2)	4,010 (54.6)	2,670 (64.2)

Nota: ( ) Los radios de referencia están en pies. A6-829-101047

N.º de código de operación de LMI. Consulte las instrucciones en el manual de LMI.

*La longitud de la pluma de 60 pies es con el medio interior extendido y el medio exterior y el brazo replegados.

38302-11_F22.EPS

Figura 22 Diferencias de capacidades.

4.3.3 Sobre orugas

Las orugas pueden extenderse o replegarse para las operaciones de elevación. Las capacidades de las grúas sobre orugas no superan el 75% de la capacidad de vuelco. Sin embargo, algunas grúas pueden tener extensiones de estabilizadores junto con orugas en las que las capacidades pueden ser del 85% de vuelco. El operador debe consultar el manual del operador y seguir las recomendaciones del fabricante cuando realice la elevación

4.4.0 Torre y anillo accesorios

Un accesorio de torre se utiliza como alternativa a una grúa torre independiente cuando una menor altura de montaje permite su uso (*figura 27*). También se utiliza para aumentar el radio de carga cuando el alcance es la principal preocupación operativa. Como con todos los accesorios, el operador debe seguir las recomendaciones del fabricante de la grúa o del accesorio para la elevación.

Un anillo accesorio se utiliza para aumentar considerablemente la capacidad de la grúa mediante cambios de configuración y transferencia de peso a la base del anillo (*figura 28*).

4.5.0 Configuraciones de los contrapesos

Cada grúa tiene especificaciones de contrapeso. Los contrapesos proporcionan estabilidad adicional a la grúa durante las operaciones de montaje y elevación. Puede haber contrapesos delanteros, traseros, laterales

De 36 a 70 pies | **12,150 lb** | **Fijo** | **360°**

Libras

#9005

Longitud de la pluma principal en pies

Pies	36	40	50	*60	70
10	45,300 (69)	39,700 (72)			
12	41,750 (65.5)	39,700 (68.5)	29,600 (73.5)		
15	29,350 (59.5)	26,450 (63.5)	26,450 (70)	20,900 (74)	
20	17,800 (49)	17,650 (55)	17,050 (63.5)	16,250 (69)	16,250 (72)
25	11,750 (36)	11,700 (45)	11,350 (56.5)	10,850 (63.5)	10,850 (68)
30		8,040 (31.5)	7,820 (48.5)	7,470 (57.5)	7,470 (63)
35			5,400 (40)	5,120 (51.5)	5,120 (58)
40			3,660 (28)	3,200 (45)	3,430 (53)
45				1,000 (37)	2,150 (47.5)
50					1,150 (41.0)

Capacidades de elevación con un ángulo de la pluma de cero grados sobre neumáticos: fijo 360

Longitud de la pluma principal en pies

	36	40	50
0°	8,180 (29.7)	5,890 (34.2)	2,170 (44.2)

Nota: ( ) Los radios de referencia están en pies. A6-829-101048A

N.º de código de operación de LMI. Consulte las instrucciones en el manual de LMI.

*La longitud de la pluma de 60 pies es con el medio interior extendido y el medio exterior y el brazo replegados.

De 36 a 70 pies | **12,150 lb** | **Fijo** | **Arco definido sobre la parte delantera**

Libras

#9005

Longitud de la pluma principal en pies

Pies	36	40	50	*60	70
10	45,300 (69)	42,850 (72)	29,600 (76)		
12	43,650 (65.5)	41,350 (68.5)	29,600 (73.5)		
15	38,300 (59.5)	36,300 (63.5)	29,600 (70)	20,900 (74)	17,300 (76.5)
20	31,150 (49)	29,550 (55)	25,900 (63.5)	20,900 (69)	17,300 (72)
25	24,100 (36)	24,150 (45)	21,800 (56.5)	18,800 (63.5)	17,300 (68)
30		17,400 (31.5)	17,200 (48.5)	15,300 (57.5)	15,300 (63)
35			12,800 (40)	12,500 (51.5)	11,000 (58)
40			9,720 (28)	9,390 (45)	9,390 (53)
45				7,090 (37)	7,090 (47.5)
50				5,310 (26.5)	5,310 (41)
55					3,870 (33.5)
60					3,170 (24)

Capacidades de elevación con un ángulo de la pluma de cero grados sobre neumáticos: arco definido sobre la parte delantera

Longitud de la pluma principal en pies

	36	40	50	*60	70
0°	17,600 (29.7)	13,600 (34.2)	7,750 (44.2)	4,010 (54.6)	2,670 (64.2)

Nota: ( ) Los radios de referencia están en pies. A6-829-101047

N.º de código de operación de LMI. Consulte las instrucciones en el manual de LMI.

*La longitud de la pluma de 60 pies es con el medio interior extendido y el medio exterior y el brazo replegados.

De 36 a 70 pies | **12,150 lb** | **Recogida y transporte hasta 2.5 mph** | **Centro de la pluma sobre la parte delantera**

Libras

#9006

Longitud de la pluma principal en pies

Pies	36	40	50	*60	70
10	42,500 (69)	37,600 (72)	30,700 (76)		
12	42,500 (65.5)	37,600 (68.5)	30,700 (73.5)	23,450 (77)	
15	37,600 (59.5)	37,600 (63.5)	30,700 (70)	19,700 (74)	16,250 (76.5)
20	32,950 (49)	32,900 (55)	30,700 (63.5)	19,700 (69)	16,250 (72)
25	24,100 (36)	24,150 (45)	23,850 (56.5)	19,700 (63.5)	16,250 (68)
30		17,400 (31.5)	17,200 (48.5)	16,800 (57.5)	16,250 (63)
35			12,800 (40)	12,500 (51.5)	12,500 (58)
40			9,720 (28)	9,390 (45)	9,390 (53)
45				7,090 (37)	7,090 (47.5)
50				5,310 (26.5)	5,310 (41)
55					3,870 (33.5)
60					3,090 (24)

Capacidades de elevación con un ángulo de la pluma de cero grados sobre neumáticos: recogida y transporte

Longitud de la pluma principal en pies

Boom Angle	36	40	50	*60	70
0°	17,600 (29.7)	13,600 (34.2)	7,750 (44.2)	4,010 (54.6)	2,670 (64.2)

Nota: () Los radios de referencia están en pies. A6-829-101049

N.º de código de operación de LMI. Consulte las instrucciones en el manual de LMI.

*La longitud de la pluma de 60 pies es con el medio interior extendido y el medio exterior y el brazo replegados.

NOTAS:

1. Las capacidades son en libras y no superan el 75% de las cargas de vuelco determinadas mediante pruebas conforme a la norma SAE J765.
2. Las capacidades son aplicables a máquinas equipadas con neumáticos de 29.6x25 (28 capas) a una presión de inflado en frío de 65 psi.
3. Arco definido: sobre la parte delantera incluye 6° a cada lado de la línea central longitudinal de la máquina (plano de ref. C6-829-003529).
4. Las capacidades que aparecen por encima de la línea en negrita se basan en la resistencia estructural y no debe confiarse en el vuelco como limitación de capacidad.
5. Las capacidades son aplicables solo con la máquina sobre una superficie firme y nivelada.
6. No se permite la elevación sobre neumáticos con extensiones de pluma.
7. Para la operación de recogida y transporte, la pluma debe estar centrada sobre la parte delantera de la máquina, el bloqueo mecánico de giro acoplado y la carga bloqueada para que no se balancee. Cuando se gestionan cargas en el rango estructural con capacidades cercanas a los valores nominales máximos, el desplazamiento debe reducirse a una velocidad muy lenta.
8. Los bloqueos de los ejes deben estar funcionando cuando se realiza una elevación sobre neumáticos.
9. Toda elevación depende del inflado, la capacidad y el estado adecuados de los neumáticos. Las capacidades deben reducirse para presiones de inflado de neumáticos más bajas. Consulte la tabla de capacidad de elevación del neumático utilizado. Los neumáticos dañados son peligrosos para el funcionamiento seguro de la grúa.
10. Fluencia: no más de 200 pies de movimiento en cualquier período de 30 minutos y no superior a 1 mph.

38302-11_F23.EPS

Figura 23 Tabla de carga/capacidad sobre neumáticos.

De 40 a 125 pies (de 12 a 38 m)	11,500 libras (5216 kg)	0% Extensión de 10' 4"	360°

Pies	40	45	55	65	75	85	95	105	115	125
	Libras									
10	91,900 (70)	86,850 (72.5)								
12	70,100 (67)	66,600 (70)	61,200 (74)							
15	50,500 (61.5)	48,150 (65.5)	44,550 (70.5)	41,550 (74)						
20	31,200 (52.5)	30,950 (58)	28,900 (65)	26,950 (69)	26,600 (72.5)	26,600 (75)				
25	20,850 (41.5)	20,550 (49.5)	19,900 (58.5)	18,500 (64.5)	18,500 (68.5)	18,800 (71.5)	18,950 (73.5)	19,050 (75.5)		
30	14,650 (26)	14,350 (39.5)	13,850 (52)	12,950 (59)	13,850 (64)	13,650 (67.5)	13,950 (70.5)	14,200 (72.5)	14,200 (75)	*14,20 (76.5)
35		10,200 (26)	9,750 (44.5)	9,090 (53.5)	9,370 (59.5)	9,970 (64)	10,350 (67)	10,700 (69.5)	10,750 (72)	10,850 (74)
40			6,810 (35.5)	6,190 (47.5)	6,550 (54.5)	7,200 (60)	7,660 (63.5)	8,070 (66.5)	8,200 (69.5)	8,350 (71.5)
45			4,600 (23)	3,950 (40.5)	4,350 (40.5)	5,040 (55.5)	5,540 (60)	5,990 (63.5)	6,170 (66.5)	6,360 (69)
50				2,170 (32.5)	2,610 (44)	3,320 (51.5)	3,850 (56.5)	4,330 (60.5)	4,540 (64)	4,750 (66.5)
60							1,300 (48.5)	1,820 (53.5)	2,070 (58)	2,320 (61.5)
Ángulo mín. de la pluma (grados) para la longitud indicada (sin carga)										51
Longitud máx. de la pluma (pies) con un ángulo de la pluma de 0 grados (sin carga)										65

NOTA: ( ) los ángulos de las plumas son en grados.
*Se basa en el ángulo máximo de la pluma que se puede obtener.

A6-829-011927

Ángulo de la pluma	40	45	55
0	12,550 (32.3)	8,440 (37.8)	3,610 (47.8)

NOTA: ( ) Los radios de referencia están en pies.

A6-829-01228

38302-11_F24.EPS

Figura 24 Capacidades para sobre estabilizador sin extensión (0%).

o superiores. Los fabricantes especifican en las notas operativas o con tablas específicas de carga/capacidad que las capacidades indicadas son con los contrapesos colocados. Las secciones de contrapeso deben combinarse entre sí únicamente de la forma especificada en las tablas de cargas. Si un contrapeso es extensible, debe extenderse de acuerdo con las recomendaciones del fabricante. En las *figuras 29* a *31* se muestran ejemplos de configuraciones de contrapesos en diferentes modelos de grúas.

4.6.0 Tablas de deducciones

Además del peso real de la carga, debe tenerse en cuenta el peso adicional. Por ejemplo, el peso del bloque de carga, la bola para balancín, la cuerda de acero, las secciones del cable de elevación y cualquier extensión de la pluma pueden requerir una deducción de la capacidad bruta de la grúa. La grúa interpretará todos estos elementos como carga. Se indican en las tablas suministradas por el fabricante (*figura 32*).

De 40 a 125 pies (de 12 a 38 m)	11,500 libras (5216 kg)	50% Extensión de 17' 4"	360°

Libras

Pies	40	45	55	65	75	85	95	105	115	125
10	116,000 (70)	105,000 (72.5)								
12	102,500 (67)	102,000 (70)	94,600 (74)							
15	86,800 (61.5)	86,350 (65.5)	85,800 (70.5)	71,050 (74)						
20	67,250 (52.5)	64,850 (58)	60,550 (65)	56,950 (69)	55,250 (72.5)	48,150 (75)				
25	45,750 (41.5)	44,950 (49.5)	42,050 (58.5)	39,700 (64.5)	39,100 (68.5)	38,900 (71.5)	38,000 (73.5)	33,350 (75.5)		
30	32,500 (26)	32,050 (39.5)	31,000 (52)	29,250 (59)	29,050 (64)	29,250 (67.5)	29,300 (70.5)	29,250 (72.5)	24,550 (75)	*23,70 (76.5)
35		23,900 (26)	23,350 (44.5)	22,250 (53.5)	22,300 (59.5)	22,700 (64)	22,900 (67)	23,050 (69.5)	21,700 (72)	21,900 (74)
40			17,650 (35.5)	17,200 (47.5)	17,400 (54.5)	17,900 (60)	18,250 (63.5)	18,550 (66.5)	18,550 (69.5)	18,550 (71.5)
45			13,400 (23)	13,000 (40.5)	13,600 (49.5)	14,300 (55.5)	14,700 (60)	15,050 (63.5)	15,150 (66.5)	15,250 (69)
50				9,850 (32.5)	10,450 (44)	11,450 (51.5)	11,900 (56.5)	12,350 (60.5)	12,450 (64)	12,600 (66.5)
60					5,970 (30)	6,940 (41.5)	7,840 (48.5)	8,310 (53.5)	8,500 (58)	8,700 (61.5)
70						4,020 (28.5)	4,840 (39)	5,410 (46)	5,700 (51.5)	5,930 (55.5)
80							2,630 (27)	3,170 (37)	3,620 (44.5)	3,870 (49.5)
90								1,490 (25.5)	2,000 (36)	2,280 (42.5)
100										1,020 (34.5)
Ángulo mín. de la pluma (grados) para la longitud indicada (sin carga)										27.5
Longitud máx. de la pluma (pies) con un ángulo de la pluma de 0 grados (sin carga)										105

NOTA: ( ) los ángulos de las plumas son en grados.
*Se basa en el ángulo máximo de la pluma que se puede obtener.

A6-829-011802

Ángulo de la pluma	40	45	55	65	75	85	95
0	22,800 (32.3)	18,250 (37.8)	11,500 (47.8)	6,220 (57.8)	3,740 (67.8)	2,350 (77.8)	1,300 (87.8)

NOTA: ( ) Los radios de referencia están en pies.

A6-829-01228

38302-11_F25.EPS

Figura 25 Capacidades para sobre estabilizador con extensión intermedia (50%).

4.6.1 Tablas de aguilones

Las tablas proporcionadas por el fabricante, como la que se muestra en la *figura 33,* indican las capacidades en libras de las extensiones de pluma abatible o de aguilón fijo a diferentes grados de desplazamiento. La capacidad de una grúa equipada con una extensión de pluma se ve afectada por lo siguiente:

- Radio de carga
- Longitud de la pluma principal
- Ángulo de la pluma principal
- Longitud del aguilón
- Ángulo del aguilón con respecto a la horizontal
- Ángulo del aguilón con respecto a la pluma
- Peso del aparejo y de los ganchos tanto en el aguilón como en la pluma principal

De 40 a 125 pies (de 12 a 38 m)	11,500 libras (5216 kg)	100%	360°

Libras

Pies	40	45	55	65	75	85	95	105	115	125
10	130,000 (70)	105,000 (72.5)								
12	111,000 (67)	105,000 (70)	94,600 (74)							
15	91,450 (61.5)	91,000 (65.5)	88,250 (70.5)	71,050 (74)						
20	69,550 (52.5)	69,050 (58)	68,400 (65)	60,400 (69)	55,250 (72.5)	48,150 (75)				
25	55,050 (41.5)	54,600 (49.5)	53,950 (58.5)	53,450 (64.5)	47,950 (68.5)	41,700 (71.5)	38,000 (73.5)	33,350 (75.5)		
30	42,950 (26)	42,450 (39.5)	41,700 (52)	41,200 (59)	41,950 (64)	36,700 (67.5)	33,300 (70.5)	30,750 (72.5)	24,550 (75)	*23,70 (76.5)
35		33,700 (26)	33,000 (44.5)	32,500 (53.5)	33,250 (59.5)	32,600 (64)	29,550 (67)	27,300 (69.5)	21,700 (72)	21,900 (74)
40			26,650 (35.5)	26,150 (47.5)	26,900 (54.5)	27,850 (60)	26,450 (63.5)	24,450 (66.5)	19,350 (69.5)	20,300 (71.5)
45			21,750 (23)	21,300 (40.5)	22,050 (49.5)	23,000 (55.5)	23,700 (60)	22,000 (63.5)	17,450 (66.5)	18,800 (69)
50				17,500 (32.5)	18,250 (44)	19,150 (51.5)	19,900 (56.5)	19,850 (60.5)	15,800 (64)	17,050 (66.5)
60					12,400 (30)	13,250 (41.5)	14,100 (48.5)	14,650 (53.5)	13,250 (58)	14,150 (61.5)
70						9,190 (28.5)	9,910 (39)	10,400 (46)	10,850 (51.5)	11,350 (55.5)
80							6,930 (27)	6,740 (37)	7,850 (44.5)	8,290 (49.5)
90								5,170 (25.5)	5,600 (36)	6,010 (42.5)
100									3,880 (25)	4,250 (34.5)
110										2,840 (24)
Ángulo mín. de la pluma (grados) para la longitud indicada (sin carga)										0
Longitud máx. de la pluma (pies) con un ángulo de la pluma de 0 grados (sin carga)										125

NOTA: ( ) los ángulos de las plumas son en grados.
*Se basa en el ángulo máximo de la pluma que se puede obtener.

A6-829-011801

Ángulo de la pluma	40	45	55	65	75	85	95	105	115
0	22,800 (32.3)	18,250 (37.8)	12,200 (47.8)	7,990 (57.8)	5,720 (67.8)	4,320 (77.8)	3,210 (87.8)	2,380 (97.8)	1,570 (107.8)

NOTA: ( ) Los radios de referencia están en pies.

A6-829-01228

38302-11_F26.EPS

Figura 26 Capacidades para sobre estabilizador con extensión total (100%).

- Determinación matemática de si la capacidad de la grúa se basa en estos factores:
  - Resistencia del aguilón
  - Resistencia de la pluma principal
  - Estabilidad de la grúa

Cuando se estiba una extensión de aguilón o pluma en la sección inferior de la pluma principal, el peso estibado debe deducirse de la capacidad bruta indicada en la tabla de carga/capacidad para calcular la capacidad neta de la grúa.

Cuando el aguilón/extensión está montado en la punta de la pluma, el peso efectivo debe deducirse de la capacidad bruta. Esta deducción solo se realiza cuando la elevación se efectúa desde la pluma principal. Si está realizando la elevación desde un aguilón montado, no cuente el peso del aguilón como parte de la carga. Ya se ha compensado en la tabla de capacidad específica del aguilón. El fabricante calcula el peso efectivo como el peso que, cuando se aplica en la punta de la pluma, tendrá el mismo efecto sobre la grúa que la extensión de la pluma o el aguilón.

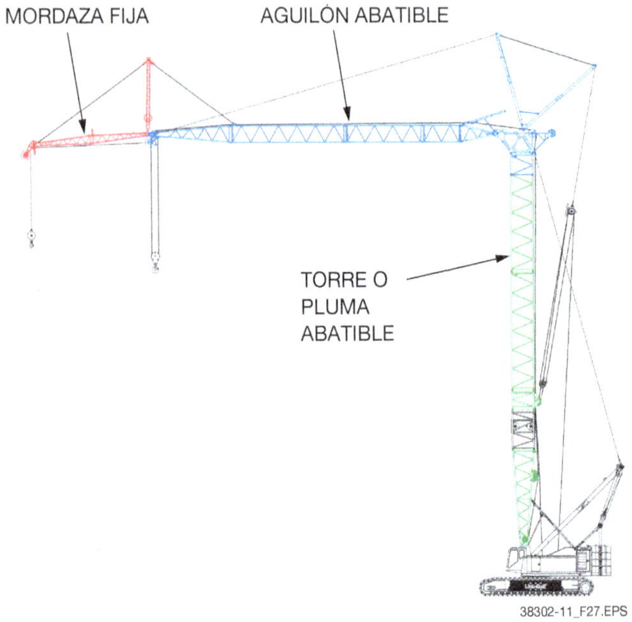

Figura 27 Grúa con accesorio de torre.

Figura 29 Contrapesos de grúa sobre orugas.

Figura 28 Grúa Ringer de 200 toneladas (200,000 kg).

Figura 30 Contrapesos de grúa Ringer.

Figura 31 Contrapesos en un soporte auxiliar.

DEDUCCIONES DE CAPACIDAD PARA EQUIPOS AUXILIARES DE GESTIÓN DE CARGAS

Equipo de gestión de cargas	(lb.)
Cabezal auxiliar conectado	100
Bloque de gancho de 3 poleas de enrollado rápido de 25 toneladas (consulte el peso real del bloque de gancho)	670
Bloque de gancho de 4 poleas de enrollado rápido de 40 toneladas (consulte el peso real del bloque de gancho)	780
Bola con gancho de 8.5 toneladas (consulte el peso real de la bola con gancho)	360
Elevación de la pluma principal con:	**(lb.)**
Brazo de 28.5 pies o 51 pies estibado en la base (consulte la nota de funcionamiento 4)	0
brazo de desplazamiento de 28.5 pies montado pero sin utilizar	2600
brazo de desplazamiento de 51 pies montado pero sin utilizar	4800
Elevación de 28.5 pies Brazo de desplazamiento con:	
punta de brazo de 22.5 pies montado pero sin utilizar	PROHIBIDO
punta de brazo de 22.5 pies estibado en brazo de desplazamiento de 28.5 pies	PROHIBIDO
Nota: Las deducciones de capacidad se aplican únicamente a los equipos suministrados por Link-Belt	

38302-11_F32.EPS

Figura 32 Tabla de deducciones.

4.6.2 Secciones de la cuerda

Antes de realizar una elevación, el operador debe asegurarse de que la grúa tiene la capacidad neta suficiente para elevar la carga y de que está equipada con suficientes secciones de la cuerda (*figura 34*) para elevar la carga sin romper el cable de elevación.

Existen varios métodos para determinar las secciones de la cuerda para una elevación. Algunos fabricantes de grúas proporcionan esta información junto con las tablas de carga/capacidad (*figura 35*). Este es el método más fácil. Este método también es preciso si todo el material utilizado es el recomendado por el fabricante.

En algunas tablas de grúas, el límite de carga de trabajo (*Working Load Limit - WLL*) del cable de elevación puede reducirse para el enrrollado de varias secciones debido a la fricción de las poleas de bloque y de punta de pluma. En otras grúas, la determinación de las secciones de la cuerda puede ser directamente proporcional al número de capas en el tambor del cabrestante. Cuanto mayor sea el número de capas en el tambor, menor será el tendido de cable disponible para elevar la carga.

Puede utilizar la siguiente fórmula para calcular las secciones de la cuerda:

$$\text{Secciones de cuerda} = \frac{\text{peso suspendido}}{\text{WLL cuerda de izado}}$$

Donde:

Peso suspendido = peso de la carga + peso del bloque de gancho + peso de las eslingas y herrajes de los aparejos

WLL = diámetro al cuadrado × 8

Ejemplo:

- Tamaño de la cuerda de acero: 1¼ pulgadas (3.2 cm)
- Peso de la carga: 50 toneladas (50,000 kg)
- Tipo de poleas: cojinete antifricción

WLL = diámetro al cuadrado x 8 = 1.25 × 1.25 × 8 = 12.5

Peso total de la carga = 50

50 toneladas ÷ 12.5 = 4 (relación)

Vea la *tabla 1*, encuentre la columna bajo la relación B, poleas de cojinetes antifricción. Observe que 4.71 es el siguiente número más alto por encima del número calculado de 4. La columna del número de secciones de la cuerda da 5 secciones de la cuerda.

5.0.0 CÁLCULO DE LA CAPACIDAD DE LA GRÚA

Proporcionar información sobre determinadas configuraciones de elevación y presentar tablas de carga/capacidad aplicables a dichas configuraciones es inútil si no se pueden realizar los cálculos necesarios para determinar las capacidades. Por este motivo, en esta sección se mostrará, paso a paso, cómo calcular las capacidades brutas y netas de una grúa.

Los fabricantes de grúas proporcionan notas operativas (notas para las capacidades de elevación u otra información) con las tablas de carga de cada modelo de grúa. Consulte un ejemplo en la *figura 33*. Estas notas destacan los hechos importantes de las tablas de carga/capacidad y elevación que se cubren en este módulo. Es importante que el operador lea y comprenda las notas porque contienen estipulaciones relativas al funcionamiento de la grúa.

Tabla 1 Factores de relación

Relación A Poleas con casquillo de bronce	Relación B Poleas con rodamientos antifricción	Número de secciones de cuerda
.96	.98	1
1.87	1.94	2
2.75	2.88	3
3.59	3.81	4
4.39	4.71	5
5.16	5.60	6
5.90	6.47	7
6.60	7.32	8
7.27	8.16	9
7.91	8.98	10
8.52	9.79	11
9.11	10.60	12
9.68	11.40	13
10.20	12.10	14
10.70	12.90	15
11.20	13.60	16
11.70	14.30	17
12.20	15.00	18
12.60	15.70	19
13.00	16.40	20

38302-11_T01.EPS

Extensión de la pluma abatible de 33 a 56 pies (modo B) (ángulos de desplazamiento fijos)

De 37.3 a 141.7 pies	De 33 a 56 pies	22,000 lb	100% 34'-6" Spread	360°

Libras

pies	33 pies LONGITUD 5° DESPLAZAMIENTO #0091	33 pies LONGITUD 20° DESPLAZAMIENTO #0091	33 pies LONGITUD 40° DESPLAZAMIENTO #0091	56 pies LONGITUD 5° DESPLAZAMIENTO #0092	56 pies LONGITUD 20° DESPLAZAMIENTO #0092	56 pies LONGITUD 40° DESPLAZAMIENTO #0092
40	*13,700 (78)					
45	13,700 (77)					
50	13,700 (75)	13,700 (77.5)		*8,200 (78)		
55	13,700 (73.5)	13,700 (75.5)	*11,000 (78)	8,200 (77.5)		
60	13,700 (71.5)	13,700 (74)	11,000 (76)	8,200 (76)		
65	13,700 (70)	12,850 (72)	10,950 (74.5)	8,200 (74.5)	8,200 (77.5)	
70	12,500 (68)	12,000 (70)	10,350 (72.5)	8,200 (73)	8,200 (76)	
75	11,350 (66)	11,200 (68)	9,830 (70.5)	8,200 (71.5)	8,100 (74)	6,400 (77.5)
80	9,730 (64.5)	10,450 (66.5)	9,330 (68.5)	8,200 (69.5)	7,600 (72.5)	6,400 (76)
85	8,300 (62.5)	8,980 (64.5)	8,860 (66.5)	8,200 (68)	7,150 (71)	6,230 (74)
90	7,060 (60.5)	7,660 (62.5)	8,210 (64.5)	7,740 (66.5)	6,730 (69)	5,920 (72.5)
95	5,960 (58.5)	6,500 (60.5)	6,980 (62)	7,130 (64.5)	6,350 (67.5)	5,640 (70.5)
100	4,990 (56.5)	5,470 (58)	5,880 (60)	6,130 (63)	6,000 (65.5)	5,380 (68.5)
105	4,120 (54)	4,560 (56)	4,900 (58)	5,230 (61)	5,690 (64)	5,140 (67)
110	3,340 (52)	3,730 (54)	4,020 (55.5)	4,430 (59.5)	5,290 (62)	4,900 (65)
115	2,640 (49.5)	2,990 (51.5)	3,230 (53)	3,700 (57.5)	4,490 (60)	4,690 (63)
120	2,000 (47.5)	2,320 (49)	2,510 (50.5)	3,040 (55.5)	3,760 (58.5)	4,470 (61)
125	1,420 (45)	1,700 (46.5)	1,850 (47.5)	2,440 (53.5)	3,100 (56.5)	3,710 (58.5)
130		1,140 (44)	1,250 (45)	1,900 (51.5)	2,500 (54.5)	3,030 (56.5)
135				1,390 (49.5)	1,940 (52)	2,390 (54)
140					1,420 (50)	1,810 (52)
145						1,270 (49)
Ángulo mín. de la pluma (°) para la longitud indicada 42 (sin carga)	42	43	43	48	48	47
Longitud máx. de la pluma (pies) con un ángulo de la pluma de 0° (sin carga)		89.8			76.7	

NOTA: ( ) los ángulos de las plumas son en grados.

N.° de código de operación de LMI. Consulte las instrucciones de funcionamiento en el manual de LMI.

*Esta capacidad se basa en el ángulo máximo de la pluma.

A6-829-103522

NOTAS:

1. Todas las capacidades por encima de la línea en negrita se basan en la resistencia estructural de la extensión de la pluma y no superan el 85% de las cargas de vuelco, de acuerdo con la norma SAEJ-765.
2. La extensión de pluma abatible de 33 pies puede utilizarse para servicios de elevación de una o dos líneas. La extensión de pluma abatible de 56 pies puede utilizarse para servicios de elevación de una línea. ADVERTENCIA: Queda terminantemente prohibida la elevación con la base de extensión de 33 pies, con el volante de extensión de 23 pies montado o plegado a lo largo de la base de extensión.
3. ADVERTENCIA: Queda estrictamente prohibido el uso de esta máquina con cargas más pesadas que las capacidades indicadas. El vuelco de la máquina con el brazo extendido se produce rápidamente y sin previo aviso.
4. El ángulo de la pluma es el ángulo por encima o por debajo de la horizontal del eje longitudinal de la sección de la base de una pluma después de levantar la carga nominal.
5. Las capacidades indicadas son solo con los estabilizadores correctamente extendidos y los gatos verticales colocados.
6. Para longitudes de la pluma principal inferiores a 141.7 pies con la extensión de la pluma montada, las cargas nominales se determinan según el ángulo de la pluma. Utilice solamente la columna que corresponda a la longitud de extensión de la pluma y al desplazamiento para el que está configurada la máquina. Para los ángulos de la pluma no indicados, utilice el valor nominal del ángulo de la pluma inmediatamente inferior.
7. Cuando se realiza una elevación por encima de la punta de la pluma principal con una extensión de 33 o 56 pies, los estabilizadores deben estar completamente extendidos o extendidos al 50% (17.3 pies de extensión).

38302-11_F33.EPS

Figura 33 Tabla de extensión del aguilón/la pluma con desplazamiento.

Ejemplo 1:

Cuando realice la elevación desde la pluma principal, encuentre la capacidad neta de una grúa hidráulica Grove TM-1500 montada en camión (*figura 36*) en las siguientes condiciones:

- Estabilizadores correctamente ajustados y nivelados
- Elevación sobre la parte trasera
- Pluma de extensión con pasadores motorizados replegada
- Extensión de 33 a 58 pies (10 a 17.7 m) estibada
- Longitud de la pluma de 52 pies (15.8 m)
- Radio de carga de 23 pies (7 m)
- Bloque de 150 toneladas (150,000 kg) y 8 poleas
- Cabezal de pluma auxiliar acoplado
- Bola para balancín de 10 toneladas (10,000 kg) enrollada sobre el cabezal de pluma auxiliar
- Aparejo y otros accesorios de 195 lb (56.7 kg)

La capacidad neta es de 123,984 lb (56,238.2 kg). ¿Cómo se determinó la capacidad neta? Consulte las tablas de carga/capacidad de la *figura 37* y las tablas de reducción de peso de la *figura 38*.

¡ADVERTENCIA!

Los operadores deben seguir la información de la tabla de carga/capacidad de acuerdo con las especificaciones del fabricante.

Lea hacia abajo la columna Radio hasta 23 pies (7 m) (*figura 37*). Este número no aparece en la lista, así que vaya al siguiente radio de carga más largo, que es de 25 pies (7.6 m). Lea la fila Longitud hasta 52 pies (15.8 m) No aparece en la lista, así que vaya a la longitud de la pluma con la siguiente capacidad bruta más baja, que es 58 pies (17.7 m). La capacidad bruta donde se cruzan estas dos es 131,500 lb (59,647.4 kg). Busque los pesos de deducción en las tablas de deducción (*figura 38*) y réstelos de la capacidad bruta.

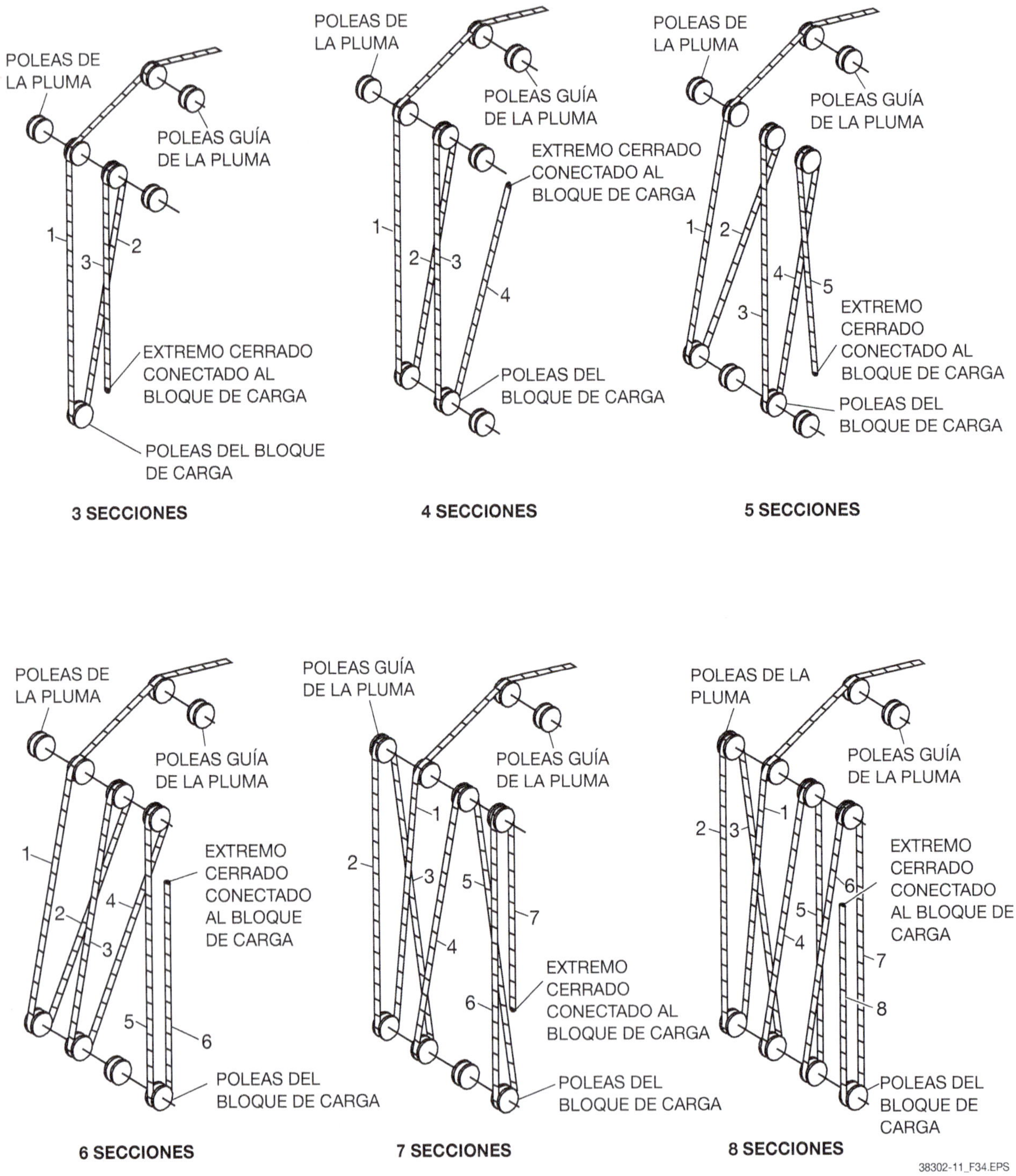

Figura 34 Enrollado de diversas secciones de la cuerda.

131,500 lb (capacidad bruta)
– 1,246 lb (extensión estibada)
– 5,254 lb (bloque)
– 261 lb (cabezal de la pluma aux.)
– 560 lb (bola para balancín)
– 195 lb (aparejo)

123,984 lb (capacidad neta)

Ejemplo 2:

Busque la capacidad neta del modelo 4100W-2 de Manitowoc con la siguiente configuración:

- Contrapesos de la grúa de 146,400 lb (66,406 kg) instalados
- Pluma 22C, pluma principal de 230 pies (70.1 m), sin desplazamiento
- 125 pies (38.1 m) de radio de carga
- Punto de pluma de dos poleas conectado
- Bloque de gancho de 15 toneladas (15,000 kg) 20 pies (6 m) por debajo del punto de la pluma
- Bloque de 100 toneladas (100,000 m) pasado con 4 secciones de la cuerda

CAPACIDAD DE LA CUERDA DE ACERO

Capacidades de elevación máximas basadas en la resistencia de la cuerda de acero			
Secciones de la cuerda	5/8 " Tipo RB	5/8 " Tipo ZB	Notas
1	9,080	11,080	Las capacidades indicadas se expresan en libras y las cargas de trabajo no deben superar los valores indicados en las tablas de capacidades del Manual de capacidades de la grúa.
2	18,160	22,160	
3	27,240	33,240	
4	36,320	44,320	
5	45,400	55,400	
6	54,480	66,480	Estudie el Manual del operador para conocer los procedimientos de inspección de la cuerda de acero y las aplicaciones de una sola sección de la cuerda.
7	63,560	77,560	
8	72,640	88,640	
9	81,720		

LBCE	DESCRIPCIÓN
TIPO RB	18 × 19 Resistente a la rotación: cordón compacto, preformado de alta resistencia, tendido regular derecho
TIPO ZB	36 × 7 Resistente a la rotación: acero de arado extra mejorado, tendido regular derecho

38302-11_F35.EPS

Figura 35 Tabla de capacidad de las cuerdas de acero.

38302-11_F36.EPS

Figura 36 Grúa TM-1500 de Grove.

- Orugas extendidas con dos contrapesos laterales de 12,000 lb (5,443.1 kg) instalados
- Aparejo de 345 lb (156.5 kg)
- Elevación desde el polipasto principal
- Dos contrapesos de chasis de 30,000 lb (13,607.8 kg) instalados

La capacidad neta es de 17,382 lb (7,884.3 kg). ¿Cómo se determinó la capacidad neta? Consulte las tablas de carga/capacidad del modelo 4100W-2 de Manitowoc (*figura 39*).

Lea la sección de la tabla de carga/capacidad que se aplica a 230 pies (70.1 m) de longitud de la pluma. Lea hacia abajo la columna Radio de acción. El radio de 125 pies (38.1 m) tiene una capacidad nominal bruta de 24,100 lb (10,931.6 kg). Para una grúa de pluma reticulada, deben hacerse deducciones por la cuerda y el equipo que se encuentran debajo de la pluma o conectados a ella, de acuerdo con las notas o la información suministrada con las tablas de cargas.

Peso de la cuerda:

Altura de la punta de la pluma (elevación del punto de la pluma) = 202.6

Cable auxiliar = 20 pies × 2.34 lb = 46.8 lb

Línea de carga = 202.6 pies × 2.34 lb = 474.1 lb × 4 líneas = 1,896.4 lb

Peso total de la línea = 1,896.4 lb + 46.8 lb = 1,943.2 lb (redondeado a 1,943 lb)

24,100 lb (capacidad bruta)
– 1,500 lb (punto de dos poleas)
– 865 lb (bloque de gancho de 15 toneladas)
– 2,065 lb (bloque de 100 toneladas)
– 345 lb (aparejo)
– 1,943 lb (cuerda)

17,382 lbs (net capacity)

6.0.0 ELEVACIONES CRÍTICAS

Una persona designada debe clasificar cada elevación en una de las siguientes categorías (normal, crítica o producción prediseñada) antes de planificar la elevación. Una elevación se debe clasificar como crítica si la colisión, el vuelco o la caída pueden ocasionar alguna de las siguientes situaciones:

- Riesgo inaceptable de lesiones del personal o impacto adverso significativo para la salud (dentro o fuera de la obra)
- Liberación importante de material radiactivo u otro material peligroso u otras condiciones no deseables
- Daños indetectables que puedan poner en peligro futuras operaciones o la seguridad de una instalación
- Daños que puedan causar un retraso inaceptable en la planificación u otro impacto significativo en el programa, como la pérdida de datos vitales

Capacidades nominales de elevación en libras
Pluma de 46 a 173 pies sobre estabilizadores: sobre la parte trasera

Radio en pies	#0001									#0002
	Main Boom Length in Feet (Power Pinned Fly									Ext. brazo retr. y ancl. y 141 pies
	46	58	70	82	94	106	118	130	141	173
10	300,000 (74.5)									
12	280,000 (72)	143,500 (76)	142,000 (79)							
15	235,000 (67.5)	143,500 (72.5)	141,500 (76.5)	130,000 (78.5)						
20	173,500 (60.5)	143,500 (67.5)	123,500 (72)	112,000 (75)	102,000 (77.5)	90,300 (79.5)				
25	136,500 (52)	131,500 (61.5)	110,500 (67.5)	98,650 (71)	89,250 (74)	78,550 (76.5)	73,700 (78.5)	69,300 (80)		
30	106,000 (43)	106,000 (55.5)	98,000 (63)	88,350 (67.5)	78,750 (71)	69,250 (73.5)	65,100 (76)	61,000 (77.5)	60,000 (79.5)	
35	84,700 (30.5)	84,700 (49)	84,700 (58)	80,150 (63.5)	69,000 (67.5)	60,750 (70.5)	57,150 (73)	54,000 (75.5)	52,150 (77.5)	
40		70,500 (41)	70,500 (52.5)	70,500 (59.5)	61,300 (64)	54,000 (67.5)	50,600 (70.5)	48,300 (73)	45,850 (75)	38,000 (79)
45		58,850 (32)	58,850 (47)	58,850 (55)	55,000 (60.5)	48,500 (64.5)	46,200 (68)	43,050 (71)	40,400 (73)	35,750 (77)
50		49,600 (17.5)	49,600 (40.5)	49,600 (50.5)	48,750 (57)	43,050 (61.5)	40,700 (65)	38,250 (68.5)	35,750 (71)	32,100 (75.5)
60			36,200 (22.5)	36,200 (39.5)	36,200 (48.5)	34,300 (55)	33,600 (59.5)	30,750 (63.5)	28,500 (66.5)	26,350 (72)
70				26,050 (25)	26,050 (39.5)	26,050 (47.5)	26,050 (53)	24,750 (58)	23,100 (61.5)	22,000 (68.5)
80					18,850 (27)	18,850 (39)	18,850 (46.5)	18,850 (52.5)	18,700 (56.5)	18,500 (64.5)
90						13,500 (28)	13,500 (38.5)	13,500 (46.5)	13,500 (51.5)	15,250 (60.5)
100							9,390 (29)	9,390 (38)	9,390 (45.5)	12,600 (56.5)
110							6,080 (12.5)	6,080 (30.5)	6,080 (39)	10,100 (52)
120								3,390 (17.5)	3,390 (31)	7,530 (47.5)
130									1,150 (19.5)	5,390 (42.5)
140										3,610 (36.5)
150										2,100 (30)
Ángulo mín. de la pluma (grados) para la longitud indicada (sin carga)									10	19
Longitud máxima de pluma (pies) con ángulo de pluma de 0 grados (sin carga)									140	167

Nota: ( ) los ángulos de las plumas son en grados.
N.° de código de operación de LMI. Consulte las instrucciones en el manual de LMI.

38302-11_F37.EPS

Figura 37 Tabla de carga/capacidad de la grúa TM-1500.

Una elevación también debe designarse como crítica si la carga requiere un cuidado excepcional en su manipulación debido a su tamaño, peso, instalación de tolerancia crítica, alta susceptibilidad a daños u otros factores inusuales.

En el caso de las elevaciones críticas, la organización operativa debe designar a un superintendente de aparejos u otra persona cualificada para que esté presente en el lugar de la elevación durante toda la operación de elevación. El supervisor de aparejos u otra persona cualificada debe asegurarse de que se elabore un plan o procedimiento de elevación (consulte el *Apéndice A*) que defina la operación e incluya lo siguiente:

- Identificación de los elementos que se van a mover; el peso, las dimensiones y el centro de gravedad de la carga, y cualquier material peligroso o tóxico que esté presente
- Identificación del equipo operativo que se utilizará por tipo y capacidad nominal
- Esquemas de aparejo que incluyan (según proceda):
  - Identificación y capacidades nominales de eslingas, barras de elevación, accesorios de aparejo y dispositivos de elevación por debajo del gancho
  - Dispositivos indicadores de carga
  - Puntos de elevación
  - Ángulos de las eslingas
  - Ángulos de la pluma y de oscilación
  - Métodos de fijación
  - Orientación de la grúa
  - Otros factores que afectan a la capacidad del equipo
- Procedimientos operativos e instrucciones especiales para los operadores, incluidas las precauciones de aparejo y las medidas de seguridad que deben seguirse

Los operadores experimentados que cuenten con la capacitación y cualificación necesarias para operar el equipo específico que se va a utilizar deben ser asignados para realizar la elevación.

Solo los encargados de señalización designados y cualificados deben dar señales al operador. Sin embargo, el operador siempre debe obedecer una señal de parada de emergencia, independientemente de quién la emita.

REDUCCIONES DE PESO PARA DISPOSITIVOS DE GESTIÓN DE CARGAS

33 pies Extensión	
*Estibada -	892 libras
*Montada -	5,704 libras

de 33 pies a 58 pies Extensión	
*Estibada -	1,246 libras
*Montada (ret.) -	8,412 libras
*Montada (ext.) -	11,406 libras

de 46 pies a 173 pies Pluma con	
*46 pies *Aguilón montado -	9,613 libras
*60 ft. Jib Montada -	14,571 libras
*74 ft. Jib Montada -	20,443 libras
*88 ft. Jib Montada -	27,199 libras
*Accesorios aguilón fijo -	327 libras

*Reducción de las capacidades de la pluma principal

BLOQUES DE GANCHO:	
30 toneladas, 1 polea	1,022 libras
150 toneladas, 8 poleas	5,254 libras
Cabezal auxiliar de la pluma	261 libras
Bola para balancín de 10 toneladas	560 libras
Bola para balancín de 15 toneladas	803 libras

38302-11_F38.EPS

Figura 38 Tablas de reducciones de peso de la grúa TM-1500.

El encargado responsable (o la persona designada) y la organización de supervisión responsable (como seguridad, garantía de calidad o control de calidad) deben revisar y aprobar el procedimiento y los esquemas de aparejo antes de realizar la elevación.

MANITOWOC 4100W-2

CAPACIDADES DE UNA GRÚA ELEVADORA

PLUMA N.° 22C CON PARTE SUPERIOR DE LA GARGANTA ABIERTA CONTRAPESO DE GRÚA DE 146,400 LB. CONTRAPESO DE CHASIS DE 60,000 LB. ORUGAS DE 26'6" EXTENDIDAS

ADVERTENCIA: Esta tabla solo se aplicará cuando dos contrapesos laterales de 12,000 libras y dos contrapesos de chasis de 30,000 libras lleven números de serie registrados por el MEC.

CAPACIDADES DE ELEVACIÓN: las capacidades para varias longitudes de pluma y radios de acción pueden basarse en el porcentaje de vuelco, la resistencia de los componentes estructurales, las velocidades operativas y otros factores.

Las capacidades son para cargas suspendidas libremente y no superan el 75% de una carga de vuelco estática. Las capacidades basadas en la competencia estructural se muestran mediante áreas sombreadas.

Las capacidades se muestran en libras. Deduzca 1200 libras de las capacidades indicadas cuando se acopla un punto superior de la pluma con una sola polea y 1500 libras cuando se acopla un punto superior de la pluma con dos poleas. Para cumplir con los requisitos de la norma B30.5, el punto superior de la pluma no puede utilizarse en la pluma de 260 pies. El peso del aguilón (consulte la tabla A), todos los bloques de carga, ganchos, bola de peso, eslingas, líneas de elevación debajo de las poleas de la pluma y del punto del aguilón, etc., se considera parte de la carga principal de la pluma. La pluma no debe bajarse más allá de los radios donde los pesos combinados sean superiores a la capacidad nominal. Donde no se muestre la capacidad, la operación no está prevista ni aprobada.

CONDICIONES OPERATIVAS: la máquina debe operar en una posición nivelada sobre una superficie firme, con las orugas completamente extendidas y el pórtico en posición de trabajo, y debe estar aparejada de acuerdo con el plano de aparejos n.° 190693 y la especificación de línea de carga n.° 6592-A, y en las condiciones indicadas en estos.

CABLEADO PARA ELEVACIÓN DE BLOQUE DE CARGA PRINCIPAL						
N.° de secciones de la cuerda	1	2	3	4	5	6
Carga máx. - libras	32,500	65,000	97,500	130,000	162,500	195,000
N.° de secciones de la cuerda	7	8	9	10	11	12
Carga máx. - libras	227,500	260,000	292,500	325,000	357,500	400,000
N.° de secciones de la cuerda	13					
Carga máx. - libras	430,000					

El operador de la grúa debe utilizar su criterio para tener en cuenta los efectos dinámicos de la carga durante el balanceo, la elevación o el descenso, el desplazamiento, así como las condiciones operativas adversas y la depreciación física de la máquina.

RADIO DE ACCIÓN: el radio de acción es la distancia horizontal desde el eje de rotación hasta el centro de la línea de elevación vertical o el bloque de carga con esta suspendida libremente. Añada 14" al radio del punto de la pluma para el radio de la polea cuando utilice una cuerda de izado de una sola pieza.

El ángulo de la pluma es el ángulo entre la horizontal y la línea central de la parte inferior de la pluma y los insertos, y es una indicación del radio de acción. En todos los casos, el radio de acción regirá la capacidad.

ELEVACIÓN DEL PUNTO DE LA PLUMA: la elevación del punto de la pluma, en pies, es la distancia vertical desde el nivel del suelo hasta la línea central del eje del punto de la pluma.

EQUIPOS DE LA MÁQUINA: máquina equipada con orugas extensibles de 26'6", bandas de rodamiento de 48", pórtico retráctil de 17", cableado para elevación de pluma de 12 partes, cuatro colgantes de pluma de 1 3/8", 1.er contrapeso de 41,900 libras, 2.° contrapeso de 41,500 libras, 3.er contrapeso de 39,000 libras, dos contrapesos laterales de 12,000 libras y dos contrapesos de chasis de 30,000 libras.

ESPECIFICACIONES DE CARGA Y CABLE AUXILIAR	
LÍNEA DE CARGA:	Acero extramejorado de alta calidad Warringtion-Seale de 1-1/8" - 6 x 31, colocación normal, IWRC. Resistencia mínima a la rotura de 65 toneladas. (Peso apróx. por pie en libras 2.34)
CABLE AUXILIAR:	Acero mejorado de alta calidad Warringtion-Seale de 1-1/8", colocación normal, IWRC. Resistencia mínima a la rotura de 56.5 toneladas. Carga máxima: 28,300 libras por línea. (Peso apróx. por pie en libras 2.34)

LONGITUDES MÁXIMAS DE PLUMA Y AGUILÓN ELEVADAS SIN ASISTENCIA				DEDUCIR DE LAS CAPACIDADES CUANDO EL AGUILÓN ESTÁ ACOPLADO	
SOBRE LA PARTE DELANTERA DE LAS ORUGAS BLOQUEADAS		SOBRE EL LADO DE LAS ORUGAS EXTENDIDAS			
LONGITUD DE PLUMA	AGUILÓN N.° 123	LONGITUD DE PLUMA	AGUILÓN N.° 123	LONGITUD DE AGUILÓN	AGUILÓN N.° 123
260'	--	260'	--	30'	3,000 lb.
250'	--	250'	--	40'	3,600 lb.
240'	40'	240'	40'	50'	4,200 lb.
230'	60'	230'	60'	60'	4,900 lb.
Bloque de carga, gancho y bola de peso en el suelo para empezar.					

PARA LAS CAPACIDADES DEL AGUILÓN, CONSULTE LA TABLA DE AGUILONES.

LONGITUD DE LA PLUMA EN PIES	RAD. ACCIÓN EN PIES	ÁNG. PLUMA EN GRADOS	ELEV. DEL PUNTO DE LA PLUMA	CAPACIDAD: ORUGAS EXTENDIDAS
70	16.5	79.7	75.9	460,000
	17	79.3	75.8	400,000
	18	78.5	75.6	380,100
	19	77.6	75.4	363,000
	20	76.8	75.1	347,300
	22	75.1	74.6	319,600
	24	73.4	74.1	293,400
	26	71.7	73.5	266,100
	28	69.9	72.8	237,500
	30	68.2	72.0	214,300
	32	66.4	71.2	195,100
	34	64.6	70.2	178,900
	36	62.8	69.3	165,200
	38	60.9	68.2	153,300
	40	59.1	67.0	143,000
	45	54.1	63.7	122,100
	50	48.9	59.8	106,300
	55	43.2	54.9	93,900
	60	36.9	49.0	84,000
	65	29.4	41.3	75,800
	70	19.5	30.3	63,900

LONGITUD DE LA PLUMA EN PIES	RAD. ACCIÓN EN PIES	ÁNG. PLUMA EN GRADOS	ELEV. DEL PUNTO DE LA PLUMA	CAPACIDAD: ORUGAS EXTENDIDAS
80	17	80.6	85.9	392,800
	18	79.9	85.8	378,900
	19	79.2	85.6	361,800
	20	78.5	85.4	346,100
	22	77.0	84.9	318,400
	24	75.5	84.5	292,500
	26	74.0	83.9	265,600
	28	72.5	83.3	237,000
	30	71.0	82.7	213,800
	32	69.5	81.9	194,600
	34	68.0	81.2	178,500
	36	66.4	80.3	164,700
	38	64.8	79.4	152,800
	40	63.3	78.4	142,400
	45	59.2	75.7	121,500
	50	54.9	72.5	105,700
	55	50.4	68.6	93,300
	60	45.6	64.1	83,400
	65	40.3	58.8	75,200
	70	34.4	52.2	68,300
	75	27.4	43.9	52,500
	80	18.2	32.0	53,900

LONGITUD DE LA PLUMA EN PIES	RAD. ACCIÓN EN PIES	ÁNG. PLUMA EN GRADOS	ELEV. DEL PUNTO DE LA PLUMA	CAPACIDAD: ORUGAS EXTENDIDAS
90	18	81.1	95.9	355,400
	19	80.4	95.7	346,900
	20	79.8	95.6	336,900
	22	78.5	95.2	317,400
	24	77.2	94.7	291,700
	26	75.9	94.3	264,800
	28	74.5	93.7	236,600
	30	73.2	93.2	213,400
	32	71.9	92.5	194,200
	34	70.5	91.9	178,000
	36	69.2	91.1	164,200
	38	67.8	90.3	152,300
	40	66.4	89.5	142,000
	45	62.9	87.1	121,100
	50	59.3	84.4	105,200
	55	55.5	81.2	92,800
	60	51.5	77.5	82,900
	65	47.3	73.2	74,700
	70	42.8	68.2	67,800
	75	37.9	62.3	62,000
	80	32.4	55.2	57,000
	85	25.8	46.2	52,600
	90	17.1	33.5	45,900

LONGITUD DE LA PLUMA EN PIES	RAD. ACCIÓN EN PIES	ÁNG. PLUMA EN GRADOS	ELEV. DEL PUNTO DE LA PLUMA	CAPACIDAD: ORUGAS EXTENDIDAS
100	19	81.4	105.9	332,900
	20	80.8	105.7	327,100
	22	79.6	105.4	316,200
	24	78.5	105.0	290,800
	26	77.3	104.5	263,900
	28	76.1	104.1	236,200
	30	74.9	103.6	212,900
	32	73.7	103.0	193,700
	34	72.5	102.4	177,500
	36	71.3	101.7	163,700
	38	70.1	101.0	151,800
	40	68.9	100.3	141,400
	45	65.8	98.2	120,500
	50	62.6	95.8	104,700
	55	59.3	93.0	92,300
	60	55.9	89.8	82,300
	65	52.4	86.2	74,100
	70	48.7	82.1	67,200
	75	44.8	77.4	61,400
	80	40.5	72.0	56,400
	85	35.9	65.6	52,000
	90	30.7	58.0	48,200
	95	24.5	48.5	44,900
	100	16.3	35.0	39,300

PRECAUCIÓN REVISE LA CANTIDAD DE CONTRAPESO EN LA MÁQUINA ANTES DE UTILIZAR ESTA TABLA.

38302-11_F39A.EPS

Figura 39 Tabla de carga/capacidad de la grúa 4100 W-2 de Manitowoc (1 de 4).

CAPACIDADES DE UNA GRÚA ELEVADORA: PLUMA 4100W SERIE 2 N.° 22C CON PARTE SUPERIOR DE LA GARGANTA ABIERTA, CONT.

LONGITUD DE LA PLUMA EN PIES	RAD. ACCIÓN EN PIES	ÁNG. PLUMA EN GRADOS	ELEV. DEL PUNTO DE LA PLUMA	CAPACIDAD: ORUGAS EXTENDIDAS
110	22	82.3	115.7	240,500
	24	81.3	115.4	232,100
	26	80.2	115.0	224,400
	28	79.1	114.6	217,300
	30	78.1	114.1	210,700
	32	77.0	113.6	193,300
	34	75.9	113.1	177,100
	36	74.8	112.5	163,300
	38	73.7	111.8	151,400
	40	72.6	111.2	141,000
	45	69.9	109.3	120,100
	50	67.0	107.2	104,200
	55	64.1	104.7	91,800
	60	61.2	101.9	81,800
	65	58.1	98.8	73,600
	70	54.9	95.3	66,800
	75	51.6	91.3	60,900
	80	48.1	86.8	55,900
	85	44.4	81.7	51,600
	90	40.4	75.9	47,800
	95	36.1	69.2	44,400
	100	31.1	61.1	41,400
	105	25.3	51.1	38,700
	110	17.6	37.2	33,900
120	22	83.0	125.9	228,700
	24	82.0	125.5	220,500
	26	81.0	125.2	213,000
	28	80.0	124.8	206,100
	30	79.1	124.4	199,700
	32	78.1	123.9	192,800
	34	77.1	123.4	176,600
	36	76.1	122.9	162,800
	38	75.1	122.3	150,900
	40	74.1	121.7	140,500
	45	71.6	120.0	119,500
	50	69.1	118.1	103,700
	55	66.5	115.9	91,300
	60	63.8	113.4	81,300
	65	61.1	110.6	73,100
	70	58.3	107.5	66,200
	75	55.4	104.0	60,400
	80	52.4	100.1	55,300
	85	49.2	95.8	51,000
	90	45.9	91.0	47,200
	95	42.4	85.5	43,800
	100	38.6	79.4	40,800
	105	34.4	72.2	38,100
	110	29.7	63.7	35,700
	115	24.1	53.2	33,500
130	24	82.6	135.7	212,700
	26	81.7	135.3	205,300
	28	80.8	135.0	198,600
	30	79.9	134.6	192,300
	32	79.0	134.2	186,500
	34	78.1	133.7	176,300
	36	77.2	133.2	162,500
	38	76.3	132.7	150,600
	40	75.4	132.1	140,200
	45	73.1	130.6	119,300
	50	70.8	128.8	103,400
	55	68.4	126.8	91,000
	60	66.0	124.6	81,000
	65	63.5	122.0	72,800
	70	61.0	119.2	65,900
	75	58.4	116.1	60,000
	80	55.7	112.7	55,000
	85	53.0	108.9	50,700
	90	50.1	104.8	46,800
	95	47.1	100.1	43,500
	100	43.9	95.0	40,500
	105	40.6	89.2	37,800
	110	36.9	82.6	35,300
	115	33.0	75.1	33,100
	120	28.5	66.1	31,100
	125	23.1	55.1	29,300
140	26	82.3	145.5	198,400
	28	81.5	145.1	191,800
	30	80.7	144.8	185,600
	32	79.8	144.4	179,900
	34	79.0	144.0	174,700
	36	78.1	143.5	162,000
	38	77.3	143.0	150,100
	40	76.5	142.5	139,700
	45	74.3	141.1	118,700
	50	72.2	139.4	102,800
	55	70.0	137.6	90,400
	60	67.8	135.5	80,400
	65	65.6	133.2	72,200
	70	63.3	130.7	65,300
	75	60.9	127.9	59,500
	80	58.5	124.8	54,400
	85	56.1	121.4	50,100
	90	53.5	117.7	46,200
	95	50.9	113.7	42,900
	100	48.1	109.2	39,900
	105	45.3	104.2	37,200
	110	42.2	98.8	34,700
	115	39.0	92.7	32,500
	120	35.5	85.7	30,500
	125	31.7	77.8	28,700
	130	27.4	68.5	27,000
	135	22.2	57.0	25,500
150	28	82.1	155.3	185,600
	30	81.3	154.9	179,600
	32	80.5	154.6	174,000
	34	79.7	154.2	168,800
	36	79.0	153.8	161,600
	38	78.2	153.3	149,600
	40	77.4	152.8	139,200
	45	75.4	151.5	118,200
	50	73.4	150.0	102,400
	55	71.4	148.3	89,900
	60	69.4	146.4	79,900
	65	67.3	144.3	71,700
	70	65.2	141.9	64,800
	75	63.0	139.4	59,000
	80	60.9	136.6	53,900
	85	58.6	133.5	49,600
	90	56.3	130.1	45,700
	95	54.0	126.5	42,400
	100	51.5	122.5	39,400
	105	49.0	118.2	36,700
	110	46.4	113.4	34,200
	115	43.6	108.2	32,000
	120	40.7	102.4	30,000
	125	37.6	96.0	28,200
	130	34.2	88.8	26,500
	135	30.5	80.5	25,000
	140	26.4	70.8	23,500
	145	21.4	58.8	22,200
160	28	82.6	165.4	179,800
	30	81.8	165.1	173,900
	32	81.1	164.7	168,400
	34	80.4	164.4	163,300
	36	79.7	164.0	158,600
	38	78.9	163.6	149,100
	40	78.2	163.1	138,700
	45	76.3	161.9	117,700
	50	74.5	160.5	101,800
	55	72.6	158.9	89,300
	60	70.7	157.1	79,300
	65	68.8	155.1	71,100
	70	66.8	153.0	64,200
	75	64.9	150.6	58,400
	80	62.9	148.0	53,300
	85	60.8	145.2	49,000
	90	58.7	142.2	45,100
	95	56.6	138.8	41,800
	100	54.4	135.2	38,700
	105	52.1	131.4	36,000
	110	49.7	127.1	33,600
	115	47.3	122.5	31,400
	120	44.8	117.5	29,400
	125	42.1	112.0	27,600
	130	39.3	105.9	25,900
	135	36.3	99.2	24,300
	140	33.1	91.7	22,900
	145	29.5	83.0	21,600
	150	25.5	72.9	20,400
	155	20.7	60.5	19,200
170	30	82.3	175.2	169,000
	32	81.6	174.9	163,600
	34	81.0	174.5	158,700
	36	80.3	174.2	154,000
	38	79.6	173.8	148,800
	40	78.9	173.3	138,400
	45	77.2	172.2	117,400
	50	75.4	170.9	101,500
	55	73.7	169.4	89,100
	60	71.9	167.7	79,000
	65	70.1	165.9	70,800
	70	68.3	163.9	63,900
	75	66.4	161.7	58,100
	80	64.6	159.3	53,000
	85	62.7	156.7	48,700
	90	60.8	153.9	44,900
	95	58.8	150.8	41,500
	100	56.8	147.5	38,500
	105	54.7	144.0	35,800
	110	52.6	140.2	33,300
	115	50.4	136.0	31,100
	120	48.1	131.5	29,100
	125	45.8	126.7	27,300
	130	43.3	121.4	25,600
	135	40.8	115.7	24,100
	140	38.1	109.3	22,600
	145	35.2	102.3	21,300
	150	32.0	94.5	20,100
	155	28.6	85.5	18,900
	160	24.7	75.1	17,800
	165	20.0	62.2	16,400
180	32	82.1	185.0	158,700
	34	81.5	184.7	154,000
	36	80.8	184.3	149,500
	38	80.2	184.0	145,200
	40	79.5	183.6	137,900
	45	77.9	182.5	116,900
	50	76.3	181.2	101,000
	55	74.6	179.8	88,500
	60	72.9	178.3	78,500
	65	71.3	176.6	70,300
	70	69.6	174.7	63,400
	75	67.8	172.6	57,500
	80	66.1	170.4	52,500
	85	64.3	168.0	48,100
	90	62.5	165.4	44,300
	95	60.7	162.5	40,900
	100	58.9	159.5	37,900
	105	57.0	156.2	35,200
	110	55.0	152.7	32,700
	115	53.0	149.0	30,500
	120	51.0	144.9	28,500
	125	48.9	140.5	26,700
	130	46.7	135.8	25,000
	135	44.4	130.7	23,500
	140	42.0	125.2	22,000
	145	39.6	119.2	20,700
	150	36.9	112.6	19,500
	155	34.1	105.3	18,300
	160	31.1	97.2	17,200
	165	27.7	87.9	16,200
	170	23.9	77.1	15,300
	175	19.4	63.8	13,500
190	32	82.5	195.1	153,100
	34	81.9	194.8	148,800
	36	81.3	194.5	144,800
	38	80.7	194.1	140,800
	40	80.1	193.8	137,000
	45	78.5	192.7	116,400
	50	77.0	191.5	100,500
	55	75.4	190.2	88,000
	60	73.9	188.8	78,000
	65	72.3	187.1	69,700
	70	70.7	185.4	62,800
	75	69.1	183.4	57,000
	80	67.4	181.4	52,000
	85	65.8	179.1	47,600
	90	64.1	176.6	43,800
	95	62.4	174.0	40,400
	100	60.7	171.2	37,400
	105	58.9	168.2	34,700
	110	57.1	164.9	32,200
	115	55.3	161.4	30,000
	120	53.4	157.7	28,000
	125	51.5	153.7	26,200
	130	49.5	149.5	24,500
	135	47.5	144.9	22,900
	140	45.3	140.0	21,500
	145	43.1	134.6	20,200
	150	40.8	128.9	18,900
	155	38.4	122.6	17,800
	160	35.9	115.8	16,700
	165	33.2	108.3	15,700
	170	30.2	99.8	14,800
	175	27.0	90.3	13,900
	180	23.3	79.1	13,100
	185	18.9	65.4	11,000
200	34	82.3	204.9	143,100
	36	81.7	204.6	139,500
	38	81.2	204.3	136,000
	40	80.6	203.9	132,500
	45	79.1	203.0	115,900
	50	77.7	201.8	100,000
	55	76.2	200.6	87,500
	60	74.7	199.2	77,400
	65	73.2	197.7	69,200
	70	71.7	196.0	62,300
	75	70.2	194.2	56,400
	80	68.6	192.2	51,400
	85	67.1	190.1	47,000
	90	65.5	187.8	43,200
	95	63.9	185.3	39,800
	100	62.3	182.7	36,800
	105	60.6	179.8	34,100
	110	59.0	176.8	31,600
	115	57.3	173.6	29,400
	120	55.5	170.2	27,400
	125	53.0	166.5	25,600
	130	51.9	162.6	23,900
	135	50.1	158.4	22,300
	140	48.1	153.9	20,900
	145	46.2	149.1	19,600
	150	44.1	144.0	18,300
	155	42.0	138.4	17,200
	160	39.7	132.5	16,100
	165	37.4	126.0	15,100
	170	34.9	118.9	14,200
	175	32.3	111.1	13,300
	180	29.4	102.4	12,400
	185	26.2	92.5	11,700
	190	22.6	81.0	10,900
	195	18.4	67.0	8,500
210	36	82.1	214.7	134,200
	38	81.6	214.4	131,000
	40	81.0	214.1	127,900
	45	79.6	213.2	115,500
	50	78.3	212.1	99,600
	55	76.9	210.9	87,100
	60	75.4	209.6	77,100
	65	74.0	208.1	68,800
	70	72.6	206.6	61,900
	75	71.2	204.8	56,100
	80	69.7	203.0	51,000
	85	68.2	201.0	46,700
	90	66.7	198.8	42,800
	95	65.2	196.5	39,400
	100	63.7	194.0	36,400
	105	62.2	191.3	33,700
	110	60.6	188.5	31,300
	115	59.0	185.5	29,100
	120	57.4	182.3	27,100
	125	55.7	178.9	25,200
	130	54.1	175.2	23,500
	135	52.3	171.4	22,000
	140	50.6	167.3	20,600
	145	48.8	162.9	19,200
	150	46.9	158.2	18,000
	155	45.0	153.2	16,800
	160	43.0	147.9	15,800
	165	40.9	142.1	14,800
	170	38.7	135.9	13,800
	175	36.5	129.2	12,900
	180	34.0	121.9	12,100
	185	31.5	113.9	11,300
	190	28.7	104.9	10,600
	195	25.6	94.7	9,900
	200	22.1	82.9	8,800
	205	17.9	68.5	6,500
220	38	82.0	224.6	125,700
	40	81.4	224.2	122,800
	45	80.1	223.3	115,000
	50	78.8	222.3	99,100
	55	77.5	221.2	86,600
	60	76.1	220.0	76,600
	65	74.8	218.6	68,300
	70	73.4	217.1	61,400
	75	72.0	215.4	55,500
	80	70.7	213.7	50,500
	85	69.3	211.8	46,100
	90	67.9	209.7	42,300
	95	66.4	207.5	38,900
	100	65.0	205.2	35,800
	105	63.6	202.7	33,100
	110	62.1	200.0	30,700
	115	60.6	197.2	28,500
	120	59.1	194.2	26,500
	125	57.5	191.0	24,600
	130	55.9	187.6	23,000
	135	54.3	184.0	21,400
	140	52.7	180.2	20,000
	145	51.0	176.1	18,600
	150	49.3	171.8	17,400
	155	47.6	167.3	16,300
	160	45.7	162.4	15,200
	165	43.9	157.2	14,200
	170	41.9	151.7	13,200
	175	39.9	145.7	12,300
	180	37.8	139.3	11,500
	185	35.6	132.4	10,700
	190	33.2	124.8	10,000
	195	30.7	116.6	9,300
	200	28.0	107.3	8,600
	205	25.0	96.9	8,000
	210	21.5	84.8	6,500

CAPACIDADES (CONT. EN LA SIG. PAGE)

Estas tablas de cargas tienen únicamente fines educativos. Se derivan de la información de ventas del fabricante que puede no ser completa o específica de la máquina. No nos hacemos responsables de los errores tipográficos.

38302-11_F39B.EPS

Figura 39 Tabla de carga/capacidad de la grúa 4100 W-2 de Manitowoc (2 de 4).

CAPACIDADES DE UNA GRÚA ELEVADORA: PLUMA 4100W SERIE 2 N.° 22C CON PARTE SUPERIOR DE LA GARGANTA ABIERTA, CONT.

CONSULTE LAS CONDICIONES EN LA PORTADA

LONGITUD DE LA PLUMA EN PIES	RAD. ACCIÓN EN PIES	ÁNG. PLUMA EN GRADOS	ELEV. DEL PUNTO DE LA PLUMA	CAPACIDAD: ORUGAS EXTENDIDAS
230	38	81.5	234.5	132,900
	40	81.0	234.2	125,200
	45	79.7	233.3	114,500
	50	78.5	232.4	98,600
	55	77.2	231.3	86,100
	60	75.9	230.1	76,100
	65	74.6	228.8	67,800
	70	73.3	227.3	60,900
	75	72.0	225.8	55,000
	80	70.7	224.1	50,000
	85	69.4	222.3	45,600
	90	68.0	220.3	41,700
	95	66.7	218.2	38,400
	100	65.3	216.0	35,300
	105	64.0	213.6	32,600
	110	62.6	211.1	30,200
	115	61.1	208.4	28,000
	120	59.7	205.6	26,000
	125	58.3	202.6	24,100
	130	56.8	199.4	22,400
	135	55.3	196.0	20,900
	140	53.8	192.5	19,400
	145	52.2	188.7	18,100
	150	50.6	184.7	16,900
	155	49.0	180.5	15,700
	160	47.3	176.0	14,700
	165	45.6	171.3	13,600
	170	43.8	166.2	12,700
	175	42.0	160.8	11,800
	180	40.1	155.1	11,000
	185	38.1	148.9	10,200
	190	36.0	142.3	9,400
	195	33.9	135.1	8,700
	200	31.6	127.3	8,100
	205	29.1	118.8	7,400
	210	26.4	109.3	6,800
240	40	81.4	244.3	123,400
	45	80.2	243.5	112,600
	50	78.9	242.6	98,100
	55	77.7	241.5	85,600
	60	76.5	240.4	75,600
	65	75.3	239.1	67,300
	70	74.0	237.7	60,400
	75	72.8	236.3	54,500
	80	71.5	234.6	49,500
	85	70.3	232.9	45,100
	90	69.0	231.1	41,200
	95	67.7	229.1	37,800
	100	66.4	227.0	34,800
	105	65.1	224.7	32,100
	110	63.8	222.3	29,700
	115	62.5	219.8	27,400
	120	61.1	217.1	25,400
	125	59.7	214.3	23,600
	130	58.3	211.3	21,900
	135	56.9	208.1	20,300
	140	55.5	204.7	18,900
	145	54.0	201.2	17,600
	150	52.5	197.5	16,300
	155	51.0	193.5	15,200
	160	49.5	189.4	14,100
	165	47.9	185.0	13,100
	170	46.2	180.3	12,200
	175	44.6	175.4	11,300
	180	42.8	170.2	10,400
	185	41.0	164.6	9,600
	190	39.2	158.7	8,900
	195	37.3	152.3	8,200
	200	35.2	145.5	7,500
	205	33.1	138.1	6,700
	210	30.9	130.1	6,000
250	45	80.6	253.6	106,600
	50	79.4	252.7	97,800
	55	78.2	251.7	85,200
	60	77.1	250.6	75,200
	65	75.9	249.4	66,900
	70	74.7	248.1	60,000
	75	73.5	246.7	54,100
	80	72.3	245.2	49,100
	85	71.1	243.5	44,700
	90	69.9	241.7	40,800
	95	68.7	239.8	37,400
	100	67.4	237.8	34,400
	105	66.2	235.7	31,700
	110	64.9	233.4	29,300
	115	63.6	231.0	27,100
	120	62.4	228.5	25,000
	125	61.1	225.8	23,200
	130	59.7	222.9	21,500
	135	58.4	219.9	20,000
	140	57.0	216.8	18,500
	145	55.7	213.4	17,200
	150	54.3	209.9	16,000
	155	52.8	206.2	14,800
	160	51.4	202.4	13,700
	165	49.9	198.3	12,700
	170	48.4	193.9	11,800
	175	46.8	189.4	10,900
	180	45.3	184.5	10,100
	185	43.6	179.4	9,300
	190	41.9	174.0	8,500
	195	40.2	168.3	7,800
	200	38.4	162.2	7,000
	205	36.5	155.7	6,200
	210	34.5	148.6	5,500
260	45	80.9	263.7	104,800
	50	79.8	262.9	95,700
	55	78.7	261.9	84,700
	60	77.6	260.9	74,700
	65	76.4	259.7	66,400
	70	75.3	258.5	59,500
	75	74.2	257.1	53,600
	80	73.0	255.6	48,500
	85	71.8	254.1	44,100
	90	70.7	252.4	40,300
	95	69.5	250.6	36,900
	100	68.3	248.6	33,900
	105	67.1	246.6	31,100
	110	65.9	244.4	28,700
	115	64.7	242.1	26,500
	120	63.5	239.7	24,500
	125	62.3	237.1	22,600
	130	61.0	234.4	20,900
	135	59.7	231.6	19,400
	140	58.5	228.6	17,900
	145	57.2	225.4	16,600
	150	55.8	222.1	15,400
	155	54.5	218.7	14,200
	160	53.1	215.0	13,100
	165	51.7	211.2	12,100
	170	50.3	207.1	11,200
	175	48.9	202.9	10,300
	180	47.4	198.4	9,500
	185	45.9	193.7	8,700
	190	44.3	188.7	7,900
	195	42.7	183.4	7,000
	200	41.1	177.8	6,200
	205	39.4	171.9	5,400
	210	37.6	165.6	4,700

38302-11_F39C.EPS

Figura 39 Tabla de carga/capacidad de la grúa 4100 W-2 de Manitowoc (3 de 4).

PESOS 4100W (Cont.)

DESCRIPCIÓN	PESO APROX. (EN LIBRAS)
AGUILÓN N.° 123	
Parte superior del aguilón: 15' (con punta del aguilón)	695
Parte trasera del aguilón: 15'	690
Sección adicional del aguilón: 10'	340
Colgante básico: 33' 3-3/4" (se req. 2)	115 c/u
Colgante: 10' (2 por sección adicional)	65 c/u
Colgante de soporte posterior del aguilón	155 c/u
Puntal del aguilón: 12'-6"	365
COMPONENTES	
Rodillos del gancho (6): con ejes	1,020
Planta de iluminación: 6.5KW, con plataforma de montaje	1,390
Pasarela: lado izquierdo y derecho con rieles	1,320
Revestimiento: liso de 27-5/8" de diá.	1,410
Cuerda de elevación de la pluma: 12 secciones, 760' de 7/8", 6 x 26	1,080
Conjunto de guía de cuerda de acero: inferior	325
Conjunto de guía de cuerda de acero: superior	510
Conjunto de rodillo guía de cuerda	55 c/u
Pórtico de 2 piezas con enganche trasero telescópico	7,805
Ecualizador	2,000
Cuerda de izado: 1 -1/8" - 6 x 31	2.34 lb/pies
Cable auxiliar: 1 -1/8" - 6 x 31	2.34 lb/pies
Gancho y bola de peso de 15 toneladas	865
Conjunto de bloque de gancho de 100 toneladas	2,065
Conjunto de bloque de gancho de 200 toneladas	4,900
Conjunto de bloque de gancho de 230 toneladas	5,375
Tope de pluma: telescópico con amortiguación de aire	675
Guía de cable para dragalina: giratoria	1,910
Guía de cable para dragalina: articulada	9,330

NOTA: Los pesos indicados pueden variar un 5% debido a las tolerancias de fabricación.

38302-11_F39D.EPS

Figura 39 Tabla de carga/capacidad de la grúa 4100 W-2 de Manitowoc (4 de 4).

7.0.0 Consideraciones de ingeniería

Los siguientes requisitos de ingeniería deben tenerse en cuenta a la hora de planificar una elevación:

- Datos básicos de la carga, como el objeto que se va a elevar, sus dimensiones y configuración general (rectángulo, cuadrado, esfera o irregular), y su peso bruto
- Ubicación en la que se elevará y colocará la carga
- Radio de acción máximo
- Ubicación y descripción de los accesorios de elevación
- Distancia máxima entre dos puntos de fijación
- Longitud de las eslingas necesarias para mantener un ángulo horizontal superior a 60 grados
- Especificaciones de la grúa que se va a utilizar (fabricante, modelo)
- Fijaciones de contrapesos

Para grúas de pluma reticulada:

- Contrapesos utilizados en los trabajos inferiores y superiores
- Número de secciones de pluma utilizadas y sus tamaños y longitudes
- Número de secciones de aguilón utilizadas y sus tamaños y longitudes
- Capacidad máxima en el radio de elevación máximo
- Capacidad del bloque de elevación
- Tamaño y peso de la cuerda de acero por pie
- Tendido nominal de una cuerda
- Secciones de la cuerda enrolladas en el bloque
- Capacidad máxima del punto de elevación para la pluma y el aguilón

Apoyo en el suelo:

- Presión sobre el suelo permitida en el lugar de instalación y presión sobre el suelo creada por la grúa y la carga en todos los radios hasta el radio máximo de carga previsto
- La carga máxima permitida de la grúa que no debe sobrepasar el apoyo en el suelo

Cálculos de carga:

- Peso de la carga, componentes de la grúa por debajo de los puntos de elevación y cuerda de acero

Administración:

- Reunión previa a la elevación
- Finalización del plan de elevación

8.0.0 Implementación del plan de elevación

Para que un plan de elevación tenga éxito, los datos críticos deben comunicarse a todo el personal implicado. Este objetivo se logra con una reunión previa a la elevación. En esta reunión deben participar los directores de maniobra, los aparejadores, los operadores, la dirección y los supervisores de la obra. Identifique oficialmente a qué operadores y directores de maniobra se asignará el trabajo, y determine cómo se mantendrá la comunicación durante la elevación (incluido el uso de señales manuales, radio, o ambos, u otros métodos). Asimismo, determine si se utilizarán cables de cola. Analice todos los peligros potenciales, incluidos los meteorológicos, las líneas eléctricas o las fallas mecánicas. Revise los procedimientos de emergencia. Por último, pida a la persona responsable de la elevación, al superintendente de la obra, al responsable de seguridad de la obra y a cualquier otra persona necesaria que firmen el plan de elevación.

Si el procedimiento de elevación crítica lo requiere, deberá realizarse una prueba de elevación antes de la elevación crítica. Las condiciones de una prueba de elevación deben simular fielmente las condiciones reales, lo que puede incluir el peso, la selección y configuración del aparejo y otros factores relevantes.

Resumen

Los planes de elevación son tan importantes para el éxito de una operación de elevación como la interpretación adecuada de la tabla de carga/capacidad. El operador, el supervisor, el director de maniobra y el resto del personal implicado en la elevación deben comprender qué se requiere en un plan de elevación y cómo les afecta. El personal también debe comprender los cálculos matemáticos y las limitaciones del equipo.

Preguntas de revisión

1. Un documento que describe todos los requisitos de peso, aparejo y configuración de un montacargas es _____.
   a. un plan de elevación
   b. una hoja de trabajo del fabricante
   c. una cualificación previa a la elevación
   d. una tabla de cargas

2. Los planes de elevación son obligatorios para _____.
   a. el montaje de acero o las elevaciones con varias grúas
   b. las elevaciones que usan extensiones o aguilones
   c. las operaciones de inclinación o abatimiento
   d. las elevaciones de usar un bloque de carga

3. La cantidad de grilletes necesarios es un criterio que entra en la categoría de _____.
   a. peso de la carga
   b. dimensionamiento de eslingas
   c. cuerdas de acero
   d. enrollado de cuerdas

4. Los cimientos y la ubicación de los riesgos eléctricos son ejemplos de criterios de _____.
   a. colocación de la grúa
   b. izado
   c. hidráulica
   d. neumática

5. El tamaño y el peso por pie _____ deben tenerse en cuenta como parte de un plan de elevación.
   a. de la pluma
   b. del aguilón
   c. de la cuerda de acero
   d. del basculante

6. Sobre la parte delantera, sobre la parte trasera y sobre la parte lateral son consideraciones _____ para la colocación de la grúa.
   a. de configuración de la oruga
   b. del área de funcionamiento
   c. la posición del pórtico
   d. del contrapeso

7. Las elevaciones críticss siempre requieren _____.
   a. una viga ecualizadora
   b. abrazaderas de vigas
   c. comunicaciones por radio
   d. un plan de elevación

8. Cuando se realiza la elevación desde la pluma principal de una grúa reticulada, un aguilón montado, la longitud del cable auxiliar por debajo del aguilón y la longitud de la cuerda desde el punto de elevación hasta el bloque de carga son cálculos en los que interviene _____.
   a. el peso de los componentes de la grúa por debajo del punto de elevación
   b. la altura del bloque de carga
   c. el aparejo en el bloque
   d. el peso efectivo de los componentes de la grúa más allá del punto de elevación

9. El peso del bloque de carga se considera parte del peso de _____.
   a. la carga que se va a elevar, sin incluir aparejos
   b. los componentes de la grúa por debajo del punto de elevación
   c. los componentes de la grúa más allá del punto de elevación
   d. los componentes de la pluma

10. El peso efectivo de los componentes de la grúa más allá del punto de elevación de la pluma principal incluye _____.
    a. un aguilón montado
    b. cualquier sección de la cuerda que se considere parte de la carga
    c. el peso máximo de la cuerda de acero que se experimentará durante la elevación
    d. las vigas de elevación, eslingas y grilletes

11. Si la capacidad *neta* de una grúa en una configuración específica es de 95,000 lb (39,916.1 kg) y el peso total de las deducciones es de 2,500 lb (1,134 kg), la capacidad *bruta* es _____.
    a. de 92,500 lb (41,957.2 kg)
    b. de 95,000 lb (39,916.1 kg)
    c. de 97,500 lb (44,225.3 kg)
    d. imposible de calcular sin más información

12. Si la capacidad *bruta* de una grúa a 200 pies (36.6 m) de longitud de pluma y 50 pies (16.8 m) de radio de carga es de 83,000 lb (39,916.1 kg), y las deducciones son un punto de pluma de 1,500 lb (680.4 kg), un bloque de gancho de 865 lb (392.4 kg), 335 lb (152 kg) de aparejo y 1,900 lb (861.8 kg) de cuerda, la capacidad *neta* es _____.
    a. de 74,600 lb (33,838 kg)
    b. de 78,400 lb (35,561.6 kg)
    c. de 87,600 lb (39,734.7 kg)
    d. imposible de calcular sin más información

13. Si la capacidad *bruta* de una grúa es de 90,000 lb (40,823.3 kg) y su capacidad *neta* en una configuración en particular es de 83,425 lb (37,841 kg), el peso total de la deducción es _____.
    a. 2,875 lb (1,304 kg)
    b. 4,932 lb (2,237.1 kg)
    c. 6,575 lb (2,982.4 kg)
    d. imposible de calcular sin más información

14. Mediante el ajuste de los puntos de fijación de la grúa o de la carga en una viga ecualizadora, es posible _____.
    a. cargar una grúa de forma segura más allá de su capacidad neta
    b. garantizar que el índice de carga supere las capacidades netas nominales más bajas de las grúas
    c. repartir la carga entre las grúas en la proporción que se desee
    d. repartir la carga entre las grúas en partes iguales

15. En una elevación con varias grúas, la grúa con la mayor capacidad neta debe estar siempre _____.
    a. equipada con una cuerda de izado de una sección
    b. cargada hasta al menos el 75% de su capacidad nominal
    c. más lejos del centro de gravedad de la carga
    d. más cerca del centro de gravedad de la carga

16. Cuando se utiliza una viga ecualizadora, el radio de carga de cada grúa se mide en _____.
    a. el centro de gravedad de la carga
    b. su punto de recogida en el ecualizador
    c. el centro del ecualizador
    d. el punto de fijación de la carga en el ecualizador

17. En una elevación con varias grúas que utiliza un ecualizador, el peso del ecualizador se considera parte del peso de la carga.
    a. Verdadero
    b. Falso

18. En una elevación con varias grúas, si el peso total de la carga es de 100,000 libras (45,359.2 kg) y la capacidad *neta* total de la grúa uno es de 80,000 lb (36,287.4 kg), la capacidad *neta* total de la grúa dos no debe ser inferior a _____ lb para cumplir las pautas de capacidad del 75%.
    a. 53,333 lb (24,191.4 kg)
    b. 75,050 lb (34,042.1 kg)
    c. 100,500 lb (45,586 kg)
    d. 180,000 lb (81,646.6 kg)

Consulte la *figura 1* para las preguntas 19 y 20.

19. Si A = 20 pies (6 m), entonces, ¿cuál es el valor de B?
    a. 30 pies (9.1 m)
    b. 35 pies (10.7 m)
    c. 40 pies (12.2 m)
    d. 45 pies (13.7 m)

20. Si A = 10 pies (3 m) y B = 15 pies (4.6 m), entonces, ¿cuál es la carga real de la grúa uno?
    a. 57,000 lb (25,854.8 kg)
    b. 60,000 lb (27,215.5 kg)
    c. 90,000 lb (40,823.3 kg)
    d. 150,000 lb (68,038.8 kg)

21. Cuando se prepara una elevación con varias grúas, los bloques de carga de cada grúa deben colocarse en relación con el centro de gravedad de la carga de acuerdo con la siguiente fórmula: _____.
    a. (capacidad neta de la grúa uno) × A = (capacidad neta de la grúa dos) × B
    b. (capacidad neta de la grúa uno) + A = (capacidad neta de la grúa dos) + B
    c. (capacidad neta de la grúa dos) × A = (capacidad neta de la grúa uno) × B
    d. (capacidad neta de la grúa uno) – A = (capacidad neta de la grúa dos) – B

22. Para determinar la parte del peso de la carga en la grúa uno que está colocada a una distancia de (A) pies del centro de gravedad de la carga en una elevación con varias grúas, el operador debe utilizar la fórmula _____.
    a. [B ÷ (A + B)] × peso de la carga
    b. [B ÷ (A – B)] × peso de la carga
    c. [A ÷ (A + B)] × peso de la carga
    d. [A ÷ (A – B)] × peso de la carga

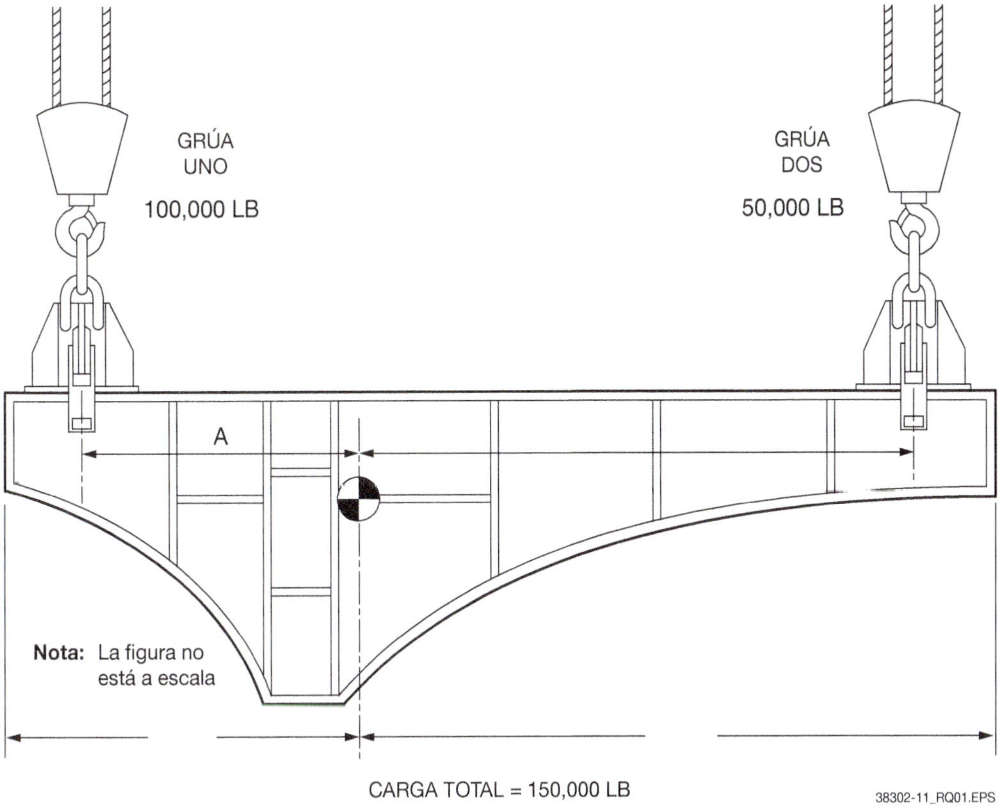

Figura 1

23. Si la longitud de la pluma se encuentra entre los valores indicados en la tabla de cargas, el operador deberá utilizar la capacidad nominal de _____.
    a. la carga más pequeña indicada para el siguiente radio mayor o la siguiente longitud mayor de la pluma
    b. la siguiente longitud menor de la pluma
    c. el siguiente radio de carga mayor para compensar la longitud de la pluma
    c. el siguiente radio de carga menor para compensar la longitud de la pluma

24. La elevación del punto de la pluma es la distancia desde _____.
    a. el suelo hasta el centro de las poleas del punto de la pluma
    b. una proyección del eje de rotación hasta el centro de la línea vertical de elevación
    c. los pernos del pie de una pluma hasta el centro de las poleas del punto de la pluma
    d. la parte inferior de la sección de la base hasta la línea central de la pluma

25. En algunas grúas telescópicas hidráulicas, ¿qué configuraciones diferentes de la pluma se activan y desactivan mediante un interruptor?
    a. Modos de la pluma
    b. Rangos de la pluma
    c. Extensiones eléctricas
    d. Extensiones mecánicas

26. La interpolación se permite para determinar las capacidades de carga.
    a. Verdadero
    b. Falso

27. Dado que una grúa oscila en varios cuadrantes, la distancia a la que se coloca la carga desde el eje basculante _____.
    a. no cambia
    b. no modifica la estabilidad
    c. puede cambiar drásticamente
    d. se puede corregir con una interpolación correcta

28. Las grúas suelen construirse _____.

a. tan anchas como largas
b. más anchas que largas
c. más largas que anchas
d. más anchas por detrás que por delante

29. Los fabricantes de grúas elaboran una tabla de carga/capacidad independiente para cada cuadrante de funcionamiento.

a. Verdadero
b. Falso

30. Las capacidades de las grúas deben reducirse para presiones de inflado de neumáticos más bajas.

a. Verdadero
b. Falso

31. Para elevaciones sobre neumáticos, las capacidades *no* son superiores al _____ de vuelco.

a. 70%
b. 75%
c. 85%
d. 95%

32. El o la _____ proporciona estabilidad adicional a la grúa durante las operaciones de elevación.

a. contrapeso
b. polea de la pluma auxiliar
c. cable de elevación
d. bloque de gancho

33. Los pesos del bloque de carga, la bola para balancín y el cable de acero de una grúa _____.

a. son pesos que deben añadirse a la capacidad bruta
b. son deducciones que deben restarse de la capacidad bruta
c. ya se han compensado en la tabla de capacidad
d. se deducen de la capacidad bruta solo cuando la elevación se efectúa desde la pluma principal

34. Las tablas de aguilones muestran las capacidades de la extensión del aguilón _____.

a. con aparejos y accesorios de carga
b. a diferentes grados de desplazamiento
c. en la posición estibada
d. con aparejos conectados

35. Cuando se realiza una elevación desde la pluma principal con la extensión del aguilón montada, el peso efectivo del aguilón debe _____ la capacidad *bruta*.

a. sumar a
b. multiplicar por
c. deducir de
d. dividir por

36. Para encontrar las secciones de la cuerda, el operador _____.

a. suma el peso suspendido y el WLL del cable de elevación
b. divide el peso suspendido por el WLL del cable de elevación
c. resta el WLL del cable de elevación del peso suspendido
d. divide el peso de la carga por el WLL del cable de elevación

37. El peso suspendido incluye todo lo siguiente, *excepto* _____.

a. el peso del bloque de carga
b. los herrajes de las eslingas y aparejos
c. el peso del cable de elevación
d. el peso de la carga

38. Consulte las tablas de carga/capacidad de la grúa RT522 de Grove en el *Apéndice B* para encontrar la capacidad *neta* de la grúa RT522 de Grove configurada de la siguiente manera:

- Elevación sobre estabilizadores, sobre la parte delantera
- Aguilón telescópico de 23 a 38 pies (7 a 11.6 m) estibado en la pluma
- Longitud de la pluma principal de 40 pies (12.2 m)
- Radio de carga 23 pies (7 m)
- Bloque de 15 toneladas (150,000 kg) y 2 poleas en la pluma principal
- Cabezal de pluma auxiliar acoplado
- Bola para balancín de 5 toneladas (5,000 kg) en la pluma principal
- Aparejo y accesorios de 65 lb (29.5 kg)
- Elevación desde la pluma principal

a. 16,522 lb (7,494.2 kg)
b. 16,731 lb (7,589 kg)
c. 16,918 lb (7,673.9 kg)
d. 17,141 lb (7,775 kg)

39. Consulte las tablas de carga/capacidad de la grúa RT522 de Grove en el *Apéndice B* para encontrar la carga *neta* que se puede manejar de forma segura con la grúa RT522 configurada de la siguiente manera:

- Sobre neumáticos, 360 grados, fija
- Neumáticos 20.5 × 25
- Aguilón con estructura en forma de A de 23 pies (7 m) estibado en la pluma
- Radio de carga 22 pies (6.7 m)
- Bloque de 12 toneladas (12,000 kg) y 1 polea (DE de 12½" [31.7 cm])en la pluma principal
- Aparejo y accesorios de 70 lb (31.7 kg)

a. 3,211 lb (1,456.4 kg)
b. 3,594 lb (1,630.2 kg)
c. 3,728 lb (1,690.9 kg)
d. 3,914 lb (1,775.4 kg)

40. Consulte las tablas de carga/capacidad de la grúa RT522 de Grove en el *Apéndice B* para encontrar la capacidad *neta* de la grúa RT522 de Grove configurada de la siguiente manera:

- Sobre estabilizadores completamente extendidos, 360 grados
- Longitud de la pluma de 46 pies (14 m)
- Radio de carga 15 pies (4.6 m)
- Bloque de gancho de 22 toneladas (22,000 kg) y 3 poleas
- Aparejo y accesorios de 45 lb (20.4 kg)

a. 29,755 lb (13,496.6 kg)
b. 29,555 lb (13,405.9 kg)
c. 29,315 lb (13,297 kg)
d. 29,050 lb (13,176.8 kg)

41. Consulte la tabla de carga/capacidad de la grúa 4100W-2 de Manitowoc en el *Apéndice C* para encontrar la capacidad *bruta* de la grúa 4100W-2 de Manitowoc con la siguiente configuración:

- Contrapesos de la grúa de 146,400 lb (66,405.9 kg) instalados
- Pluma superior de garganta abierta 22C
- 180 pies (54.9 m) de la pluma principal
- Ángulo de la pluma de 60 grados
- Orugas extendidas con dos contrapesos laterales de 12,000 lb (5,443.1 kg) instalados
- Dos contrapesos de chasis de 30,000 lb (13,607.8 kg) instalados

a. 37,900 lb (17,191.2 kg)
b. 40,900 lb (18,551.9 kg)
c. 45,300 lb (20,547.7 kg)
d. 52,100 lb (23,632.2 kg)

42. Consulte las tablas de carga/capacidad de la grúa 4100W-2 de Manitowoc en el *Apéndice C* para encontrar la capacidad *neta* con la siguiente configuración:

- Contrapesos de la grúa de 146,000 lb (66,224.5 kg) instalados
- Pluma 22C, pluma principal de 190 pies (58 m), sin desplazamiento
- 130 pies (39.6 m) de radio de carga
- Punto de pluma de dos poleas conectado
- Bloque de gancho de 15 toneladas (15,000 kg) 20 pies (6 m) por debajo del punto de la pluma
- Bloque de 100 toneladas (100,000 m) pasado con 4 secciones de la cuerda
- Orugas extendidas con dos contrapesos laterales de 12,000 lb (5,443.1 kg) instalados
- Aparejo de 345 libras (156.5 kg)
- Elevación desde el polipasto principal
- Dos contrapesos de chasis de 30,000 lb (13,607.8 kg) instalados

a. 17,213 lb (7,807.7 kg)
b. 17,729 lb (8,041.7 kg)
c. 17,811 lb (8,078.9 kg)
d. 18,292 lb (8,297.1 kg)

43. ¿Antes de planificar una elevación, una persona designada debe clasificar la elevación en cuál de las siguientes categorías?

a. Mayor, menor, crítica
b. Normal, crítica, producción prediseñada
c. Estándar, crítica
d. General, especial, crítica

44. Durante la operación de elevación crítica, el operador debe obedecer en todo momento una señal de _____.

a. Desplazamiento
b. Parada de emergencia
c. Parar todo
d. Oscilación

45. Se recomienda realizar una prueba de elevación antes de _____.

a. cualquier elevación
b. una elevación que implique una pluma de aguilón abatible
c. una elevación que implique un conjunto de bloque de gancho de 100 toneladas (100,000 kg)
d. una elevación crítica

Términos del oficio introducidos en este módulo

Ecualizador (*Equalizer*): cualquiera de los diversos dispositivos o aparatos para igualar esfuerzos, tensiones y presiones.

Elevación del punto de una pluma (*Boom point elevation*): distancia desde el suelo hasta el centro de las poleas del punto de la pluma.

Ingeniería (*Engineering*): aplicación práctica de los conocimientos de física, palanca y gravedad en relación con las operaciones de elevación.

Interpolación (*Interpolation*): método de estimación o búsqueda de un valor o término intermedio en una secuencia o entre dos valores conocidos.

Plan de elevación (*Lift plan*): un plan escrito que describa todas las consideraciones relativas al peso, el aparejo y la configuración de una elevación.

Apéndice A

Plan de elevación crítica

APÉNDICE A: PLAN DE ELEVACIÓN CRÍTICA

ÍNDICE

ELABORADO POR: ______________________________
Representante de ingeniería

APROBADO POR: ______________________________
Representante de seguridad

AUTORIZADO POR: ______________________________
Director de proyecto/de la obra

DESARROLLADO POR CRANE INSPECTION & CERTIFICATION BUREAU
(OFICINA DE INSPECCIÓN Y VERTIFICACIÓN DE GRÚAS) - 2024

1

38302-11_A01.EPS

ELEVACIONES CRÍTICAS **NOTAS**

1 OBJETIVO

1.1 Definir las responsabilidades del personal cuando se realizan elevaciones con grúas.

- Garantizar que el aparejo y la o las grúas de elevación tengan la capacidad adecuada para soportar el peso del dispositivo que se va a elevar.
- Comprobar que el personal responsable de la elevación esté cualificado y sea competente.
- Proteger al personal y a los bienes.

2 DEFINICIONES

2.1 **Elevación crítica:** como "norma general del sector" aceptada. El peso combinado de la carga, el aparejo y la configuración de la grúa supera entre el 75% y el 85% de la capacidad de la grúa o existen complicaciones como consecuencia de la configuración de la carga, el espacio libre, el peligro para el personal, el equipo de transmisión de energía, el equipo de servicio crítico o los materiales peligrosos.

- El peso de la carga es de 25 toneladas o más y supera los 50 pies de longitud, altura y ancho. (Se requiere un plan de elevación detallado)
- Elevaciones en las que interviene más de una grúa para manipular una carga común.

2.2 **Elevación menor:** el peso combinado del dispositivo, el aparejo y la configuración de la grúa es inferior al 80% de la capacidad de la grúa y no hay complicaciones como las anteriores.

- El peso de la elevación es inferior a 25 toneladas y 50' de longitud.
- La elevación se realiza con una sola grúa

2.3 **Aparejo:** cualquier componente utilizado para conectar el dispositivo que va a elevar la grúa; es decir, aparejo de fijación, eslinga, grilletes, aguilón, barras separadoras, polea pasteca, etc.

2.4 **Grúa de elevación:** la grúa principal que se utiliza para soportar en última instancia el peso total del dispositivo.

2.5 **Grúa de cola:** el equipo que se utiliza para guiar o maniobrar el dispositivo mientras la grúa de elevación lo soporta.

DESARROLLADO POR CRANE INSPECTION & CERTIFICATION BUREAU
(OFICINA DE INSPECCIÓN Y VERTIFICACIÓN DE GRÚAS) - 2024

2

38302-11_A02.EPS

3. PROCEDIMIENTO

3.1 Responsabilidad de las elevaciones críticas

3.1.1 El superintendente de maniobras que realiza la elevación es responsable de su planificación y ejecución. El superintendente deberá realizar el procedimiento de elevación adjunto y obtener todas las firmas de aprobación antes de la elevación. El procedimiento original "aprobado" deberá entregarse al representante de ingeniería y al director de seguridad de la organización para su registro, y el superintendente de maniobras deberá conservar una copia. El superintendente de maniobras debe incluir al representante de ingeniería y al director de seguridad de la organización en el desarrollo del plan de elevación para garantizar que se tengan plenamente en cuenta las condiciones y circunstancias existentes. Cualquier elevación que supere el 85% deberá contar con la firma del director del proyecto o de la obra.

La planificación debe incluir:

- Determinar el peso máximo del dispositivo que se va a elevar.
- Calcular el peso combinado del dispositivo, los accesorios de aparejo, los bloques de carga y los aguilones de la grúa.
- Calcular las capacidades de las eslingas y los herrajes de los aparejos teniendo en cuenta los factores de ángulo de carga y las tensiones en todas las eslingas, herrajes y puntos de elevación.
- Determinar el ángulo de la pluma y el radio de giro necesarios.
- Seleccionar la grúa adecuada para la elevación y la grúa de cola cuando sea necesario.
- Inspeccionar el lugar de elevación para determinar el estado del suelo y decidir si es necesario colocar esteras o estabilizar el suelo.
- Determinar el área que debe restringirse durante la elevación.

38302-11_A03.EPS

3.1.2 Después de revisar detenidamente la obra, el equipo de elevación y el plan de elevación crítica, el supervisor de maniobras registra los datos del proyecto en el formulario de procedimiento de elevación planificado. El operador de la grúa debe firmar y fechar el formulario cumplimentado. Además de su firma, otras personas revisarán y firmarán el procedimiento de elevación, tal y como se indica en el formulario de elevación.

3.1.3 El operador de la grúa tiene la autoridad y la responsabilidad de garantizar que la elevación se realiza correctamente y de acuerdo con los procedimientos locales establecidos, así como con las normas OSHA y ANSI.

3.2 Responsabilidad de las elevaciones menores

3.2.1 El superintendente de maniobras o la persona competente que realice la elevación es responsable de completar el "Procedimiento de elevación", planificando y ejecutando la elevación y presentando el procedimiento de elevación al representante de ingeniería para su registro. Nota: Las elevaciones menores reiteradas solo requieren que se complete un "Procedimiento de elevación" por día de actividades de elevación; por ejemplo, múltiples piezas de acero estructural e instalación de tuberías. Sin embargo, si se cambia la posición de la grúa, deberá completarse otro "Procedimiento de elevación" antes de reanudar la elevación.

- En caso de que las actividades de elevación se conviertan en procedimientos de trabajo de ciclo rutinario y se ubiquen en lugares remotos, el representante de ingeniería o el superintendente del proyecto podrán obviar rellenar un formulario de elevación tras su revisión.

La planificación debe incluir:

- Determinar el peso máximo del dispositivo que se va a elevar.
- Seleccionar el aparejo según el peso máximo y calcular las tensiones de las eslingas y los herrajes.
- Calcular el peso combinado del dispositivo, los accesorios de aparejo, los bloques de carga y los aguilones de la grúa.
- Determinar el centro de gravedad de la carga.

38302-11_A04.EPS

ELEVACIONES CRÍTICAS **NOTAS**

- Determinar la longitud necesaria de la pluma, el ángulo de la pluma y el radio de giro en el punto de recogida y en el punto en el que se va a colocar la carga.

- Seleccionar la grúa adecuada para la elevación y la grúa de cola cuando sea necesario.

- Inspeccionar el lugar de elevación para determinar el estado del suelo y decidir si es necesario colocar esteras o estabilizar el suelo.

- Identificar la ubicación de todos los servicios públicos.

- Determinar el área que debe restringirse al acceso público durante la elevación.

- Determinar el área de balanceo.

3.2.2 Después de revisar detenidamente la obra, el equipo de elevación y el plan de elevación, el supervisor de maniobras registra los datos del proyecto en el formulario de procedimiento de elevación planificado. El operador de la grúa debe firmar y fechar el formulario cumplimentado. Además de su firma, el aparejador revisará y firmará el procedimiento de elevación.

3.3 Requisitos especiales de elevación

Siempre que se utilicen eslingas de lona o nailon para elevar recipientes ligeros y de superficie lisa, es decir, recipientes de fibra de vidrio o aluminio, se utilizará una barra de soporte o eslinga de refuerzo para evitar que las eslingas de elevación se doblen. La deformación (o deslizamiento) de las eslingas de elevación principales puede producirse si se supera la fuerza de fricción resistente entre la eslinga y la pared del recipiente debido al movimiento de elevación. Por lo tanto, la barra de soporte o eslingas de refuerzo deben estar bien sujetas para evitar que las eslingas de elevación principales se deslicen en cualquier posición durante toda la elevación.

3.4 Capacitación

3.4.1 Toda persona cuyo trabajo requiera el uso de grúas deberá recibir la siguiente capacitación:

- El reconocimiento de los peligros asociados a los equipos de elevación.

DESARROLLADO POR CRANE INSPECTION & CERTIFICATION BUREAU
(OFICINA DE INSPECCIÓN Y VERIFICACIÓN DE GRÚAS) - 2024 5

38302-11_A05.EPS

- Los fundamentos de las prácticas de aparejo y la comprensión de las tablas de capacidades de carga en relación con las configuraciones de las grúas.
- El método y los medios para calcular las capacidades de carga.
- Asista a un curso de capacitación en operaciones de grúas móviles y consideraciones de aparejo.

3.4.2 Se exigirá a todas las personas implicadas en el aparejo que participen en un programa de capacitación sobre aparejos y que se sometan a pruebas para ser competentes en la selección de aparejos cuando se realice una elevación.

3.4.3 Todo el personal de los oficios y la supervisión que participen en la elevación recibirán instrucciones sobre este procedimiento y los requisitos.

38302-11_A06.EPS

ELEVACIONES CRÍTICAS *NOTAS*

3.4.4. FORMULARIO DE PROCEDIMIENTO DE ELEVACIÓN PLANIFICADO

1. FECHA DE ELABORACIÓN DEL FORMULARIO:	
2. NÚMERO DE PROYECTO:	
3. TÍTULO/UBICACIÓN DEL PROYECTO:	
4. SE REQUIERE PERMISO: Sí/No	
5. ELABORADO POR:	
6. DESCRIPCIÓN/TAMAÑO FÍSICO DE LA CARGA:	
• Nombre del equipo	
• Número de Id/etiqueta	
• Dimensiones físicas	
• Orientación del equipo V o H	
• Grados de orientación de la orejeta de elevación	
• Carga elevada/Antigüedad del dispositivo	
• Condición física	
• Se requiere NDE S/N	
7. ACCESORIOS DE ELEVACIÓN Y DE COLA APROBADOS: S/N	
8. ELEVACIÓN DE LA CARGA:	
9. PESO DE LA CARGA:	

DESARROLLADO POR CRANE INSPECTION & CERTIFICATION BUREAU
(OFICINA DE INSPECCIÓN Y VERTIFICACIÓN DE GRÚAS) - 2024 7

38302-11_A07.EPS

APLICACIÓN: GRÚA DE ELEVACIÓN

10. TIPO DE GRÚA(S):

11. CONFIGURACIÓN DE GRÚA:

12. SECCIONES DE LA CUERDA DE ACERO: Resistencia a la rotura de la cuerda de acero

- Tracción en una línea — SWL de la cuerda de acero

13. RADIO MÁXIMO:

14. ÁNGULO DE LA PLUMA:

15. SE REQUIERE COMPROBACIÓN DEHOLGURA DE LA PLUMA: Sí No

16. HOLGURA DE OSCILACIÓN DE LA COLA VERIFICADA: Sí No

17. CAPACIDAD EN LA TABLA:

18. APAREJOS DE LA GRÚA:	TAMAÑO	CAPACIDAD	CONDICIÓN
• Aparejo(s) de fijación			
• Eslinga(s)			
• Grillete(s)			
• Barra(s) separadora(s)			
• Otro			

19. PESO DE LOS COMPONENTES DE LOS APAREJOS DE LA GRÚA:

- Peso del aguilón
- Peso de la bola
- Peso del bloque de carga
- Peso de la línea de carga suspendida
- Peso de los grilletes
- Peso de los aparejos de fijación
- Peso de las eslingas
- Peso de las barras separadoras
- Pesos de otros accesorios de elevación
- Peso total de los aparejos

20. CARGA BRUTA:

21. % DE LA TABLA USADO:

DESARROLLADO POR CRANE INSPECTION & CERTIFICATION BUREAU
(OFICINA DE INSPECCIÓN Y VERTIFICACIÓN DE GRÚAS) - 2024

8

38302-11_A08.EPS

ELEVACIONES CRÍTICAS ***NOTAS***

APLICACIÓN: GRÚA DE ELEVACIÓN

10. TIPO DE GRÚA(S):

11. CONFIGURACIÓN DE GRÚA:

12. SECCIONES DE LA CUERDA DE ACERO: Resistencia a la rotura de la cuerda de acero

- Tracción en una línea SWL de la cuerda de acero

13. RADIO MÁXIMO:

14. ÁNGULO DE LA PLUMA:

15. SE REQUIERE COMPROBACIÓN DE HOLGURA DE LA PLUMA: Sí No

16. HOLGURA DE OSCILACIÓN DE LA COLA VERIFICADA: Sí No

17. CAPACIDAD EN LA TABLA

18. APAREJOS DE LA GRÚA	TAMAÑO	CAPACIDAD	CONDICIÓN
• Aparejo(s) de fijación	______	______	______
• Eslinga(s)	______	______	______
• Grillete(s)	______	______	______
• Barra(s) separadora(s)	______	______	______
• Otro			

19. PESO DE LOS COMPONENTES DE LOS APAREJOS DE LA GRÚA:

- Peso del aguilón
- Peso de la bola
- Peso del bloque de carga
- Peso de la línea de carga suspendida
- Peso de los grilletes
- Peso de los aparejos de fijación
- Peso de las eslingas
- Peso de las barras separadoras
- Pesos de otros accesorios de elevación
- Peso total de los aparejos

20. CARGA BRUTA:

21. % DE LA TABLA USADO:

22. FACTOR DE DISEÑO DE SEGURIDAD DE LOS APAREJOS 5 a 1 Sí No

DESARROLLADO POR CRANE INSPECTION & CERTIFICATION BUREAU
(OFICINA DE INSPECCIÓN Y VERTIFICACIÓN DE GRÚAS) - 2024

9

38302-11_A09.EPS

ELEVACIONES CRÍTICAS — *NOTAS*

Certificación de ingeniería de barra separadora (obligatorio)

- Certificación de prueba de los aparejos de fijación

de 1 1/4" y más (obligatorio)

23. TIPO/CONDICIÓN DEL SUELO:

24. ESTERAS/APUNTALAMIENTO Sí Sí No

25. APAREJOS INSPECCIONADOS: Sí No

26. CUERDA DE RETENCIÓN:

27. PELIGROS

28. CLIMA:

29. FECHA: HORA:

30. SE REALIZÓ REUNIÓN SOBRE LA ELEVACIÓN: Sí No

31. APROBACIONES:

Supervisor de maniobras: ____________________

Operador de la grúa: ________________________

Aparejador/Encargado de señalización _________

Representante del cliente (si es necesario):

Representante de seguridad (si es necesario):

Representante de ingeniería (si es necesario)

Director de proyecto (si es necesario)

Comunicaciones: ¿Qué tipo de comunicaciones se utilizarán y quienes las utilizarán?

DESARROLLADO POR CRANE INSPECTION & CERTIFICATION BUREAU
(OFICINA DE INSPECCIÓN Y VERTIFICACIÓN DE GRÚAS) - 2024

10

302A10.EPS

INSTRUCCIONES PARA RELLENAR EL FORMULARIO DE PROCEDIMIENTO DE ELEVACIÓN PLANIFICADO

1. **Fecha de elaboración del formulario:**

2. **NÚMERO DE PROYECTO:** Ingrese el número de proyecto que se ha asignado a esta actividad del trabajo.

3. **TÍTULO/UBICACIÓN DEL PROYECTO:** Ingrese el nombre del proyecto, la obra o el sitio de construcción de la elevación.

4. **SE REQUIERE PERMISO (s/n):** Indique si se requiere permiso. Algunos procedimientos de trabajo seguro en plantas exigen un permiso cuando se realizan determinadas elevaciones sobre instalaciones en servicio o elevaciones cerca de líneas eléctricas o cables tensores o que superen el 75% de la tabla de capacidad de carga de la grúa.

5. **ELABORADO POR:** Ingrese el nombre de la persona responsable de la investigación y elaboración de este formulario.

6. **DESCRIPCIÓN/TAMAÑO FÍSICO DE LA CARGA:** Describa la carga que va a elevar, incluido el nombre del equipo y el número de elemento o de etiqueta. Indique las dimensiones físicas de la carga que se va a elevar. Identifique la orientación del equipo con una "V" para vertical o una "H" para horizontal. Identifique la antigüedad del equipo/dispositivo existente que se va a elevar, su estado físico o si se requiere NDE en el elemento que se va a elevar antes de la elevación.

7. **ACCESORIOS DE ELEVACIÓN Y DE COLA APROBADOS (s/n):** Indique si los accesorios de elevación están aprobados por la empresa de ingeniería de los equipos.

8. **ELEVACIÓN DE LA CARGA:** Indique la elevación máxima y mínima en pies que recorrerá la carga. Introduzca el radio máximo que alcanzará la carga durante el ciclo de recogida, oscilación y colocación de la elevación.

9. **PESO DE LA CARGA:** Determine el peso de la carga a partir de planos de ingeniería certificados, datos del proveedor o manual de operaciones. Utilice únicamente la información sobre el peso de la carga que haya sido documentada y certificada, o calculada por un ingeniero mecánico o naval.

10. **TIPO DE GRÚA(S):** Indique el tipo, modelo y capacidad nominal del equipo de elevación que se utilizará para la elevación.

11. **CONFIGURACIÓN DE GRÚA:** Indique la longitud de la pluma principal y la del aguilón (si lo hay) que estarán en la o las grúas de elevación y de cola en el momento de la elevación.

12. **SECCIONES DE LA CUERDA DE ACERO/TRACCIÓN EN UNA LÍNEA:** Ingrese el número de secciones en la línea de gestión de carga durante la elevación. Indique la tracción en una línea permitida del cabrestante en libras.

38302-11_A11.EPS

## *ELEVACIONES CRÍTICAS* 								*NOTAS*

13. **RADIO MÁXIMO:** Ingrese el radio máximo que alcanzará la grúa/carga durante el ciclo de recogida, oscilación y colocación de la elevación.

14. **ÁNGULO DE LA PLUMA:** Indique el ángulo de la pluma de la grúa en el punto/radio de recogida inicial y en el punto/radio de colocación final.

15. **ÁNGULO DE LA PLUMA:** Indique el ángulo de la pluma de la grúa en el punto/radio de recogida inicial y en el punto/radio de colocación final.

16. **HOLGURA DE OSCILACIÓN DE LA COLA VERIFICADA (s/n):** Indique si se ha verificado la holgura de oscilación de la cola. Cuando sea necesario, el boceto/diagrama que verifica la holgura de oscilación de la cola deberá adjuntarse al Formulario de procedimiento de elevación de grúa planificado de PCR.

17. **CAPACIDAD EN LA TABLA:** Indique la capacidad de las grúas a partir de la tabla de capacidad del fabricante con los parámetros indicados en los puntos (8) a (9).

18. **APAREJOS DE LA GRÚA:** Ingrese el tamaño de los aparejos de fijación y grilletes usados para la elevación y su estado físico.

19. **PESO DE LOS COMPONENTES DE LOS APAREJOS:** Ingrese el peso efectivo del fabricante para el aguilón, el bloque de carga, la línea de carga suspendida, la bola, el cable auxiliar o la línea de carga suspendidos, los grilletes, las eslingas, las barras separadoras y cualquier otro accesorio de elevación suspendido debajo del punto de la pluma.

20. **CARGA BRUTA:** Indique el peso total de la carga sumando (9) y (19).

21. **% DE LA TABLA DE CAPACIDAD USADO:** Indique el porcentaje de la capacidad de la tabla de la grúa que se utilizará para la elevación. Si el porcentaje de carga/capacidad supera el 75%, la elevación no debe realizarse sin la revisión del representante de ingeniería de PCR y del director del proyecto/de la obra. "Carga neta dividida por la capacidad neta = % de capacidad utilizada"

22. **FACTOR DE DISEÑO DE SEGURIDAD DE LOS APAREJOS 5 a 1 (s/n):** Verifique que el equipo de aparejo (grilletes, aparejos de fijación, etc.) utilizado para realizar la elevación tenga un factor de seguridad de 5 a 1.

    - Certificación de ingeniería de las barras separadoras
    - Certificaciones de prueba de los grilletas y las eslingas

23. **CONDICIÓN DEL SUELO:** Indique el tipo de suelo en la zona de la elevación; tierra suelta, compacta o intacta. Deberá tenerse en cuenta cualquier excavación adyacente y su distancia respecto a los estabilizadores o las orugas.

24. **SE REQUIEREN ESTERAS:** Según las condiciones del suelo determinadas anteriormente, indique si es necesario colocar esteras para proteger correctamente las instalaciones subterráneas y asegurar la zona afectada bajo el equipo de elevación. La ubicación, configuración y cantidad de las esteras deben identificarse en los planos y diagramas de los aparejos.

DESARROLLADO POR CRANE INSPECTION & CERTIFICATION BUREAU
(OFICINA DE INSPECCIÓN Y VERIFICACIÓN DE GRÚAS) - 2024 			12

38302-11_A12.EPS

ELEVACIONES CRÍTICAS | *NOTAS*

25. **SE REVISARON LOS APAREJOS (s/n):** Indique si se ha revisado los aparejos. Indique si se ha revisado los aparejos. Esto incluye aparejos de fijación, grilletes, separadores, línea de carga, orejetas de elevación y cualquier otro accesorio de elevación necesario. Dependiendo de la naturaleza de la elevación, puede ser necesario elaborar un plan y un diagrama de elevación y adjuntarlo al "Formulario de procedimiento de elevación con grúa planificado". Esto puede requerirse a discreción del representante del cliente o del supervisor de maniobras.

26. **CUERDA DE RETENCIÓN (s/n):** Indique si se requieren cuerdas de retención.

27. **PELIGROS:** Indique si hay líneas eléctricas u obstáculos aéreos en la zona de la elevación. Además, indique si existen servicios subterráneos o elementos enterrados en la zona de instalación de la grúa. Identifique los peligros (agua, alcantarillado, drenaje, electricidad, etc.) y su profundidad.

28. **CLIMA:** Indique las condiciones meteorológicas antes y durante la elevación, haciendo hincapié en la velocidad y dirección del viento, la probabilidad de lluvia, etc.

29. **FECHA: HORA:** Indique la fecha y la hora aproximada del día en que se realizará la elevación.

30. **SE REALIZÓ REUNIÓN SOBRE LA ELEVACIÓN (s/n):** Indique si se celebrará una reunión previa a la elevación con todas las partes implicadas. El representante del cliente podrá solicitar dicha reunión.

31. **APROBACIONES:** Se requerirá un mínimo de cuatro (4) firmas en el formulario de elevación. Entre ellas se incluyen el operador de la grúa, el supervisor de maniobras, el representante de seguridad y el representante del cliente. Este último, a su elección, podrá solicitar otras firmas, como las de los supervisores de equipos, los representantes de seguridad y el representante de ingeniería de la organización.

DESARROLLADO POR CRANE INSPECTION & CERTIFICATION BUREAU
(OFICINA DE INSPECCIÓN Y VERTIFICACIÓN DE GRÚAS) - 2024

13

38302-11_A13.EPS

Apéndice B

Tablas de cargas de la grúa RT522 de Grove

DIAGRAMA DE RANGOS

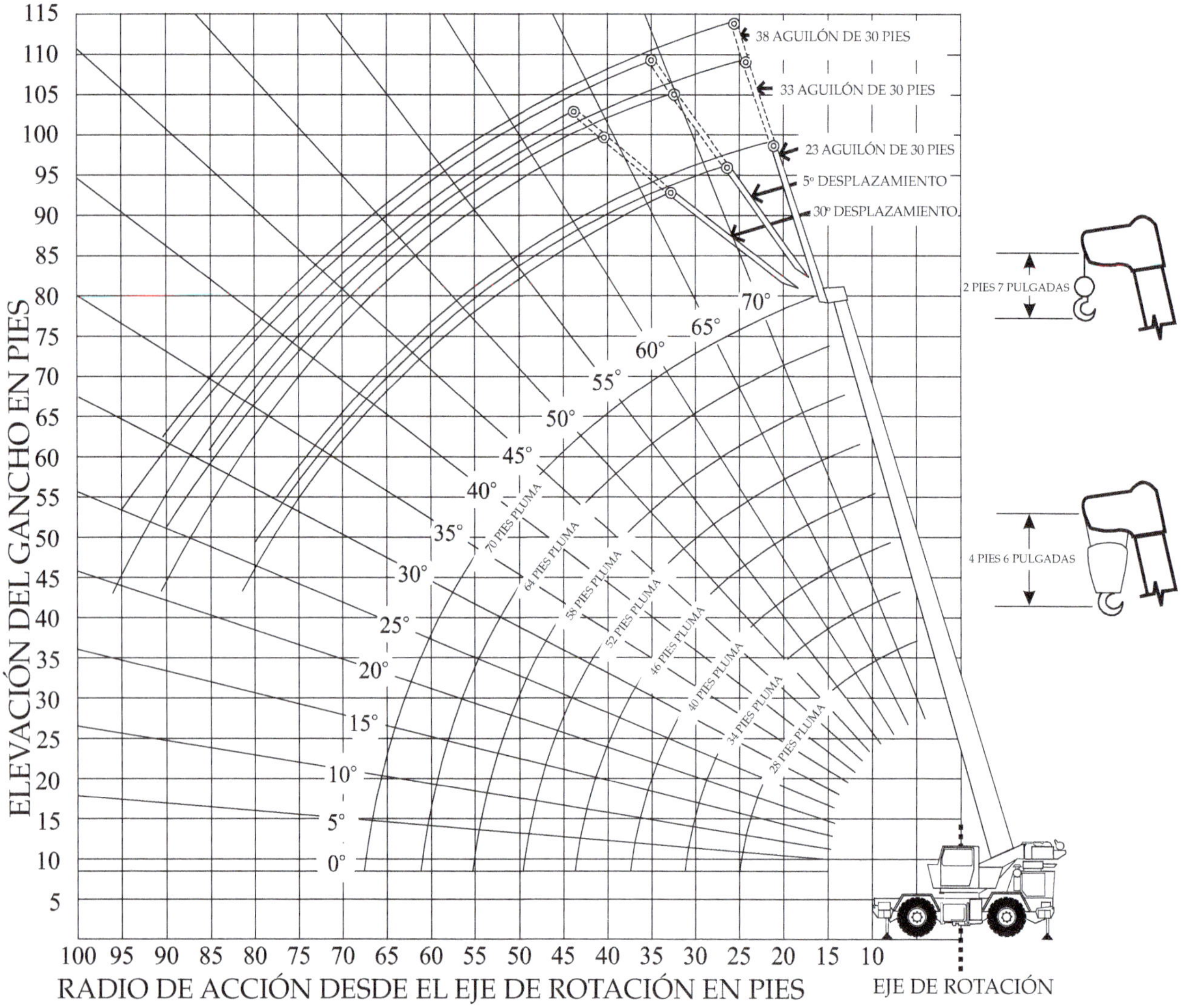

BLOQUES DE GANCHO

22 toneladas, 3 poleas . . . . 490 libras
15 toneladas, 2 poleas . . . . 300 libras
12 toneladas, 1 polea (15-7/8" DE). . 400 libras
12 toneladas, 1 polea (15-7/8" DE). . 285 libras
Cabezal auxiliar de la pluma. . . . . . 100 libras
Bola para balancín de 5 toneladas . 150 libras

NOTA: Todos los dispositivos de gestión de la carga y los accesorios de la pluma se consideran parte de la carga y DEBEN HACERSE las asignaciones adecuadas para sus pesos combinados. Los pesos corresponden a los equipos suministrados por Grove.

REDUCCIONES DE PESO PARA DISPOSITIVOS DE GESTIÓN DE CARGAS

Aguilón de 23 pies CON PLUMA DE 28 A 70 PIES	
*Estibada	381 LBS.
*Montada	1,950 LBS.

** Reducción de las capacidades de la pluma principal.*

Aguilón TEL. de 23 A 38 PIES CON PLUMA DE 28 A 70 PIES	
*Estibada	604 LBS.
*Montada (replegada)	3,659 LBS.
*Montada (extendida)	4,583 LBS.

** Reducción de las capacidades de la pluma principal.*

38302-11_A14.EPS

En estabilizadores completamente extendidos - 360°

Radio en pies	Longitud de la pluma en pies							
	28	34	40	46	52	58	64	70
10	44,000 (64)	36,000 (69)	36,000 (73)					
12	40,000 (59.5)	36,000 (65.5)	36,000 (70)	35,000 (73)				
15	31,000 (51.5)	31,000 (59.5)	30,700 (65)	29,850 (69)	29,150 (72)	28,600 (74.5)		
20	23,200 (36.5)	23,200 (49)	23,200 (57)	23,200 (62)	23,000 (66)	22,600 (69.5)	22,150 (72)	20,500 (74)
25	17,950 (6)	17,950 (36)	17,950 (47.5)	17,950 (54.5)	17,950 (60)	17,950 (64)	17,950 (67)	17,650 (69.5)
30		13,470 (15.5)	13,470 (36.5)	13,470 (46.5)	13,470 (53)	13,470 (58)	13,470 (62)	13,470 (65)
35			10,220 (20)	10,220 (36.5)	10,220 (45.5)	10,220 (51.5)	10,220 (56.5)	10,220 (60)
40	Consulte la nota de advertencia 16			8,010 (23)	8,010 (36.5)	8,010 (45)	8,010 (50.5)	8,010 (55)
45					6,530 (25)	6,530 (37)	6,530 (44.5)	6,530 (49.5)
50						5,430 (26.5)	5,430 (37)	5,430 (43.5)
55						4,440 (3.5)	4,440 (28)	4,440 (37)
60							3,620 (13)	3,620 (28.5)
65								2,980 (15.5)
Ángulo mín. de la pluma (grados) para la longitud indicada (sin carga)								0
Longitud máx. de la pluma (pies) con un ángulo de la pluma de 0 grados (sin carga)								70.0

Nota: Los ángulos de las plumas son en grados.

En estabilizadores completamente extendidos - Sobre la parte delantera

Radio en pies	Longitud de la pluma en pies							
	28	34	40	46	52	58	64	70
10	44,000 (64)	36,000 (69)	36,000 (73)					
12	40,000 (59.5)	36,000 (65.5)	36,000 (70)	35,000 (73)				
15	31,000 (51.5)	31,000 (59.5)	30,700 (65)	29,850 (69)	29,150 (72)	28,600 (74.5)		
20	23,200 (36.5)	23,200 (49)	23,200 (57)	23,200 (62)	23,000 (66)	22,600 (69.5)	22,150 (72)	20,500 (74)
25	17,950 (6)	17,950 (36)	17,950 (47.5)	17,950 (54.5)	17,950 (60)	17,950 (64)	17,950 (67)	17,650 (69.5)
30		15,350 (15.5)	15,350 (36.5)	15,350 (46.5)	15,350 (53)	15,150 (58)	14,950 (62)	14,750 (65)
35			11,900 (20)	11,900 (36.5)	11,900 (45.5)	11,900 (51.5)	11,900 (56.5)	11,900 (60)
40	Consulte la nota de advertencia 16			9,410 (23)	9,410 (36.5)	9,410 (45)	9,410 (50.5)	9,410 (55)
45					7,720 (25)	7,720 (37)	7,720 (44.5)	7,720 (49.5)
50						6,410 (26.5)	6,410 (37)	6,410 (43.5)
55						5,410 (3.5)	5,410 (28)	5,410 (37)
60							4,530 (13)	4,530 (28.5)
65								3,780 (15.5)
Ángulo mín. de la pluma (grados) para la longitud indicada (sin carga)								0
Longitud máx. de la pluma (pies) con un ángulo de la pluma de 0 grados (sin carga)								70.0

***Nota:** Los ángulos de las plumas son en grados.*

38302-11_A15.EPS

Neumáticos 14.00 x 24

Radio en pies	Capacidad estacionaria	Capacidad estacionaria	Cap. de recogida y transporte. Hasta 2.5 MPH
	Arco definido (3) sobre la parte delantera	Arco de 360°	Pluma centrada (7) sobre la parte delantera
10	25,600 (a)	21,100 (a)	21,610 (a)
12	21,500 (a)	15,780 (a)	18,520 (a)
15	17,770 (a)	10,430 (b)	15,050 (a)
20	12,840 (b)	5,950 (c)	12,060 (a)
25	8,480 (b)	3,570 (d)	8,480 (b)
30	6,230 (c)	2,320 (e)	6,230 (c)
35	4,650 (d)	1,470 (f)	4,650 (d)
40	3,520 (e)	910 (f)	3,000 (d)
45	2,660 (f)		2,270 (e)
50	2,020 (g)		1,680 (f)
55	1,520 (g)		1,220 (f)
60	1,130 (h)		
65	880 (h)		

Neumáticos 16.00 x 25

Radio en pies	Capacidad estacionaria	Capacidad estacionaria	Cap. de recogida y transporte. Hasta 2.5 MPH
	Arco definido (3) sobre la parte delantera	Arco de 360°	Pluma centrada (7) sobre la parte delantera
10	29,150 (a)	19,640 (a)	30,460 (a)
12	24,030 (a)	14,600 (a)	26,320 (a)
15	20,150 (a)	10,390 (b)	21,670 (a)
20	13,350 (b)	5,980 (c)	13,350 (a)
25	8,610 (b)	3,500 (d)	8,290 (b)
30	6,290 (c)	2,160 (e)	6,290 (c)
35	4,650 (d)	1,430 (f)	4,650 (d)
40	3,620 (e)	810 (f)	3,620 (d)
45	2,800 (f)		2,800 (e)
50	2,120 (g)		2,120 (f)
55	1,630 (g)		1,630 (f)
60	1,240 (h)		
65	960 (h)		

Longitud máxima permitida de la pluma:	
(a) 28 Ft.	(e) 52 Ft.
(b) 34	(f) 58
(c) 40	(g) 64
(d) 46	(h) 70

		Pluma principal, 70 pies	Pluma principal con aguilón de 23 pies
Parte delantera (sin carga)	Ángulo mín. de la pluma (grados) para la longitud de pluma indicada	0	0
	Ángulo máx. de la pluma (pies) con un ángulo de la pluma de 0 grados	70	93
360° (sin carga)	Ángulo mín. de la pluma (grados) para la longitud de pluma indicada	42	51
	Ángulo máx. de la pluma (pies) con un ángulo de la pluma de 0 grados	52	57

Neumáticos 20.5 x 25

Radio en pies	Capacidad estacionaria	Capacidad estacionaria	Cap. de recogida y transporte. Hasta 2.5 MPH
	Arco definido (3) sobre la parte delantera	Arco de 360°	Pluma centrada (7) sobre la parte delantera
10	28,380 (a)	24,450 (a)	26,020 (a)
12	23,800 (a)	17,190 (a)	22,420 (a)
15	19,100 (a)	11,640 (b)	18,380 (a)
20	13,940 (b)	7,180 (c)	13,940 (a)
25	9,160 (b)	4,330 (c)	9,160 (b)
30	6,640 (c)	2,930 (d)	4,830 (c)
35	5,100 (d)	2,000 (e)	3,790 (d)
40	4,020 (e)	1,370 (f)	3,020 (d)
45	3,140 (f)	880 (g)	2,310 (e)
50	2,430 (g)		1,710 (f)
55	1,860 (g)		1,210 (f)
60	1,440 (h)		
65	1,100 (h)		

NOTAS PARA LAS CAPACIDADES DE NEUMÁTICOS

1. Las capacidades no superan el 75% de las cargas de vuelco determinadas mediante pruebas conforme a la norma SAE J-765.
2. Las capacidades son aplicables a máquinas equipadas con:

	Inflado en frío	2.5 MPH
14.00 x 24 (20 capas)	115 PSI	110 PSI
16.00 x 25 (20 capas)	95 PSI	80 PSI
20.5 x 25 (20 capas)	80 PSI	65 PSI

3. Arco definido: sobre la parte delantera incluye 6° a cada lado de la línea central longitudinal de la máquina.
4. Las capacidades que aparecen por encima de la línea en negrita se basan en la resistencia estructural y no debe confiarse en el vuelco como limitación de capacidad.
5. Las capacidades son aplicables solo con la máquina sobre una superficie firme y nivelada.
6. No está permitida la elevación sobre neumáticos con aguilón.
7. Para la operación de recogida y transporte, la pluma debe estar centrada sobre la parte delantera de la máquina y el bloqueo mecánico de giro acoplado. Cuando se gestionan cargas en el rango estructural con capacidades cercanas a los valores nominales máximos, el desplazamiento debe reducirse a una velocidad muy lenta.
8. Los bloqueos de los ejes deben estar funcionando antes de hacer una elevación sobre neumáticos. (Compruebe que el sistema de bloqueo automático funcione correctamente. Consulte el "Manual de operación y mantenimiento" para ver la descripción de un sistema de bloqueo del ejes que funcione correctamente).
9. Toda elevación depende del inflado, la capacidad y el estado adecuados de los neumáticos. Las capacidades deben reducirse para presiones de inflado de neumáticos más bajas. Consulte la tabla de capacidad de elevación.

38302-11_A16.EPS

Apéndice C

Tablas de cargas de la grúa 4100W-2 de Manitowoc

MANITOWOC 4100W-2

CAPACIDADES DE UNA GRÚA ELEVADORA

PLUMA N.° 22C CON PARTE SUPERIOR DE LA GARGANTA ABIERTA
CONTRAPESO DE GRÚA DE 146,400 LB
CONTRAPESO DE CHASIS DE 60,000 LB
ORUGAS DE 26'6" EXTENDIDAS

***ADVERTENCIA:** Esta tabla solo se aplicará cuando dos contrapesos laterales de 12,000 libras y dos contrapesos de chasis de 30,000 libras lleven números de serie registrados por el MEC.*

CAPACIDADES DE ELEVACIÓN: las capacidades para varias longitudes de pluma y radios de acción pueden basarse en el porcentaje de vuelco, la resistencia de los componentes estructurales, las velocidades operativas y otros factores.

Las capacidades son para cargas suspendidas libremente y no superan el 75% de una carga de vuelco estática. Las capacidades basadas en la competencia estructural se muestran mediante áreas sombreadas.

Las capacidades se muestran en libras. Deduzca 1200 libras de las capacidades indicadas cuando se acopla un punto superior de la pluma con una sola polea y 1500 libras cuando se acopla un punto superior de la pluma con dos poleas. Para cumplir con los requisitos de la norma B30.5, el punto superior de la pluma no puede utilizarse en la pluma de 260 pies. El peso del aguilón (consulte la tabla A), todos los bloques de carga, ganchos, bola de peso, eslingas, líneas de elevación debajo de las poleas de la pluma y del punto del aguilón, etc., se considera parte de la carga principal de la pluma. La pluma no debe bajarse más allá de los radios donde los pesos combinados sean superiores a la capacidad nominal. Donde no se muestre la capacidad, la operación no está prevista ni aprobada.

CONDICIONES OPERATIVAS: la máquina debe operar en una posición nivelada sobre una superficie firme, con las orugas completamente extendidas y el pórtico en posición de trabajo, y debe estar aparejada de acuerdo con el plano de aparejos n.° 190693 y la especificación de línea de carga n.° 6592-A, y en las condiciones indicadas en estos.

CABLEADO PARA ELEVACIÓN DE BLOQUE DE CARGA PRINCIPAL

N.° de secciones de la cuerda	1	2	3	4	5	6
Carga máx. - libras	32,500	65,000	97,500	130,000	162,500	195,000
N.° de secciones de la cuerda	7	8	9	10	11	12
Carga máx. - libras	227,500	260,000	292,500	325,000	357,500	400,000
N.° de secciones de la cuerda	13					
Carga máx. - libras	430,000					

El operador de la grúa debe utilizar su criterio para tener en cuenta los efectos dinámicos de la carga durante el balanceo, la elevación o el descenso, el desplazamiento, así como las condiciones operativas adversas y la depreciación física de la máquina.

RADIO DE ACCIÓN: el radio de acción es la distancia horizontal desde el eje de rotación hasta el centro de la línea de elevación vertical o el bloque de carga con esta suspendida libremente. Añada 14" al radio del punto de la pluma para el radio de la polea cuando utilice una cuerda de izado de una sola pieza.

El ángulo de la pluma es el ángulo entre la horizontal y la línea central de la parte inferior de la pluma y los insertos, y es una indicación del radio de acción. En todos los casos, el radio de acción regirá la capacidad.

ELEVACIÓN DEL PUNTO DE LA PLUMA: la elevación del punto de la pluma, en pies, es la distancia vertical desde el nivel del suelo hasta la línea central del eje del punto de la pluma.

EQUIPOS DE LA MÁQUINA: máquina equipada con orugas extensibles de 26'6", bandas de rodamiento de 48", pórtico retráctil de 17", cableado para elevación de pluma de 12 partes, cuatro colgantes de pluma de 1 3/8", 1.er contrapeso de 41,900 libras, 2.° contrapeso de 41,500 libras, 3.er contrapeso de 39,000 libras, dos contrapesos laterales de 12,000 libras y dos contrapesos de chasis de 30,000 libras.

ESPECIFICACIONES DE CARGA Y CABLE AUXILIAR	
LÍNEA DE CARGA:	Acero extramejorado de alta calidad Warringtion-Seale de 1-1/8" - 6 x 31, colocación normal, IWRC. Resistencia mínima a la rotura de 65 toneladas. (Peso apróx. por pie en libras 2.34)
CABLE AUXILIAR:	Acero mejorado de alta calidad Warringtion-Seale de 1-1/8", colocación normal, IWRC. Resistencia mínima a la rotura de 56.5 toneladas. Carga máxima: 28,300 libras por línea. (Peso apróx. por pie en libras 2.34)

LONGITUDES MÁXIMAS DE PLUMA Y AGUILÓN ELEVADAS SIN ASISTENCIA				DEDUCIR DE LAS CAPACIDADES CUANDO EL AGUILÓN ESTÁ ACOPLADO	
SOBRE LA PARTE DELANTERA DE LAS ORUGAS BLOQUEADAS		SOBRE EL LADO DE LAS ORUGAS EXTENDIDAS			
LONGITUD DE PLUMA	AGUILÓN N.° 123	LONGITUD DE PLUMA	AGUILÓN N.° 123	LONGITUD DE AGUILÓN	AGUILÓN N.° 123
260'	--	260'	--	30'	3,000 lbs.
250'	--	250'	--	40'	3,600 lbs.
240'	40'	240'	40'	50'	4,200 lbs.
230'	60'	230'	60'	60'	4,900 lbs.
Bloque de carga, gancho y bola de peso en el suelo para empezar.					

PARA LAS CAPACIDADES DEL AGUILÓN, CONSULTE LA TABLA DE AGUILONES.

LONGITUD DE LA PLUMA EN PIES	RAD. ACCIÓN EN PIES	ÁNG. PLUMA EN GRADOS	ELEV. DEL PUNTO DE LA PLUMA	CAPACIDAD: ORUGAS EXTENDIDAS
70	16.5	79.7	75.9	460,000
	17	79.3	75.8	400,000
	18	78.5	75.6	380,100
	19	77.6	75.4	363,000
	20	76.8	75.1	347,300
	22	75.1	74.6	319,600
	24	73.4	74.1	293,400
	26	71.7	73.5	266,100
	28	69.9	72.8	237,500
	30	68.2	72.0	214,300
	32	66.4	71.2	195,100
	34	64.6	70.2	178,900
	36	62.8	69.3	165,200
	38	60.9	68.2	153,300
	40	59.1	67.0	143,000
	45	54.1	63.7	122,100
	50	48.9	59.8	106,300
	55	43.2	54.9	93,900
	60	36.9	49.0	84,000
	65	29.4	41.3	75,800
	70	19.5	30.3	63,900

LONGITUD DE LA PLUMA EN PIES	RAD. ACCIÓN EN PIES	ÁNG. PLUMA EN GRADOS	ELEV. DEL PUNTO DE LA PLUMA	CAPACIDAD: ORUGAS EXTENDIDAS
80	17	80.6	85.9	392,800
	18	79.9	85.8	378,900
	19	79.2	85.6	361,800
	20	78.5	85.4	346,100
	22	77.0	84.9	318,400
	24	75.5	84.5	292,500
	26	74.0	83.9	265,600
	28	72.5	83.3	237,000
	30	71.0	82.7	213,800
	32	69.5	81.9	194,600
	34	68.0	81.2	178,500
	36	66.4	80.3	164,700
	38	64.8	79.4	152,800
	40	63.3	78.4	142,400
	45	59.2	75.7	121,500
	50	54.9	72.5	105,700
	55	50.4	68.6	93,300
	60	45.6	64.1	83,400
	65	40.3	58.8	75,200
	70	34.4	52.2	68,300
	75	27.4	43.9	52,500
	80	18.2	32.0	53,900

LONGITUD DE LA PLUMA EN PIES	RAD. ACCIÓN EN PIES	ÁNG. PLUMA EN GRADOS	ELEV. DEL PUNTO DE LA PLUMA	CAPACIDAD: ORUGAS EXTENDIDAS
90	18	81.1	95.9	355,400
	19	80.4	95.7	346,900
	20	79.8	95.6	336,900
	22	78.5	95.2	317,400
	24	77.2	94.7	291,700
	26	75.9	94.3	264,800
	28	74.5	93.7	236,600
	30	73.2	93.2	213,400
	32	71.9	92.5	194,200
	34	70.5	91.9	178,000
	36	69.2	91.1	164,200
	38	67.8	90.3	152,300
	40	66.4	89.5	142,000
	45	62.9	87.1	121,100
	50	59.3	84.4	105,200
	55	55.5	81.2	92,800
	60	51.5	77.5	82,900
	65	47.3	73.2	74,700
	70	42.8	68.2	67,800
	75	37.9	62.3	62,000
	80	32.4	55.2	57,000
	85	25.8	46.2	52,600
	90	17.1	33.5	45,900

LONGITUD DE LA PLUMA EN PIES	RAD. ACCIÓN EN PIES	ÁNG. PLUMA EN GRADOS	ELEV. DEL PUNTO DE LA PLUMA	CAPACIDAD: ORUGAS EXTENDIDAS
100	19	81.4	105.9	332,900
	20	80.8	105.7	327,100
	22	79.6	105.4	316,200
	24	78.5	105.0	290,800
	26	77.3	104.5	263,900
	28	76.1	104.1	236,200
	30	74.9	103.6	212,900
	32	73.7	103.0	193,700
	34	72.5	102.4	177,500
	36	71.3	101.7	163,700
	38	70.1	101.0	151,800
	40	68.9	100.3	141,400
	45	65.8	98.2	120,500
	50	62.6	95.8	104,700
	55	59.3	93.0	92,300
	60	55.9	89.8	82,300
	65	52.4	86.2	74,100
	70	48.7	82.1	67,200
	75	44.8	77.4	61,400
	80	40.5	72.0	56,400
	85	35.9	65.6	52,000
	90	30.7	58.0	48,200
	95	24.5	48.5	44,900
	100	16.3	35.0	39,300

PRECAUCIÓN REVISE LA CANTIDAD DE CONTRAPESO EN LA MÁQUINA ANTES DE UTILIZAR ESTA TABLA.

38302-11_A17.EPS

CAPACIDADES DE UNA GRÚA ELEVADORA: PLUMA 4100W SERIE 2 N.° 22C CON PARTE SUPERIOR DE LA GARGANTA ABIERTA, CONT.

LONGITUD DE LA PLUMA EN PIES	RAD. ACCIÓN EN PIES	ÁNG. PLUMA EN GRADOS	ELEV. DEL PUNTO DE LA PLUMA	CAPACIDAD: ORUGAS EXTENDIDAS
110	22	82.3	115.7	240,500
	24	81.3	115.4	232,100
	26	80.2	115.0	224,400
	28	79.1	114.6	217,300
	30	78.1	114.1	210,700
	32	77.0	113.6	193,300
	34	75.9	113.1	177,100
	36	74.8	112.5	163,300
	38	73.7	111.8	151,400
	40	72.6	111.2	141,000
	45	69.9	109.3	120,100
	50	67.0	107.2	104,200
	55	64.1	104.7	91,800
	60	61.2	101.9	81,800
	65	58.1	98.8	73,600
	70	54.9	95.3	66,800
	75	51.6	91.3	60,900
	80	48.1	86.8	55,900
	85	44.4	81.7	51,600
	90	40.4	75.9	47,800
	95	36.1	69.2	44,400
	100	31.1	61.1	41,400
	105	25.3	51.1	38,700
	110	17.6	37.2	33,900
120	22	83.0	125.9	228,700
	24	82.0	125.5	220,500
	26	81.0	125.2	213,000
	28	80.0	124.8	206,100
	30	79.1	124.4	199,700
	32	78.1	123.9	192,800
	34	77.1	123.4	176,600
	36	76.1	122.9	162,800
	38	75.1	122.3	150,900
	40	74.1	121.7	140,500
	45	71.6	120.0	119,500
	50	69.1	118.1	103,700
	55	66.5	115.9	91,300
	60	63.8	113.4	81,300
	65	61.1	110.6	73,100
	70	58.3	107.5	66,200
	75	55.4	104.0	60,400
	80	52.4	100.1	55,300
	85	49.2	95.8	51,000
	90	45.9	91.0	47,200
	95	42.4	85.5	43,800
	100	38.6	79.4	40,800
	105	34.4	72.2	38,100
	110	29.7	63.7	35,700
	115	24.1	53.2	33,500
130	24	82.6	135.7	212,700
	26	81.7	135.3	205,300
	28	80.8	135.0	198,600
	30	79.9	134.6	192,300
	32	79.0	134.2	186,500
	34	78.1	133.7	176,300
	36	77.2	133.2	162,500
	38	76.3	132.7	150,600
	40	75.4	132.1	140,200
	45	73.1	130.6	119,300
	50	70.8	128.8	103,400
	55	68.4	126.8	91,000
	60	66.0	124.6	81,000
	65	63.5	122.0	72,800
	70	61.0	119.2	65,900
	75	58.4	116.1	60,000
	80	55.7	112.7	55,000
	85	53.0	108.9	50,700
	90	50.1	104.8	46,800
	95	47.1	100.1	43,500
	100	43.9	95.0	40,500
	105	40.6	89.2	37,800
	110	36.9	82.6	35,300
	115	33.0	75.1	33,100
	120	28.5	66.1	31,100
	125	23.1	55.1	29,300
140	26	82.3	145.5	198,400
	28	81.5	145.1	191,800
	30	80.7	144.8	185,600
	32	79.8	144.4	179,900
	34	79.0	144.0	174,700
	36	78.1	143.5	162,000
	38	77.3	143.0	150,100
	40	76.5	142.5	139,700
	45	74.3	141.1	118,700
	50	72.2	139.4	102,800
	55	70.0	137.6	90,400
	60	67.8	135.5	80,400
	65	65.6	133.2	72,200
	70	63.3	130.7	65,300
	75	60.9	127.9	59,500
	80	58.5	124.8	54,400
	85	56.1	121.4	50,100
	90	53.5	117.7	46,200
	95	50.9	113.7	42,900
	100	48.1	109.2	39,900
140	105	45.3	104.2	37,200
	110	42.2	98.8	34,700
	115	39.0	92.7	32,500
	120	35.5	85.7	30,500
	125	31.7	77.8	28,700
	130	27.4	68.5	27,000
	135	22.2	57.0	25,500
150	28	82.1	155.3	185,600
	30	81.3	154.9	179,600
	32	80.5	154.6	174,000
	34	79.7	154.2	168,800
	36	79.0	153.8	161,600
	38	78.2	153.3	149,600
	40	77.4	152.8	139,200
	45	75.4	151.5	118,200
	50	73.4	150.0	102,400
	55	71.4	148.3	89,900
	60	69.4	146.4	79,900
	65	67.3	144.3	71,700
	70	65.2	141.9	64,800
	75	63.0	139.4	59,000
	80	60.9	136.6	53,900
	85	58.6	133.5	49,600
	90	56.3	130.1	45,700
	95	54.0	126.5	42,400
	100	51.5	122.5	39,400
	105	49.0	118.2	36,700
	110	46.4	113.4	34,200
	115	43.6	108.2	32,000
	120	40.7	102.4	30,000
	125	37.6	96.0	28,200
	130	34.2	88.8	26,500
	135	30.5	80.5	25,000
	140	26.4	70.8	23,500
	145	21.4	58.8	22,200
160	28	82.6	165.4	179,800
	30	81.8	165.1	173,900
	32	81.1	164.7	168,400
	34	80.4	164.4	163,300
	36	79.7	164.0	158,600
	38	78.9	163.6	149,100
	40	78.2	163.1	138,700
	45	76.3	161.9	117,700
	50	74.5	160.5	101,800
	55	72.6	158.9	89,300
	60	70.7	157.1	79,300
	65	68.8	155.1	71,100
	70	66.8	153.0	64,200
	75	64.9	150.6	58,400
	80	62.9	148.0	53,300
	85	60.8	145.2	49,000
	90	58.7	142.2	45,100
	95	56.6	138.8	41,800
	100	54.4	135.2	38,700
	105	52.1	131.4	36,000
	110	49.7	127.1	33,600
	115	47.3	122.5	31,400
	120	44.8	117.5	29,400
	125	42.1	112.0	27,600
	130	39.3	105.9	25,900
	135	36.3	99.2	24,300
	140	33.1	91.7	22,900
	145	29.5	83.0	21,600
	150	25.5	72.9	20,400
	155	20.7	60.5	19,200
170	30	82.3	175.2	169,000
	32	81.6	174.9	163,600
	34	81.0	174.5	158,700
	36	80.3	174.2	154,000
	38	79.6	173.8	148,800
	40	78.9	173.3	138,400
	45	77.2	172.2	117,400
	50	75.4	170.9	101,500
	55	73.7	169.4	89,100
	60	71.9	167.7	79,000
	65	70.1	165.9	70,800
	70	68.3	163.9	63,900
	75	66.4	161.7	58,100
	80	64.6	159.3	53,000
	85	62.7	156.7	48,700
	90	60.8	153.9	44,900
	95	58.8	150.8	41,500
	100	56.8	147.5	38,500
	105	54.7	144.0	35,800
	110	52.6	140.2	33,300
	115	50.4	136.0	31,100
	120	48.1	131.5	29,100
	125	45.8	126.7	27,300
	130	43.3	121.4	25,600
	135	40.8	115.7	24,100
	140	38.1	109.3	22,600
	145	35.2	102.3	21,300
	150	32.0	94.5	20,100
	155	28.6	85.5	18,900
	160	24.7	75.1	17,800
	165	20.0	62.2	16,400
180	32	82.1	185.0	158,700
	34	81.5	184.7	154,000
	36	80.8	184.3	149,500
	38	80.2	184.0	145,200
	40	79.5	183.6	137,900
	45	77.9	182.5	116,900
	50	76.3	181.2	101,000
	55	74.6	179.8	88,500
	60	72.9	178.3	78,500
	65	71.3	176.6	70,300
	70	69.6	174.7	63,400
	75	67.8	172.6	57,500
	80	66.1	170.4	52,500
	85	64.3	168.0	48,100
	90	62.5	165.4	44,300
	95	60.7	162.5	40,900
	100	58.9	159.5	37,900
	105	57.0	156.2	35,200
	110	55.0	152.7	32,700
	115	53.0	149.0	30,500
	120	51.0	144.9	28,500
	125	48.9	140.5	26,700
	130	46.7	135.8	25,000
	135	44.4	130.7	23,500
	140	42.0	125.2	22,000
	145	39.6	119.2	20,700
	150	36.9	112.6	19,500
	155	34.1	105.3	18,300
	160	31.1	97.2	17,200
	165	27.7	87.9	16,200
	170	23.9	77.1	15,300
	175	19.4	63.8	13,500
190	32	82.5	195.1	153,100
	34	81.9	194.8	148,800
	36	81.3	194.5	144,800
	38	80.7	194.1	140,800
	40	80.1	193.8	137,000
	45	78.5	192.7	116,400
	50	77.0	191.5	100,500
	55	75.4	190.2	88,000
	60	73.9	188.8	78,000
	65	72.3	187.1	69,700
	70	70.7	185.4	62,800
	75	69.1	183.4	57,000
	80	67.4	181.4	52,000
	85	65.8	179.1	47,600
	90	64.1	176.6	43,800
	95	62.4	174.0	40,400
	100	60.7	171.2	37,400
	105	58.9	168.2	34,700
	110	57.1	164.9	32,200
	115	55.3	161.4	30,000
	120	53.4	157.7	28,000
	125	51.5	153.7	26,200
	130	49.5	149.5	24,500
	135	47.5	144.9	22,900
	140	45.3	140.0	21,500
	145	43.1	134.6	20,200
	150	40.8	128.9	18,900
	155	38.4	122.6	17,800
	160	35.9	115.8	16,700
	165	33.2	108.3	15,700
	170	30.2	99.8	14,800
	175	27.0	90.3	13,900
	180	23.3	79.1	13,100
	185	18.9	65.4	11,000
200	34	82.3	204.9	143,100
	36	81.7	204.6	139,500
	38	81.2	204.3	136,000
	40	80.6	203.9	132,500
	45	79.1	203.0	115,900
	50	77.7	201.8	100,000
	55	76.2	200.6	87,500
	60	74.7	199.2	77,400
	65	73.2	197.7	69,200
	70	71.7	196.0	62,300
	75	70.2	194.2	56,400
	80	68.6	192.2	51,400
	85	67.1	190.1	47,000
	90	65.5	187.8	43,200
	95	63.9	185.3	39,800
	100	62.3	182.7	36,800
	105	60.6	179.8	34,100
	110	59.0	176.8	31,600
	115	57.3	173.6	29,400
	120	55.5	170.2	27,400
	125	53.0	166.5	25,600
	130	51.9	162.6	23,900
	135	50.1	158.4	22,300
	140	48.1	153.9	20,900
	145	46.2	149.1	19,600
	150	44.1	144.0	18,300
	155	42.0	138.4	17,200
	160	39.7	132.5	16,100
	165	37.4	126.0	15,100
	170	34.9	118.9	14,200
200	175	32.3	111.1	13,300
	180	29.4	102.4	12,400
	185	26.2	92.5	11,700
	190	22.6	81.0	10,900
	195	18.4	67.0	8,500
210	36	82.1	214.7	134,200
	38	81.6	214.4	131,000
	40	81.0	214.1	127,900
	45	79.6	213.2	115,500
	50	78.3	212.1	99,600
	55	76.9	210.9	87,100
	60	75.4	209.6	77,100
	65	74.0	208.1	68,800
	70	72.6	206.6	61,900
	75	71.2	204.8	56,100
	80	69.7	203.0	51,000
	85	68.2	201.0	46,700
	90	66.7	198.8	42,800
	95	65.2	196.5	39,400
	100	63.7	194.0	36,400
	105	62.2	191.3	33,700
	110	60.6	188.5	31,300
	115	59.0	185.5	29,100
	120	57.4	182.3	27,100
	125	55.7	178.9	25,200
	130	54.1	175.2	23,500
	135	52.3	171.4	22,000
	140	50.6	167.3	20,600
	145	48.8	162.9	19,200
	150	46.9	158.2	18,000
	155	45.0	153.2	16,800
	160	43.0	147.9	15,800
	165	40.9	142.1	14,800
	170	38.7	135.9	13,800
	175	36.5	129.2	12,900
	180	34.0	121.9	12,100
	185	31.5	113.9	11,300
	190	28.7	104.9	10,600
	195	25.6	94.7	9,900
	200	22.1	82.9	8,800
	205	17.9	68.5	6,500
220	38	82.0	224.6	125,700
	40	81.4	224.2	122,800
	45	80.1	223.3	115,000
	50	78.8	222.3	99,100
	55	77.5	221.2	86,600
	60	76.1	220.0	76,600
	65	74.8	218.6	68,300
	70	73.4	217.1	61,400
	75	72.0	215.4	55,500
	80	70.7	213.7	50,500
	85	69.3	211.8	46,100
	90	67.9	209.7	42,300
	95	66.4	207.5	38,900
	100	65.0	205.2	35,800
	105	63.6	202.7	33,100
	110	62.1	200.0	30,700
	115	60.6	197.2	28,500
	120	59.1	194.2	26,500
	125	57.5	191.0	24,600
	130	55.9	187.6	23,000
	135	54.3	184.0	21,400
	140	52.7	180.2	20,000
	145	51.0	176.1	18,600
	150	49.3	171.8	17,400
	155	47.6	167.3	16,300
	160	45.7	162.4	15,200
	165	43.9	157.2	14,200
	170	41.9	151.7	13,200
	175	39.9	145.7	12,300
	180	37.8	139.3	11,500
	185	35.6	132.4	10,700
	190	33.2	124.8	10,000
	195	30.7	116.6	9,300
	200	28.0	107.3	8,600
	205	25.0	96.9	8,000
	210	21.5	84.8	6,500

CAPACIDADES
(CONT. EN LA SIG. PAGE)

Estas tablas de cargas tienen únicamente fines educativos. Se derivan de la información de ventas del fabricante que puede no ser completa o específica de la máquina. No nos hacemos responsables de los errores tipográficos.

38302-11_A18.EPS

CAPACIDADES DE UNA GRÚA ELEVADORA: PLUMA 4100W SERIE 2 N.° 22C CON PARTE SUPERIOR DE LA GARGANTA ABIERTA, CONT.

CONSULTE LAS CONDICIONES EN LA PORTADA

LONGITUD DE LA PLUMA EN PIES	RAD. ACCIÓN EN PIES	ÁNG. PLUMA EN GRADOS	ELEV. DEL PUNTO DE LA PLUMA	CAPACIDAD: ORUGAS EXTENDIDAS
230	38	81.5	234.5	132,900
	40	81.0	234.2	125,200
	45	79.7	233.3	114,500
	50	78.5	232.4	98,600
	55	77.2	231.3	86,100
	60	75.9	230.1	76,100
	65	74.6	228.8	67,800
	70	73.3	227.3	60,900
	75	72.0	225.8	55,000
	80	70.7	224.1	50,000
	85	69.4	222.3	45,600
	90	68.0	220.3	41,700
	95	66.7	218.2	38,400
	100	65.3	216.0	35,300
	105	64.0	213.6	32,600
	110	62.6	211.1	30,200
	115	61.1	208.4	28,000
	120	59.7	205.6	26,000
	125	58.3	202.6	24,100
	130	56.8	199.4	22,400
	135	55.3	196.0	20,900
	140	53.8	192.5	19,400
	145	52.2	188.7	18,100
	150	50.6	184.7	16,900
	155	49.0	180.5	15,700
	160	47.3	176.0	14,700
	165	45.6	171.3	13,600
	170	43.8	166.2	12,700
	175	42.0	160.8	11,800
	180	40.1	155.1	11,000
	185	38.1	148.9	10,200
	190	36.0	142.3	9,400
	195	33.9	135.1	8,700
	200	31.6	127.3	8,100
	205	29.1	118.8	7,400
	210	26.4	109.3	6,800
240	40	81.4	244.3	123,400
	45	80.2	243.5	112,600
	50	78.9	242.6	98,100
	55	77.7	241.5	85,600
	60	76.5	240.4	75,600
	65	75.3	239.1	67,300
	70	74.0	237.7	60,400
	75	72.8	236.3	54,500
	80	71.5	234.6	49,500
	85	70.3	232.9	45,100
	90	69.0	231.1	41,200
	95	67.7	229.1	37,800
	100	66.4	227.0	34,800
	105	65.1	224.7	32,100
	110	63.8	222.3	29,700
	115	62.5	219.8	27,400
	120	61.1	217.1	25,400
	125	59.7	214.3	23,600
	130	58.3	211.3	21,900
	135	56.9	208.1	20,300
	140	55.5	204.7	18,900
	145	54.0	201.2	17,600
	150	52.5	197.5	16,300
	155	51.0	193.5	15,200
	160	49.5	189.4	14,100
	165	47.9	185.0	13,100
	170	46.2	180.3	12,200
	175	44.6	175.4	11,300
	180	42.8	170.2	10,400
	185	41.0	164.6	9,600
	190	39.2	158.7	8,900
	195	37.3	152.3	8,200
	200	35.2	145.5	7,500
	205	33.1	138.1	6,700
	210	30.9	130.1	6,000

LONGITUD DE LA PLUMA EN PIES	RAD. ACCIÓN EN PIES	ÁNG. PLUMA EN GRADOS	ELEV. DEL PUNTO DE LA PLUMA	CAPACIDAD: ORUGAS EXTENDIDAS
250	45	80.6	253.6	106,600
	50	79.4	252.7	97,800
	55	78.2	251.7	85,200
	60	77.1	250.6	75,200
	65	75.9	249.4	66,900
	70	74.7	248.1	60,000
	75	73.5	246.7	54,100
	80	72.3	245.2	49,100
	85	71.1	243.5	44,700
	90	69.9	241.7	40,800
	95	68.7	239.8	37,400
	100	67.4	237.8	34,400
	105	66.2	235.7	31,700
	110	64.9	233.4	29,300
	115	63.6	231.0	27,100
	120	62.4	228.5	25,000
	125	61.1	225.8	23,200
	130	59.7	222.9	21,500
	135	58.4	219.9	20,000
	140	57.0	216.8	18,500
	145	55.7	213.4	17,200
	150	54.3	209.9	16,000
	155	52.8	206.2	14,800
	160	51.4	202.4	13,700
	165	49.9	198.3	12,700
	170	48.4	193.9	11,800
	175	46.8	189.4	10,900
	180	45.3	184.5	10,100
	185	43.6	179.4	9,300
	190	41.9	174.0	8,500
	195	40.2	168.3	7,800
	200	38.4	162.2	7,000
	205	36.5	155.7	6,200
	210	34.5	148.6	5,500
260	45	80.9	263.7	104,800
	50	79.8	262.9	95,700
	55	78.7	261.9	84,700
	60	77.6	260.9	74,700
	65	76.4	259.7	66,400
	70	75.3	258.5	59,500
	75	74.2	257.1	53,600
	80	73.0	255.6	48,500
	85	71.8	254.1	44,100
	90	70.7	252.4	40,300
	95	69.5	250.6	36,900
	100	68.3	248.6	33,900
	105	67.1	246.6	31,100
	110	65.9	244.4	28,700
	115	64.7	242.1	26,500
	120	63.5	239.7	24,500
	125	62.3	237.1	22,600
	130	61.0	234.4	20,900
	135	59.7	231.6	19,400
	140	58.5	228.6	17,900
	145	57.2	225.4	16,600
	150	55.8	222.1	15,400
	155	54.5	218.7	14,200
	160	53.1	215.0	13,100
	165	51.7	211.2	12,100
	170	50.3	207.1	11,200
	175	48.9	202.9	10,300
	180	47.4	198.4	9,500
	185	45.9	193.7	8,700
	190	44.3	188.7	7,900
	195	42.7	183.4	7,000
	200	41.1	177.8	6,200
	205	39.4	171.9	5,400
	210	37.6	165.6	4,700

38302-11_A19.EPS

PESOS 4100W (Cont.)

DESCRIPCIÓN	PESO APROX. (EN LIBRAS)
AGUILÓN N.° 123	
Parte superior del aguilón: 15' (con punta del aguilón)	695
Parte trasera del aguilón: 15'	690
Sección adicional del aguilón: 10'	340
Colgante básico: 33' 3-3/4" (se req. 2)	115 c/u
Colgante: 10' (2 por sección adicional)	65 c/u
Colgante de soporte posterior del aguilón	155 c/u
Puntal del aguilón: 12'-6"	365
COMPONENTES	
Rodillos del gancho (6): con ejes	1,020
Planta de iluminación: 6.5KW, con plataforma de montaje	1,390
Pasarela: lado izquierdo y derecho con rieles	1,320
Revestimiento: liso de 27-5/8" de diá.	1,410
Cuerda de elevación de la pluma: 12 secciones, 760' de 7/8", 6 x 26	1,080
Conjunto de guía de cuerda de acero: inferior	325
Conjunto de guía de cuerda de acero: superior	510
Conjunto de rodillo guía de cuerda	55 c/u
Pórtico de 2 piezas con enganche trasero telescópico	7,805
Ecualizador	2,000
Cuerda de izado: 1 -1/8" - 6 x 31	2.34 lb/pies
Cable auxiliar: 1 -1/8" - 6 x 31	2.34 lb/pies
Gancho y bola de peso de 15 toneladas	865
Conjunto de bloque de gancho de 100 toneladas	2,065
Conjunto de bloque de gancho de 200 toneladas	4,900
Conjunto de bloque de gancho de 230 toneladas	5,375
Tope de pluma: telescópico con amortiguación de aire	675
Guía de cable para dragalina: giratoria	1,910
Guía de cable para dragalina: articulada	9,330

NOTA: Los pesos indicados pueden variar un 5% debido a las tolerancias de fabricación.

38302-11_A20.EPS

Recursos adicionales

Este módulo presenta recursos muy completos para la capacitación en tareas. Se sugiere el siguiente material de referencia para profundizar en el tema.

Manual de aparejos y grúas de Bob, última edición. Leawood, KS: Pellow Engineering Services.

Manual de grúas y aparejos de IPT, última edición. Edmonton, Alberta, Canadá: IPT Publishing and Training.

Créditos de las figuras

Manitowoc Crane Group, figuras 1-3, 39 y apéndice C

Link-Belt Construction Equipment Co., figuras 14-16, 27, 29, 32 y 35

Terex, figuras 17 y 18

Grove, figuras 19, 20, 22–26, 33, 36–38 y apéndice B

Essex Crane Rental Corp., **www.essexcrane.com**, figura 28

The Crosby Group, Inc., tabla 1

Crane Inspection & Certification Bureau, apéndice A

Actualización del usuario

Le deseamos éxito a medida que avanza en este programa de capacitación. Si tiene algún comentario sobre cómo el NCCER podría mejorar este libro de texto, complete el formulario de *Online Curriculum Feedback Form* visitando **www.nccer.org/olf/** o utilizando el código QR en esta página.

En el NCCER, nos interesa recibir y agradecemos los comentarios de nuestros clientes. Puede enviar los suyos por correo electrónico a la dirección **support@nccer.org**. Para indicar que el comentario se refiere a este título, escriba *#PowerLineWorkerL3* en el asunto cuando lo envíe.

ESCANÉAME

Puede escanear este código usando la cámara de su teléfono o dispositivo móvil.

Glosario

Componente ergonómico (*Ergonomic component*): un valor de distancia que se agrega al componente eléctrico de la distancia mínima de aproximación para lograr los valores de MAD indicados en la *norma 1910.269(l)(10) de la OSHA, tablas R-6 a R-9*. Para voltajes de hasta 72.5 kV, el componente ergonómico es de 2 pies (60.9 cm); para los superiores, es de 1 pie (30.5 cm).

Ecualizador (*Equalizer*): cualquiera de los diversos dispositivos o aparatos para igualar esfuerzos, tensiones y presiones.

Elevación del punto de una pluma (*Boom point elevation*): distancia desde el suelo hasta el centro de las poleas del punto de la pluma.

Huellas de carbono (*Carbon tracking*): la sedimentación de partículas de carbono en una superficie que indica que existe o ha existido un trayecto de flujo de corriente.

Ingeniería (*Engineering*): aplicación práctica de los conocimientos de física, palanca y gravedad en relación con las operaciones de elevación.

Interpolación (*Interpolation*): método de estimación o búsqueda de un valor o término intermedio en una secuencia o entre dos valores conocidos.

Muñones (*Trunnions*): tuercas especiales con roscas largas que conectan las pértigas de tensión al yugo trasero (frío), al tiempo que dejan cierta libertad para que las pértigas giren. El ajuste de los muñones alarga o acorta el portador de tensión.

Pértiga eslabón de tensión (*Strain link stick*): pértiga de FRP con un gancho o rodillo con compuerta en un extremo que se utiliza para proporcionar aislamiento eléctrico de componentes y conductores energizados al conectar polipastos de correa, sujetadores de tendido y herramientas similares.

Plan de elevación (*Lift plan*): un plan escrito que describa todas las consideraciones relativas al peso, el aparejo y la configuración de una elevación.

Polea (*Sheave*): polea acanalada que se utiliza para guiar un cable.

Portador de tensión (*Strain carrier*): conjunto de pértigas de tensión y yugos de FRP diseñados para ocupar el lugar de un aislador o componente similar en la sujeción o restricción de un conductor.

Postergación (*Hold off*): término que describe la solicitud de los instaladores de líneas para que los reconectadores automáticos relacionados con la sección de la línea en la que están trabajando se desactiven o se pongan en una posición no automática; también se conoce como solicitud de un solo disparo.

Vibración eólica (*Aeolian vibration*): vibración resultante de un flujo de aire suave a través de una superficie cilíndrica, como un conductor. El flujo de aire crea un vórtice que alterna entre las superficies superior e inferior del conductor, creando una vibración vertical que puede causar fatiga del metal y daños por abrasión en el conductor. El flujo de aire turbulento genera menos vibración eólica debido a la frecuencia irregular de los vórtices